Die vernetzten gesundheitsrelevanten Faktoren für Bürogebäude

Werner Seiferlein · Christine Kohlert
Hrsg.

Die vernetzten gesundheitsrelevanten Faktoren für Bürogebäude

Die geplante Gesundheit

Springer Vieweg

Herausgeber
Werner Seiferlein
Technologie Innovation Management
Frankfurt/Main
Deutschland

Christine Kohlert
RBSGROUP part of Drees & Sommer
München
Deutschland

ISBN 978-3-658-20851-6 ISBN 978-3-658-20852-3 (eBook)
https://doi.org/10.1007/978-3-658-20852-3

Die Deutsche Nationalbibliothek verzeichnet diese Publikation in der Deutschen Nationalbibliografie; detaillierte bibliografische Daten sind im Internet über http://dnb.d-nb.de abrufbar.

Springer Vieweg

Gedruckt auf säurefreiem und chlorfrei gebleichtem Papier

Springer Vieweg ist ein Imprint der eingetragenen Gesellschaft Springer Fachmedien Wiesbaden GmbH und ist ein Teil von Springer Nature.
Die Anschrift der Gesellschaft ist: Abraham-Lincoln-Str. 46, 65189 Wiesbaden, Germany

Ein Hinweis vorab: Aus Gründen der besseren Lesbarkeit wird auf die gleichzeitige Verwendung männlicher und weiblicher Sprachformen verzichtet. Sämtliche Personenbezeichnungen gelten gleichermaßen für beiderlei Geschlecht

Geleitwort

Welche Botschaft vermittelt die Architektur unseres neuen Bürogebäudes? Repräsentiert es die Unternehmensphilosophie in ausreichendem Maße? Verbessert die Sanierung oder Renovierung einer bestehenden Immobilie die Funktionalität? Diese und ähnliche Gedanken dürften Entscheider in Unternehmen bei der Planung ihrer Gebäude weit stärker umtreiben als das Zusammenwirken gesundheitsrelevanter Faktoren und ihr Einfluss auf den Unternehmenserfolg. Richtig: Die eng vernetzten gesundheitsrelevanten Faktoren leisten einen wesentlichen Beitrag zum Erfolg eines Unternehmens. Sie bestimmen zu einem großen Teil mit, ob sich die Beschäftigten an ihrem Arbeitsplatz wohl fühlen, motiviert sind und die bestmögliche Leistung erbringen.

Dabei sind die Einflüsse auf die Gesundheit und das Wohlbefinden der Beschäftigten multifaktoriell: Die Gestaltung der Arbeitsräume, die verbauten Materialien, das Raumklima, die Beleuchtung, physikalische Einflüsse wie Lärm oder psychische Faktoren wie Farben, Kontaktmöglichkeiten zu Kollegen und nicht zuletzt die Einrichtung der Arbeitsplätze selbst spielen dabei eine Rolle. Und damit sind bei weitem noch nicht alle Einflussfaktoren auf das Wohlbefinden und die Gesundheit in einem Büro- oder Verwaltungsgebäude erfasst, denn auch interne Abläufe sowie die Teamdynamik und Einflüsse durch die Führung müssen berücksichtigt werden.

Umso wichtiger ist es, dass bei der Planung, Einrichtung und Inbetriebnahme eines Gebäudes verschiedene Professionen ihr Fachwissen einbringen. Erst die Betrachtung aus unterschiedlichen Perspektiven – unter anderem aus Sicht des Architekten, des Arbeitsschutzexperten, des Arbeitsmediziners, des Hygienikers, des Arbeits-, Betriebs- und Organisationspsychologen und des Ergotherapeuten – ermöglicht es, diesen multifaktoriellen Einflüssen gerecht zu werden. Daher arbeiten bei TÜV Rheinland Spezialisten aus verschiedenen Fachgebieten zusammen und beraten Bauherren interdisziplinär. Nur so ist eine ganzheitliche Betrachtung des Gebäudes und seiner künftigen Nutzer möglich.

Laut der Statistikbehörde Eurostat betrug die mittlere Lebensarbeitszeit in Deutschland im Jahr 2015 rund 38 Jahre – viele Jahre, in denen Beschäftigte einen großen Teil des Tages am Arbeitsplatz verbringen und dort positiven wie negativen Einflüssen ausgesetzt sind. Überwiegen nach dem Bezug eines Gebäudes belastende Faktoren wie erhöhte Schadstoffbelastungen durch Ausdünstungen von Baustoffen oder Inventar und sind damit unangenehme Gerüche verbunden, bringt die Klimaanlage mehr Frust als Lust.

Und fühlen sich die Beschäftigten durch mangelnde Privatsphäre, zu wenige Erholungs- und Pausenmöglichkeiten, falsche Beleuchtung, fehlende Ergonomie am Arbeitsplatz oder andere Umgebungsfaktoren beeinträchtigt, sinkt die Leistungsfähigkeit der Betroffenen. Im schlimmsten Fall führen Krankheiten wie Allergien, Kopfschmerzen, Muskel- und Skelett-Erkrankungen oder psychische Belastungen zu einem erhöhten Krankenstand oder einer steigenden Mitarbeiterfluktuation. Damit verbunden ist ein bekanntes und weit verbreitetes Phänomen, bei dem eine erhebliche Anzahl von Mitarbeitern in neuen oder renovierten Gebäuden über gesundheitliche Probleme klagt, das sogenannte Sick-Building-Syndrom. Die benannten Faktoren wirken sich nicht nur negativ auf die Gesundheit der Mitarbeiter und den wirtschaftlichen Erfolg des Unternehmens aus, sondern auch auf die Arbeitgebermarke allgemein: Die Chancen, stark gefragte High-Potenzials und gut qualifizierte Führungskräfte zu gewinnen, sinken. Hinzu kommen die Kosten für die Nachbesserungen im und am Gebäude, um die negativen Auswirkungen auf die Gesundheit und das Wohlbefinden der Mitarbeiter zu beheben.

Dies sind gute Gründe, schon in der Planungsphase die vernetzten gesundheitsrelevanten Faktoren in Bürogebäuden zu berücksichtigen. Dieses Buch gibt einen umfassenden Überblick über die relevanten Einflussfaktoren und schlägt mit der Checkliste die Brücke zur aktiven Umsetzung.

Geschäftsfeldleiter, Gefahrstoffe, Mikrobiologie und Hygiene bei TÜV Rheinland
Dr. Walter Dormagen

Geschäftsfeldleiter, Gesundheitsmanagement und Arbeitssicherheit bei TÜV Rheinland
Norbert Wieneke

Vorwort

Am Anfang stand die These im Raum „Gesundheit in einem Bürogebäude ist planbar".

So wie aus Erfahrungen und Regeln z. B. eine Heizungsanlage ausgelegt werden kann, kann auch die Gesundheit in einem Bürogebäude geplant werden.

Dieses Buch ist die Realisierung einer Idee, einer Idee, die aus der Aufgabe erwachsen ist, ein Bürogebäude für einen Hersteller von Pharmazeutika zu errichten. Dabei stellte sich sehr schnell die Frage nach den vernetzten gesundheitsrelevanten Faktoren für Bürogebäude.

Durch zahlreiche Gespräche mit unterschiedlichen Spezialisten, mit den designierten Autoren und Herausgebern entwickelte sich nach und nach ein Gerüst mit den erforderlichen Faktoren für die Themensammlung.

Optimiert und weiter verfeinert wurde dieses Gerüst durch einen gemeinsamen Workshop mit den Autoren. In Gruppenarbeit wurden die Anforderungen in Abhängigkeit der Kapitel zu einer Inhaltsstruktur geformt und anschließend die Texte durch die einzelnen Autoren gestaltet, dank Erfahrung, Praxis und Ideenreichtum. Dabei ist ganz besonders die interdisziplinäre Zusammenarbeit hervorzuheben, aber auch die gemeinschaftliche, zielorientierte Kooperation von „Konkurrenten" (es ist wohl eines der wenigen Bücher oder Textbeiträge, bei dem z. B. mehrere Personen aus dem Möbelhersteller-Geschäft (designfunktion, Vitra und Kinnarps) an einem Ziel arbeiten). Zu Themen, bei denen die Abstimmung des Textinhalts förderlich war, trafen sich die verantwortlichen Autoren und/oder sprachen sich miteinander ab (wie z. B. die ©Seiferlein 4×Ls, die Farben in Theorie und Praxis, der Einfluss auf Mobiliar; siehe Kap. 9, Tab. 9.1).

Dieses Erarbeitungsmuster verdeutlicht wie schon oft die erforderliche Teamarbeit, das Arbeiten Hand in Hand für ein gemeinsames Ziel: „Die geplante Gesundheit".

Zielgruppe des Buches ist eine Leserschaft aus unterschiedlichen Disziplinen – Bauherren, Architekten, Ingenieure, Rechtsanwälte, Psychologen, Arbeitswissenschaftler, Ärzte, Professoren (beispielsweise Wirtschaftswissenschaft, Ingenieurtechnik), Studenten, Projektleiter, Einkäufer, Marketingmitarbeiter, Geschäftsführer, Projekt-Stakeholder, Projektentwickler, Investoren u. a. – sowie unterschiedlichen Menschentypen (vgl. Seiferlein, Woyczyk 2017, S. 101 ff.: Der Mensch) in unterschiedlichen Rollen. Um die Kommunikation und Wissensgenerierung (ebd., S. 119 ff.: Wissensgenerierung) zu optimieren, wurde eine für alle verständliche Sprache angewandt (ebd., S. 16, Abb. 1-1: „Das

Vernetzte Dreieck"; S. 29 ff. zur Erstellung von Nutzeranforderungen spezifisch, funktional, Programming u. a.).

Das Buch ist ein Leitfaden, der kapitelweise angewandt werden kann, je nach Interessenslage des Lesers. Dieser Leitfaden unterstreicht das Ziel, anwendungsorientiert und praxisnah zu unterstützen. Mögliche Probleme werden behandelt und Lösungsmöglichkeiten aufgezeigt und mit Beispielen belegt. Für Unternehmen werden Empfehlungen gegeben, sowohl für Um- als auch für Neubau.

Uns war es wichtig, die unterschiedlichen Disziplinen zusammenzubringen, und dabei hat uns der gemeinsame Austausch sehr viel Spaß gemacht und war außerordentlich bereichernd. Gesundheit ist ein wichtiges Thema. Für Unternehmen hat die Gesundheit ihrer Mitarbeiter höchste Priorität. Wir wollen mit diesem Buch einen Überblick geben und allen am Thema interessierten eine Leitlinie an die Hand geben.

Werner Seiferlein
Christine Kohlert

Inhaltsverzeichnis

Herausgeber und Autoren

Herausgeber

Prof. Dr.-Ing. Werner Seiferlein

Prof. Dr.-Ing. Werner Seiferlein wurde 1960 in Frankfurt/Main geboren. Er studierte Maschinenbau, an der Technischen Universität in Darmstadt. Seit 1985 ist er in der Industrie tätig. Er hat in dieser Zeit als Betriebsingenieur und Projektleiter zahlreicher Investitions-Projekte im In- und Ausland mit mehr als 90 Niederlassungen weltweit (Russland, Polen, Ukraine, Ägypten, Indien, USA, Japan, Brasilien, Europa etc.), sowie im Bereich Facility-Management gewirkt. Seine Managementerfahrungen sammelte er als Leiter der Ingenieurtechnik für Prozessentwicklung, Industrial Engineering, Projekte & Technologie und Globale Ingenieurtechnik in pharmazeutischen Unternehmen.

Er war als leitendender Notfallmanager im Industriepark Höchst tätig. Hierbei nahm er die Verantwortlichkeiten im Rahmen der Gefahrenabwehrorganisation gemäß dem Alarm- und Gefahrenabwehrplan wahr.

Im Juni 2005 wurde er an der TU Berlin, Fakultät: Wirtschaft und Management, promoviert.

Seit dem WS 2006/2007 wurde ihm der Lehrauftrag an der Frankfurt University for applied sciences im Bereich Wirtschaft für das Pflichtfach „Einführung in das Projektmanagement" vergeben. 2013 wurde er zum Honorarprofessor berufen.

Herr Dr. Seiferlein war über zehn Jahre Mitglied im Management-Komitee der ISPE Deutschland / Österreich / Schweiz. Er ist in verschiedenen Gremien und Kommittees Mitglied, wie das Office 21 des Fraunhofer Institut und DIN Ausschuss.

Heute ist Herr Dr. Seiferlein als Leiter des Masterplans für Miet- und Pachtflächen für Büroflächen verantwortlich. Ferner koordiniert er die FM Aktivitäten am Standort Frankfurt Höchst.

Prof. Dr.-Ing. Christine Kohlert

Prof. Dr.-Ing. Christine Kohlert, geboren in München, studierte an der Technischen Universität München. Sie ist Architektin und Stadtplanerin sowie Regierungsbaumeisterin und arbeitete in verschiedenen renommierten Büros. Christine Kohlert ist Geschäftsführerin der rbsgroup in München und beschäftigt sich seit über 30 Jahren mit Lern- und Arbeitswelten der Zukunft, insbesondere mit dem Zusammenspiel von Raum und Organisation. Ihre Schwerpunkte liegen in der Einbeziehung der Nutzer in den Entstehungsprozess, dem Sichtbarmachen des Veränderungsprozesses, sowie der Raumanalyse. Besonderen Wert legt sie dabei auf die Gestaltung kreativer Workshops und die aktive Beteiligung der späteren Nutzer durch spezielle Tools zur Visualisierung der unterschiedlichen Prozesse.

Sie ist außerdem Professorin an der Mediadesign Hochschule in München und der Fachhochschule in Augsburg. Am MIT (Massachusetts Institute of Technology) betreute sie 12 Jahre lang als Research Affiliate verschiedene Forschungsprojekte und leitete Seminare zu Raum und Organisation sowie zu Innovation.

Als Architektin war sie für renommierte Kunden, unter anderem in den USA, Großbritannien, China, Schweden und Osteuropa tätig. Prof. Dr. Kohlert lebte drei Jahre in Tansania sowie ein Jahr im Kosovo und lehrte an den dortigen Universitäten. Sie arbeitete für die Gesellschaft für technische Zusammenarbeit (GTZ), die Friedrich Ebert Stiftung, Cultural Heritage without Borders (CHwB) sowie die Deutsche Botschaft und leitete verschiedene Stadtentwicklungsprojekte. Außerdem betreute sie im Rahmen des Lehrplans (UNESCO) verschiedene Entwicklungsprojekte in Tansania und promovierte zum Thema der Hafenrestrukturierung in Dar es Salaam an der Bauhaus Uni in Weimar in Europäischer Urbanistik. Sie ist in verschiedenen Gremien und Komitees tätig, Forschungspartnerin im Office 21 des Fraunhofer Instituts und der Studie „PräGeWelt (Präventionsorientierte Gestaltung neuer Arbeitswelten), Teil des f.o.n. (flexible office netzwerk) sowie wissenschaftlicher Beirat von Euroforum.

Autoren

Peter Bachmann

Der 1970 geborene Umwelttechniker und Fachwirt für Marketing betreute als Initiator und Projektleiter in den Jahren 2004 bis 2006 das Sentinel Haus® Forschungsprojekt (gefördert von der Bundesstiftung Umwelt). Seit 2007 ist er Geschäftsführer und Gesellschafter der Sentinel-Haus Institut GmbH. Das SHI verfügt aktuell über die meisten baupraktischen Erfahrungen in der Umsetzung von gesunden Gebäuden – und wird dadurch u. a. von Peter Bachmann in entscheidenden politischen und institutionellen Einrichtungen und Expertenkommissionen als Experte vertreten. Seine Schwerpunkte sind Praxis und Umsetzung, Grundlagen und Vertrieb, Recht und Marketing.

Peter Bachmann ist Gründer und Geschäftsführer des Sentinel Haus Instituts in Freiburg im Breisgau. In enger Kooperation mit TÜV Rheinland setzt das Unternehmen sein Konzept für das gesündere Bauen und Sanieren bundesweit erfolgreich in die gebaute Praxis um. bachmann@sentinel-haus.eu

Dipl.-Psychologe Torsten Braun

Dipl.-Psychologe Torsten Braun wurde 1958 in Bremen geboren. Nach dem Abitur absolvierte er eine Ausbildung zum Industriekaufmann.

Er studierte ab 1981 Psychologie an der Universität Trier mit den Schwerpunkten Arbeits-, Gedächtnis- und Wahrnehmungspsychologie sowie Versuchsplanung. Schon während des Studiums arbeitete er an Forschungsprojekten mit dem Arbeitswissenschaftler Dr. Gerald Radl u. a. für IBM und auch für Prof. Dr. Hartmut Wächter zum Thema „Prospektive Arbeitsgestaltung bei Automatisierungen".

Nach 1988 ist Torsten Braun in der Lichtplanung tätig. Zuerst als Projektleiter bei dem Lichtplaner Christian Bartenbach in Innsbruck und anschließend als Leiter der Lichtanwendung bei dem Leuchtenhersteller Zumtobel in Deutschland.

Ab 1993, der Gründung des Büros „Die Lichtplaner", ist Torsten Braun weltweit als Lichtplaner beschäftigt. Neben dem Verwaltungsbau sind die Schwerpunkte seiner Arbeit Museumsbauten und die Umsetzung von Lichtkunstwerken u. a. für James Turrell.

Zur Zeit hat das Büro sieben feste Mitarbeiter. Außer architektonischer Lichtplanung werden Forschungsprojekte zum Thema Human Centric Lighting im Büro, Wahrnehmungsverhalten im städtischen Kontext oder Blickfolgebewegungen und visuelles Verhalten in Tunnelbauwerken verantwortlich betreut.

Seit 2013 ist Torsten Braun Lehrbeauftragter an der TU Darmstadt im Fachgebiet Entwerfen und Gebäudetechnologie unter der Leitung von Prof. Dipl.-Ing. Anett-Maud Joppien.

Dr. phil. Dipl.-Psych. Karin Burghofer

Dipl.-Psych. Dr. phil. Karin Burghofer wurde 1970 in Siegenburg geboren.

Nach einem Diplomstudium Psychologie an der Universität Regensburg (1989-1996) mit Studienschwerpunkt Kommunikation in Beratung, Psychotherapie und Management schlossen sich 1999 die Approbation als psychologische Psychotherapeutin und im Jahr 2000 die Promotion zur Doktoren der Philosophie (Dr. phil.) an.

Frau Dr. Burghofer war von 1996 bis Ende 2000 wissenschaftliche Mitarbeiterin in der Klinik und Poliklinik für Chirurgie der Universität Regensburg. Von 2001-2004 arbeitete sie als wissenschaftliche Mitarbeiterin im Bereich Systemanalyse um Prozessoptimierung des Instituts für Notfallmedizin und Medizinmanagement der Ludwig-Maximilians-Universität München. In diesem Institut leitete sie von 2005-2013 den Gesamtbereich Forschung und Öffentlichkeitsarbeit.

Sie erwarb im Jahr 2009 die Fachkunde Verhaltenstherapie und ist seit 2013 Lehrbeauftragte der Hochschule für Gesundheit und Sport in Berlin. Seit 2009 arbeitet sie in eigener Praxis im Tegernseer Tal und in Bad Tölz als psychologische Psychotherapeutin und arbeitet in München als Beraterin, Coach und Trainerin.

Sie ist Autorin von zahlreichen Büchern, Buchkapiteln und wissenschaftlichen Fachbeiträgen.

Dr. med. Michael Christmann

Der 1965 geborene Arzt studierte Medizin in Mainz, Dublin und Lausanne.

Bei der jahrelangen ärztlichen Tätigkeit mit schwer chronisch Kranken fasste er den Entschluss, zukünftig schwerpunktmäßig präventiv arbeiten zu wollen. Daher erwarb er nach der Qualifikation zum Facharzt für Innere Medizin und der Zusatzqualifikation Notfallmedizin auch die Zusatzqualifikationen in Sportmedizin, Ernährungsmedizin DAEM/

DGEM, Präventivmedizin DAPM und psychosomatische Grundversorgung.

Um Menschen, die noch nicht sehr krank sind und daher häufig nicht zum Arzt gehen, überhaupt erreichen zu können, erwarb er die Qualifikation zum Facharzt für Arbeitsmedizin und arbeitete 2001 bis 2008 in der betriebsärztliche Betreuung von Industrieparkbetreiber-, Chemie- und Automobilzulieferfirmen.

Ab 2009 arbeitete er in einer präventivmedizinischen Praxis, in der neben der Frühdiagnose bestehender Erkrankungen bei den Check ups vor allem Förderung der Eigeninitiative in der Begleitung auf dem individuellen Weg einen gesunden Lebensstil zu finden im Mittelpunkt steht.

Seit 2013 ist Herr Dr. Christmann als Leiter Gesundheitsmanagement und Arbeitsmedizin Deutschland sowie als Key Medical Doctor Central and Eastern Europe für ein pharmazeutisches Unternehmen tätig. Dabei engagiert er sich sowohl bei der kennzahlenorientierten Weiterentwicklung der verhaltens- als auch der verhältnisbezogenen Prävention in dem Bewusstsein, dass mit individueller Verhaltensoptimierung einige, mit Verhältnisoptimierung jedoch alle Mitarbeiter erreicht werden.

Dipl.-Ing. Gerd Danner

Gerd Danner ist geschäftsführender Gesellschafter der 2002 mit Fachakustikern von der TU Berlin gegründeten SoundComfort GmbH.

Das Planungsbüro steuert und koordiniert Projekte zur raumakustischen Planung bzw. Gestaltung von Arbeitsplatzsituationen. Mit Hilfe von Computersimulationen wurden in den letzten Jahren mehr als 150.000 Arbeitsplätze raumakustisch geplant und Maßnahmen zur Verbesserung der Büroraumakustik erarbeitet.

Birgit Fuchs

Vitra GmbH, Key Account Management Seating/Ergonomics

- Studium der Geisteswissenschaften, M. A., und Betriebswirtin
- seit 1996 in der Büromöbel-Industrie,
- 2006 bis 2015 beratend für Ergonomie im Büro

Birgit Fuchs hat den Fachbereich Ergonomie bei der Vitra GmbH zehn Jahre geleitet, bevor sie nun seit 2015 als Key

Account Manager Großunternehmen bei deren Veränderungsprozessen berät. Im Mittelpunkt ihres Interesses stehen immer die Fragen: „Welche Arbeitsbedingungen kann ich schaffen, um die Gesundheit der Mitarbeiter zu erhalten?" und „Welchen Effekt kann das Unternehmen durch die Veränderung des Büroraums erreichen?"

Dr. Rudolf Kötter

Herr Dr. Rudolf Kötter, Jahrgang 1947, hat neben Philosophie Rechtswissenschaft (1. Staatsexamen 1971) und Volkswirtschaftslehre (Dipl. Volkswirt 1975) in Erlangen studiert und wurde 1980 im Fach Philosophie promoviert. Nach langjähriger Tätigkeit am Interdisziplinären Institut für Wissenschaftstheorie und Wissenschaftsgeschichte der Friedrich-Alexander-Universität Erlangen-Nürnberg (FAU) wurde er 2005 zum Geschäftsführer des Zentralinstituts für Angewandte Ethik und Wissenschaftskommunikation der FAU ernannt und nahm diese Aufgabe bis zu seiner Pensionierung im Jahre 2015 wahr.

Seine Arbeitsinteressen liegen in der Wissenschaftstheorie der Naturwissenschaften und der Angewandten Ethik, insbesondere der Wirtschafts- und Bioethik und sind mit über 70 Veröffentlichungen dokumentiert.

Thomas Kuk

Thomas Kuk ist ein echter Vertriebsprofi, bei dem sich die Begeisterung für Design und Einrichtung schon früh abzeichnete. Geboren 1966 hat er bereits während seiner Ausbildung bei dem führenden Frankfurter Büroeinrichter Emil Eckhardt Jr. gewusst, dass die Möbelbranche seine Leidenschaft sein wird. Nach einem Traineeprogramm wird er dort Juniorverkäufer. 1997 wechselt er zu Objektform in Kronberg und nimmt dort verschiedene Aufgaben erfolgreich wahr, bevor er Geschäftsführer Vertrieb wird. Seit 2003 ist er bei der Spielmann Officehouse GmbH als Prokurist für die Vertriebsleitung verantwortlich. Heute ist das Unternehmen ein Teil der designfunktion Gruppe, München und Thomas Kuk ist als Prokurist Mitglied des Führungskreises von designfunktion.

Prof. Dr. med. Christian K. Lackner

Prof. Dr. med. Christian K. Lackner wurde 1961 in München geboren. Nach einer Ausbildung im Marketing studierte Christian Lackner Humanmedizin in Budapest / München / L. A./ San Francisco und Portland Orgeon. Danach schlossen sich die Weiterbildung (Chirurgie/ Unfallchirurgie) und Zusatzqualifikationen in der Notfallmedizin und im Ärztlichen Qualitätsmanagement an. Nach seiner Habilitation in der Akutmedizin wurde er 2003 auf die neugeschaffenene Professur für Notfallmedizin und Medizinmanagement an der LMU München berufen und leitete als Vorstand bis 10/2011 das zugehörige Institut am Klinikum der Universität München.

Seit 04/ 2012 leitet Herr Lackner als Director zusammen mit einer Kollegin übergeordnet den Geschäftsbereich Healthcare der Drees & Sommer Gruppe. Seit Oktober 2012 hat er eine Professur in Berlin inne.

Seine Arbeits- und Erfahrungsschwerpunkte umfassen klinisches & Betriebswirtschaftliches Management, Risikomanagement in der klin. (Akut-)Medizin und Optimierung klinischer und präklinischer Strukturprozesse/ Patientenbehandlungspfade sowie klinische Geschäfts- und Betriebsorganisationsplanung . Daneben klinische Portfolio-Analysen (DRG), Risiko-Audits, Bedarfsanalysen & –Projektionen, Clinical Change-Management / Preclinical Change-Management, Qualitätsmanagement (CQI) der Akutmedizin / klin. Medizin sowie Human Factor / Riskmanagement (Akut-)Medizin, Systemimplementierungen in der Akutmedizin und der Komplex „Raum und Gesundheit".

Er ist Autor von zahlreichen Büchern, Buchkapiteln und wissenschaftlichen Fachbeiträgen.

Prof. Dr.-Ing. Ulrich Pfeiffenberger

Nach dem Maschinenbaustudium an der Universität Stuttgart und der Promotion zum Dr.-Ing. an der Universität Essen begann er seine berufliche Tätigkeit 1983 in einem Ingenieurbüro für Technische Gebäudeausrüstung. Seine Arbeitsschwerpunkte waren die Klima- und Kältetechnik. Er war Projektleiter für die gesamte Technische Ausrüstung von mittleren bis großen Projekten.

1993 gründete er die Ingenieurgesellschaft Pfeiffenberger mit Sitz in Neu-Isenburg. Das Büro ist vorwiegend im Industriebau mit dem Schwerpunkt Pharma-Produktion, Kälteerzeugungsanlagen sowie Komfort-Klimaanlagen für Sonderbauten tätig.

1997 wurde er als Professor an die Technische Hochschule Mittelhessen in Gießen für das Fachgebiet Integrierte Gebäudetechnik und Projektierung Gebäudetechnischer Anlagen berufen.

Ulrich Pfeiffenberger war 15 Jahre lang Vorstandsvorsitzender des Fachverbandes Gebäudeklima.

Dr. Katrin Trautwein

Die in den USA aufgewachsene Katrin Trautwein wurde 1962 in Stuttgart geboren. Nach abgeschlossenem Chemiestudium wurde sie 1991 an der ETH in Zürich promoviert. Seit 1996 gilt ihr Interesse den Farben, ihre Erforschung der Le Corbusier Farben machte sie bekannt. 1998 gründete sie die Farbmanufaktur kt.COLOR in der Schweiz. Auf den Fersen der Le Corbusier Farben folgten weitere innovative Farbreihen, darunter eine Weißpalette mit 35 Nuancen, ein schwarzer Regenbogen und ein Ultramarinblau so tief wie das von Yves Klein. Sie weckte damit das Bewusstsein für ästhetische und ökologische Anstriche und entfachte die Faszination für die Wirkung natürlicher Pigmente.

Katrin Trautwein wird als Dozentin und zur Beratung für historische Farbpaletten, Farben und Licht Zusammenhänge und Farbkonzepte von Hochschulen, Architekten, Denkmalpflegern und Bauherren herangezogen. Der Deutsche Werkbund würdigte ihre Arbeit 2014 mit dem Werkbund Label, April 2016 wurde sie vom Getty Center in Kalifornien als Scholar-in-Residence eingeladen, und ihre Fachseminare in Uster erreichen jährlich hunderte von Architekten und Handwerkern. Ihre Bücher *Schwarz* (2014) und *225 Farben* (2016) sind im Handel erhältlich.

MSc. Psychologin Dipl.-Designerin (FH) Stephanie Wackernagel

Stephanie Wackernagel (Dipl.-Des. FH, MSc. Psych.) wurde 1981 in Magdeburg geborgen. Sie studierte Industriedesign an der Hochschule Magdeburg-Stendal und Psychologie an der Universität Innsbruck (Österreich). Seit 2007 berät Frau Wackernagel zahlreiche Industriekunden unterschiedlicher Größe und aus einer Vielzahl von Branchen. Sie hat viele Jahre als selbstständige Produktdesignerin gearbeitet und war vier Jahre als Consultant und Senior Consultant für die RBSGROUP München im Bereich Change & Communication Management sowie Analyse tätig. Dort leitete sie intern ein vom Bundesministerium für Bildung und Forschung gefördertes Forschungsprojekt zur präventivorientierten Gestaltung von neuen Arbeitswelten. Heute arbeitet Frau Wackernagel als wissenschaftliche Mitarbeiterin und Projektleiterin am Fraunhofer IAO im Competence Center »Information Work Innovation«. Sie ist spezialisiert auf die strategische Beratung im Kontext Neuer Arbeitswelten mit dem Schwerpunkt Change & Communication Management, wissenschaftliche Analysen und Gesundheitsförderung. Frau Wackernagel untersucht seit 2014 die Wirkung der Büroumgebung auf das Befinden des Menschen.

David Wiechmann

David Wiechmann, Jahrgang 1971, ist Diplom-Finanzwirt (FH) und studierte von 1996 bis 1999 im Aufbaustudium Journalismus am Institut für Journalistik und Kommunikationsforschung in Hannover. Nach einigen redaktionellen Tätigkeiten wurde er 2006 Chefredakteur der Fachzeitschrift Mensch&Büro in der Konradin Mediengruppe. 2007 übernahm der darüber hinaus die Leitung der Mensch&Büro-Akademie, die Fachwissen rund um die Büroplanung innerhalb der Büroeinrichtungsbranche vermittelt. Im Jahr 2012 wurde er zudem Chefredakteur der internationalen Architektur- und Designzeitschrift md Interior I Design I Architecture, die ebenfalls bei Konradin erscheint.

Für die Konradin-Gruppe entwickelte er 2009 außerdem ein Beratungskonzept zur Implementierung von Betrieblichem Gesundheitsmanagement in Unternehmen und war parallel zu seinen redaktionellen Aufgaben bis zu seinem Ausscheiden aus dem Verlagswesen als Gründer, Leiter und Berater für das Dr. Curt Haefner-Institut Heidelberg tätig.

Seit 2015 ist David Wiechmann Head of Interior Design Team, Marketing Manager und Mitglied der Geschäftsleitung in der deutschen Tochtergesellschaft des zurzeit größten europäischen Herstellers von Büroeinrichtungslösungen, Kinnarps mit Sitz in Schweden.

David Wiechmann ist seit 2014 ehrenamtliches Vorstandsmitglied im Deutschen Netzwerk Büro e. V. (DNB), das sich im Rahmen der Initiative Neue Qualität der Arbeit (INQA) des Bundesministeriums für Arbeit und Soziales für gute und gesunde Büroarbeit engagiert.

Abkürzungsverzeichnis

ABW	Activity Based Working
ADFC	Allgemeiner Deutscher Fahrrad-Club e. V.
BauPVO	europäische Bauproduktenverordnung
BGI	Berufsgenossenschaftliche Information
CCL	Consulting Cum Laude
CRI	Color Rendering Index
DGNB	Deutsche Gesellschaft für nachhaltiges Bauen
DIN	Deutsches Institut für Normung e.V.
DNA	deoxyribonucleic acid
FM	Facility Manager
HCL	Human Centric Lightning
HKL	Heizung Klima Lüftung
IAO	Institut für Arbeitswirtschaft und Organisation (Fraunhofer Institutes)
ICH	International Conference on Harmonization
IT	Informationstechnology
LED	Lichtemittierende Diode
LEED	Leadership in Energy and Environmental Design
LOGI	LOw Glycemic and Insulinemic
LRM	Lichte Raumhöhe
LUX	Einheit der Beleuchtungsstärke
MBO	Musterbauordnung
NWG	nicht wassergefährdend
RCI	repetitive strain injury
RTL	Raumlufttechnik
SVOC	Semi Volatile Organic Compound
TGA	Technische Gebäudeausrüstung
PPD	Predicted Percentage of Dissatisfaction
R&D	Research & Development

TÜV	Technischer Überwachung Verein
UBA	Umweltbundesamt
URS	User Requirements Specification
VOC	Volatile Organic Compounds
WHO	World Health Organization

Einleitung

Werner Seiferlein und Christine Kohlert

Was hat das Thema Gesundheit mit einem Verwaltungsgebäude zu tun?

Dieser für uns Menschen so wichtigen Frage wird in diesem Buch nachgegangen. Dabei werden die wesentlichen Faktoren ermittelt und diskutiert sowie die gesundheitsrelevanten Aspekte bezogen auf ein Verwaltungsgebäude eingehend besprochen. Diese Vorgehensweise erzeugt die planbaren und vernetzten Faktoren, die für den Entwurf eines Verwaltungsgebäudes die Basis bilden.

Es soll hier nicht der wirtschaftliche bzw. kommerzielle Anteil stark in die Ergebnisfindung einfließen. Jedoch sind in Deutschland pro Jahr verursachte und krankheitsbedingte Arbeitsunfähigkeit durch Produktionsausfälle in Höhe von über 40 Milliarden Euro zu verzeichnen (vgl. Spath et al. 2011, S. 40).

Die Gesundheit ist ein hohes Gut. Deshalb ist es berechtigt, die Facetten der gesundheitsrelevanten Faktoren zu erarbeiten und eingehend zu betrachten, wenn es darum geht, für eine bestimmte Anzahl von Menschen eine Arbeitsstätte zu schaffen.

Ein Buch, das diese Anforderung erfüllt, bildet eine Lücke im Portfolio, die hiermit gefüllt wird.

Besonderer Wert wird dabei auf die drei Bereiche gelegt, die von der World Health Organization als entscheidend für die Gesundheit definiert wurden: mentales – soziales – physisches Wohlfühlen am Arbeitsplatz. Alle drei Ebenen spielen eine wesentliche Rolle für die menschliche Zufriedenheit in Bezug auf die Arbeit und die Arbeitsumgebung (s. Abb. 1).

Die Gesundheitszufriedenheit

Die Aussage: „Gesundheit statt Reichtum" zeigt auf, was den Deutschen für ihre Lebensqualität sehr wichtig ist. 80 % wünschen sich für Familie und Partnerschaft Gesundheit. Deshalb spielt die Gesundheitsversorgung eine große Rolle als ein interdisziplinäres Konstrukt, in dem verschiedene Experten, Spezialisten, aber auch Nutzer involviert sein sollten.

Gesundheit wird hier nicht mehr an den Krankheiten gemessen, sondern an der Zufriedenheit (vgl. Martin 2006, Definition Arbeitszufriedenheit: „Werden in der Arbeit Bedürfnisse befriedigt bzw. die Ziele des Handelns erreicht, dann stellt sich als Ergebnis das

Abb. 1 Die drei Ebenen des Wohlfühlens

Gefühl der Zufriedenheit ein. So ist jemand motiviert zu arbeiten, weil er Geld verdienen will, und zufrieden, wenn er sein Ziel auch erreicht."). Individualisierung spielt heutzutage eine zentrale Rolle bis hin zur Gesundheitszufriedenheit (vgl. Huber et al. 2015). Ganzheitliche Behandlungskonzepte und individuell durchgeführte Gesundheitsversorgung (personalisierte Medizin) sind Ziele für die Zukunft. Gesundheitliche Orientierung und die Verantwortung für die Gesundheit liegen vor allem bei jedem einzelnen selbst. Trends und Treiber für das Bedürfnis nach Sicherheit und Anerkennung und damit nach der Gesundheitszufriedenheit wurden durch Abraham Harold Maslow in seiner Bedürfnispyramide für die menschliche Motivation dargestellt (die „Pyramide des Bedarfs" von Maslow ist eine pyramidale Vertretung der Hierarchie der menschlichen Bedarfe – in einem Artikel, der 1943 erschienen ist, hat Maslow erstmalig seine Motivationstheorie zusammengefasst, vgl Maslow 1943), Abb. 2.

Maslow bildete dabei eine 5-stufige Pyramide aus den menschlichen Bedürfnissen. In Stufe 1 stellte er die Grundbedürfnisse – wie Nahrung, Bekleidung, Schlafen, Wärme, Fortpflanzung – dar. Diese müssen erfüllt sein, bevor der Mensch motiviert ist, sich um die Befriedigung der nächsten Stufen zu bemühen.

In Stufe 2 geht es vor allem um Sicherheitsbedürfnisse – Recht und Ordnung, Schutz und Abgrenzung sowie das Anlegen von Vorräten und Ersparnissen, den Erhalt des Arbeitsplatzes.

Stufe 3 betrachtet die sozialen Bedürfnisse: Liebe, Bestätigung, Zugehörigkeit zu einer Gruppe, menschliche Kontakte.

In Stufe 4 folgen die ICH-Bedürfnisse, d. h. das Bedürfnis nach Wertschätzung wie Anerkennung durch die Gruppe oder Vorgesetzte, Ruhm und Ehre, Aufmerksamkeit.

Die 5. und letzte Stufe schließlich betrachtet das Bedürfnis nach Selbstverwirklichung.

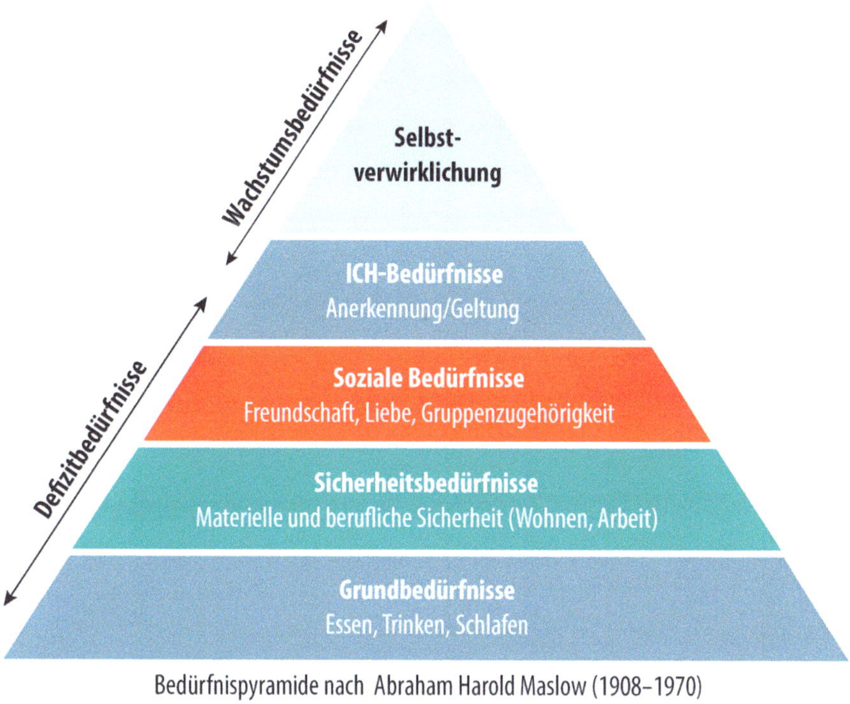

Abb. 2 Bedürfnispyramide, nach Maslow

Von Jacqueline Vischer (Vischer 2008) wurde diese Pyramide weiterentwickelt auf die persönliche Zufriedenheit am Arbeitsplatz, Abb. 3. Sie betrachtet, unter welchen psychologischen, funktionalen und physischen Bedingungen sich Menschen am Arbeitsplatz wohlfühlen. In ihrer Pyramide ist die unterste Stufe der Zugehörigkeit und Kontrolle, dem körperlichen Wohlbefinden gewidmet (richtiger Stuhl, angemessenes Licht, gute Akustik). Die nächste Stufe betrachtet das funktionale Wohlbefinden (Luftqualität), wie der Nutzer bei seiner Arbeit unterstützt wird. In der obersten Stufe geht es um das psychologische Wohlbefinden, das maßgeblich ist für die Qualität des Arbeitsplatzes (sich zugehörig und beteiligt fühlen, eine Heimat haben). Hier geht es auch um Sicherheit, Sauberkeit und Zugänglichkeit.

Gesund trotz Arbeit

Mindestens ein Drittel unserer Lebenszeit verbringen wir als Arbeitstage im Büro. Grundsätzlich basiert die Gestaltung der Bürogebäude und Arbeitsumgebungen auf aktuellen Normen und Richtlinien. Ziel ist es, sich wann immer möglich an die Europäischen DIN-Normen zu halten sowie an die Vorgaben der BGI (Berufsgenossenschaftliche Informationen), s. Abschn. 10.2. Richtlinien können aber auch überholt sein und hängen oft dem Stand der Technik hinterher. So kann z. B. die Arbeitsplatzgestaltung sich verändert haben, sodass die Richtlinien und Normen zwar existieren, und das bereits seit Jahrzehnten. Es

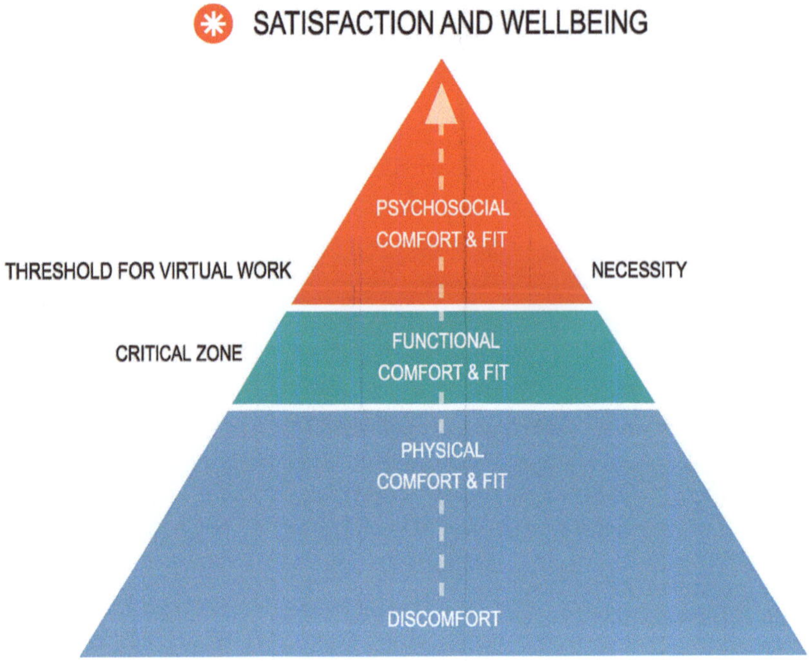

Abb. 3 Pyramide des Wohlbefindens, nach Vischer (2008)

bedarf einer kontinuierlichen Überarbeitung von o. g. Dokumenten durch Normenstellen, Verbände, Firmen oder den Gesetzgeber.

Immer öfter wird ein höherer Standard angestrebt. Diese Abweichungen basieren meist auf firmengebundenen Dokumenten mit separatem Standard und unternehmensspezifischen Vereinbarungen (vgl. Dietl 2015).

Gestalter fragen sich immer, wie eigentlich ein Design, das auf menschlichen Maßen und Wünschen basiert, aussehen sollte. Verschiedene Theorien wurden dazu unter dem Stichwort „positives Design" entwickelt. Stellvertretend soll hier ein Beispiel von Pieter Desmet und Anna Pohlmeyer (Desmet, Pohlmeyer 2013) vorgestellt werden, das die menschliche Motivation fördern soll, indem es Design für Behagen, persönliche Bedeutung und Werte kombiniert, Abb. 4. Design für Behagen bedeutet in diesem Zusammenhang die Reflexion auf persönliche Werte, wie z. B. Haptik, sowie auf die eigene Bedeutsamkeit und Wichtigkeit. Design für persönliche Bedeutung heißt Wertschätzung erfahren, bei der Erreichung der Ziele unterstützt werden und Freundschaften genießen. Design für Werte bezieht sich auf ökologisches Design und Nachhaltigkeit. Äpfel stimulieren beispielsweise dazu, auf die eigene Gesundheit zu achten. So gestaltete Räume unterstützen Menschen, motiviert zu sein, und haben einen nachhaltig positiven Einfluss auf die eigene Befindlichkeit. Es geht darum, zufrieden zu sein, sich wohlzufühlen, etwas zu erreichen und sich in diesem Umfeld auch ehrenhaft zu benehmen.

Ein Design, das alle drei Komponenten berücksichtigt, unterstützt das menschliche Wohlergehen. Je glücklicher wir sind, umso kreativer und umso erfolgreicher sind wir

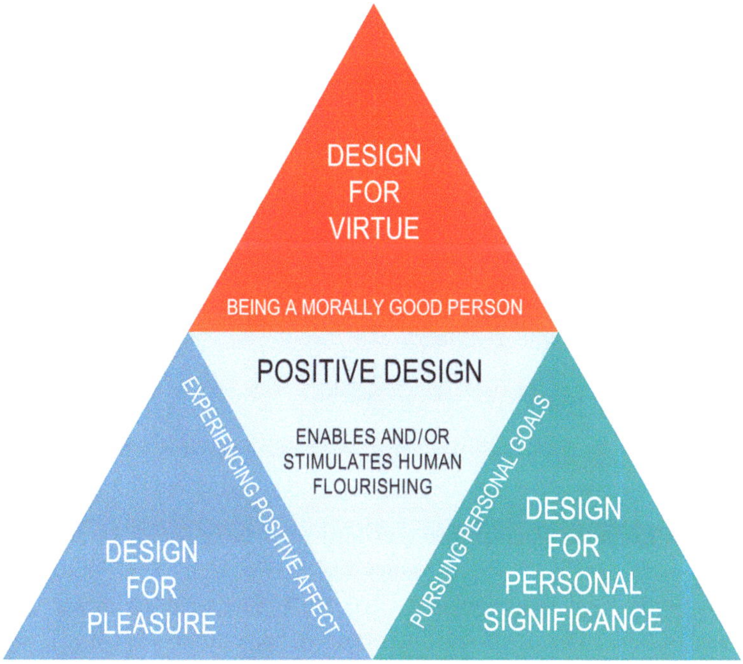

Abb. 4 Positive Design, nach Desmet, Pohlmeyer (2013)

auch (vgl. Perlich et al. 2016: Gestaltungsdenken kann durch mobilen Raum gefördert werden, Plätze, welche sicher sind, zum Experimentieren; Mehta et al. 2012: Menschen unter moderaten Lautstärkebedingungen erschaffen Ideen, welche kreativer sind als solche, die entweder unter niedriger Lautstärke oder hoher Lautstärke entstanden sind).

Für das Buch wurden die gesundheitsrelevanten Faktoren recherchiert und zusammengestellt, die in einem Verwaltungsgebäude auf Menschen wirken können. Dies sind weit mehr Faktoren, als in gesetzlichen Normen und Richtlinien angesprochen werden. Für diese Faktoren gibt es keine „Leitplanken" und diese können autark geplant und angewendet werden.

In der DNA-Struktur von Abb. 5 sind symbolisch die verschiedenen Faktoren für Gesundheit dargestellt. Mit dieser Struktur lässt sich sehr gut der Bezug zu Wissen und Kommunikation aufzeigen.

Das DNA-Gleichnis

Die in Abb. 5 dargestellte Schwingung der DNA-Kurve kann mit den äußeren gesellschaftlichen, politischen, kulturellen u. a. Gegebenheiten verglichen werden. So schwingen z. B. Arbeitnehmerinteressen oft im gegensätzlichen Verhältnis zu den Arbeitgeberinteressen.

Ein Beispiel: Zurzeit sind die Auftragsbücher der Arbeitgeber voll, die Arbeitslosigkeit sinkt deutlich („Die Arbeitslosigkeit sinkt deutlich", FAZ Wirtschaftsteil 31.03.2017) wie auch der Krankenstand („Erstmals seit 2006 sinkt der Krankenstand", FAZ Wirtschaftsteil 31.03.2017). Die „Laune" der Arbeitgeber wächst wieder, was sich positiv

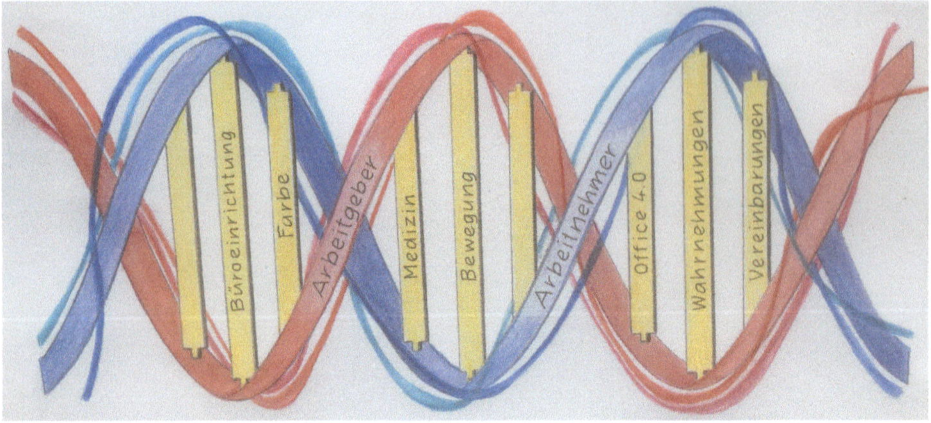

Abb. 5 Das DNA-Gleichnis

auf arbeitnehmerrelevante Maßnahmen und Investitionen auswirkt. In dieser „Spendier-Laune" zeigen sich „die Deutschen sehr zufrieden" („Die Deutschen sind so zufrieden wie noch nie seit 1990", FAZ Wirtschaftsteil 17.03.2017). Der Auslöser dieser „einmal hoch und dann wieder runter Phase" ist von unterschiedlichen Gründen abhängig, wie z. B. der Wiedervereinigung (1990), 11. September und Afghanistankrieg (2001), Große Koalition (2004), Beginn der Finanzkrise (2008), Fukushima (2011) usw. (ebd.).

Die „Querstreben des DNA-Symbols" zeigen die gesundheitsrelevanten Parameter auf, die die Gesundheit des Mitarbeiters sowie auch seine Zufriedenheit maßgeblich beeinflussen.

Die Generationen

Für wen werden Arbeitsräume geplant? Für die alten oder die jungen Mitarbeiter? Es sind die Top-Manager, die diese Frage mit „für die Jungen" beantworten. Es ist klar, dass die Jungen, statistisch gesehen, ein neues Gebäude längere Zeit nutzen werden. Doch ist es nicht gefährlich, hinsichtlich Wertschätzung und Motivation, sich mit den Arbeitswelten nur auf eine – die junge – Generation zu konzentrieren?

Wie fühlen sich dabei die älteren Generationen, die u. a. vor allem ihre Erfahrung und das über die Jahre erworbene Wissen sowie eine gewisse Gelassenheit in das Unternehmen einfließen lassen? Bis wann ist man eigentlich noch jung und ab wann ist man schon alt?

Eine Generation steht für ca. 15 Jahre. Das Eintrittsalter in das Berufsleben liegt bei etwa 16 Lebensjahren und geht bis zum ca. 66. Lebensjahr, umfasst also ca. 50 Jahre. Damit stehen mindestens vier Generationen zur gleichen Zeit im Arbeitsfeld.

Das Augenmerk der Industrie liegt auf den ganz Jungen. Zur Generation Z gehören 20-Jährige und Jüngere. Das heißt, die Z-ler drängen nun auf den Arbeitsmarkt (Bedürftig 2016).

„Rund drei Millionen Z-ler tummeln sich diesen Überlegungen zur Folge in diesem Jahr bereits auf dem Arbeitsmarkt. Zum Vergleich: Bei der Vorgängergeneration Y sind es rund acht Millionen Mitglieder" (ebd.).

Die Jugendlichen von heute funktionieren anders. „Die Vermischung von Beruf und Privatleben findet kaum noch Anklang. Zu genau haben die Jugendlichen von heute beobachtet, wie die Generation Y oftmals die Arbeit mit nach Hause nahm und nicht vom Laptop loskam. Die Z-ler wollen geregelte Arbeitszeiten, unbefristete Verträge und klar definierte Strukturen im Job haben", so der Arbeitsweltexperte Christian Scholz: „Wenn Feierabend ist, dann lesen sie auch keine Arbeitsmails." (ebd.)

Die Vernetzung

Den meisten Branchen ist es gelungen, die Vernetzung zwischen Verwaltungsgebäuden, aber auch Fabrikanlagen und deren internen und externen Verknüpfungen herzustellen. Die Vorteile durch den Austausch und die Nutzung von Daten sind offensichtlich. Aber wie funktioniert dies beispielsweise in der Pharmabrache – im regulierten Bereich? Warum tut sich die Gesundheitsbranche mit der Vernetzung von Daten und Informationen in der Herstellung von Arzneimitteln so schwer? (Huber et al. 2015, S. 5)

Je intensiver ein Betrieb oder Werk mit seinem wirtschaftlichen Umfeld vernetzt ist, umso günstiger wirkt sich das auf die Innovationskraft aus (vgl. Spath et al. 2011, S. 14).

Im Wesentlichen kommt es auf die vernetzungsfähigen Faktoren an.

Ziel des Buches

Ziel ist es, „dass die arbeitenden Menschen in produktiven und effizienten Arbeitsprozessen

- schädigungslose, ausführbare, erträgliche und beeinträchtigungsfreie Arbeitsbedingungen vorfinden
- Standards sozialer Angemessenheit nach Arbeitsinhalt, Arbeitsaufgabe, Arbeitsumgebung sowie Entlohnung und Kooperation erfüllt sehen
- Handlungsfreiräume entfalten, Fähigkeiten erwerben und in Kooperation mit anderen ihre Persönlichkeit erhalten und entwickeln können" (Schlick, Bruder, Luczak, zit. nach Spath et al. 2014).

Bei der Planung eines Bürogebäudes erhebt sich die Frage: „Was muss berücksichtigt werden, was der Mitarbeiter schätzt und fordert"?

Die Orientierung dieses Buches liegt auf den Faktoren Wohlbefindlichkeit und Gesundheitszufriedenheit (Parameter wie Innovation, Zukunftssicherheit u. a wurden bewusst nicht behandelt). Bei den in der frühen Phase bei zahlreichen Projekten durchgeführten Nutzeranforderungen wird tendenziell die Nachfrage nach Gesundheit in Bürogebäuden artikuliert. Man kann also daraus schließen, dass die Mitarbeiter latent diesen Anspruch auf Gesundheit fordern. Damit stehen die Wohlbefindlichkeit und Gesundheitszufriedenheit im Mittelpunkt dieser Ausarbeitung – die Konzentration liegt dabei auf der planbaren Gesundheit. Andere Faktoren, die auch Erfolgsfaktoren sein können – wie ansprechende Architektur, Transparenz, Zielklarheit, strategischer Fit, Risk Management & Value Engineering, Senior Management Support, Planungsverantwortung und Grad der Individualisierung, Projektbeschreibung und Prioritäten, strategische Ausrichtung, Alternativen u. a. –, bleiben hier unbearbeitet (vgl. Seiferlein 2005, S. 213 ff.).

Fazit: Mit diesem Buch werden die gesundheitsrelevanten Faktoren betrachtet, die in Relation eines Büro-Verwaltungsgebäudes auf die Menschen wirken und deshalb in der Planung besonderes Augenmerk genießen. Anhängende Check-Listen vereinfachen die anstehende Planungsarbeit.

Das Buch legt das Hauptaugenmerk auf Gesundheit und Wohlbefinden. Hierzu werden die planerisch beeinflussbaren Faktoren identifiziert, sodass man den Inhalt des Buches anhand von Überschriften nutzen kann:

Die planbare Gesundheit.
Folgend die Zusammenstellung der in diesem Buch behandelten Faktoren im Einzelnen:

- Gegenseitige Vereinbarung
- Individuelle Wahrnehmungen
  - Luft (und Wohlbefinden)
  - Lärm
  - Licht
  - Leib („Weil Speis und Trank in dieser Welt doch Leib und Seel' zusammenhält.", Gutknecht 2008, S. 183)
- Farbe im Allgemeinen und Speziellen
- Adäquate Büroeinrichtung
  - Büromöbel für den Arbeitsplatz
  - Mobiliar für die unterschiedlichen Bereiche (Zusammenarbeit und Austausch, Konzentration sowie Erholung)
  - Gestaltung der Büroräume ABW (Büroform)
  - Ergonomie
  - Richtlinien, Vorschriften (vorhanden)
  - Gesetze, Empfehlungen, Warnschilder
- Bedarfsgerechte Gebäudetechnik
- Medizinische Aspekte
  - Hygiene, Allergien
  - Worklife Balance
- Bewegung am Arbeitsplatz
- Ausblick Office 4.0

Literatur

Bedürftig, D. (2016): Was Generation Z vom Berufsleben erwartet, https://www.welt.de/wirtschaft/karriere/bildung/article152993066/Was-Generation-Z-vom-Berufsleben-erwartet.html, Zugriff am 12.4.2017.

Dietl, A. (2017): Regeln und Vorschriften, die der Auftragnehmer nicht kennt, in: Seiferlein, W., Woyczyk, R. (Hrsg.), Projekterfolg – die vernetzten Faktoren von Investitionsprojekten. Stuttgart: Fraunhofer, S. 91–100.

Desmet, P. M. A., Pohlmeyer, A. E. (2013): Positive design. An introduction to design for subjective well-being. *International Journal of Design*, 7/3, S. 5–19.

Gutknecht, Christoph (2008): Von Treppenwitz bis Sauregurkenzeit. Die verrücktesten Wörter im Deutschen. München: C. H. Beck.

Martin, P. (2006): Mobile Büroarbeit – Neue Arbeitsformen human gestalten. Düsseldorf: Hans-Böckler-Stiftung.

Huber, J., Kirig, A., Rauch, C., Ehret, J. (2015): Die Philips Gesundheitsstudie. Wie Vertrauen zum Treiber einer neuen Gesundheitskultur wird. Frankfurt/Main: Zukunftsinstitut GmbH.

Maslow, A. (1943): A Theory of Human Motivation. *Psychological Review*, 50, S. 370–396.

Mehta, R., Zhu, R., Cheema, A. (2012): Is Noise Always Bad? Exploring the Effects of Ambient Noise on Creative Cognition. *Journal of Consumer Research*, 39/4, S. 784–799.

o. V. (2017): Die Arbeitslosigkeit sinkt deutlich. In: FAZ Wirtschaftsteil, 31.3.2017, Zugriff am ???.

o. V. (2017): Erstmals seit 2006 sinkt der Krankenstand. In: FAZ Wirtschaftsteil 31.3.2017, Zugriff am ???.

o. V. (2017): Die Deutschen sind so zufrieden wie noch nie seit 1990. In: FAZ Wirtschaftsteil 17.3.2017, Zugriff am ???.

Seiferlein, W. (2005): Erfolgsfaktoren in den frühen Phasen von Investitionsprojekten. Frankfurt/Main: Peter Lang.

Seiferlein, W., Woyczyk, R. (Hrsg.) (2017): Projekterfolg – die vernetzten Faktoren von Investitionsprojekten, Stuttgart: Fraunhofer Verlag.

Spath, D., Bauer, W., Braun, M. (2011): Gesundes und erfolgreiches Arbeiten im Büro, Berlin: Erich Schmidt.

Perlich, A., Thienen, J. v., Wenzel, M., Meinel, C. (2015), Redesigning medical encounters with Tele-Board MED. In: Plattner, H., Meinel, C., Leifer, L. (Hrsg.), Design Thinking Research: Taking Breakthrough Innovation Home, Springer Verlag, S. 101–123.

Vischer, J. C. (2008): Towards an environmental psychology of workspace; how people are affected by environments for work. *Architectural Science Review*, 51/2, S. 97–108.

1 Gegenseitige Vereinbarung

Stephanie Wackernagel und Christine Kohlert

1.1 Der Mensch im Mittelpunkt der zukünftigen Arbeitswelt

Stephanie Wackernagel

Kraftvolle Visionen für eine neue Arbeitswelt können einen nachhaltigen und produktivitätssteigernden Wandel für Unternehmen einläuten. Nach der Einführung einer neuen Arbeitswelt bemerken allerdings viele Unternehmen, dass sie zu wenig Mut bei der Umsetzung ihrer Konzepte hatten. Die erwarteten Chancen haben sich erfüllt und viele Befürchtungen sind nicht eingetreten. Häufig löst sich Unzufriedenheit mit einem neuen Bürokonzept nach kurzer Zeit auf und Chancen für einen tiefgreifenden Wandel wurden schlichtweg verpasst. Regelmäßig lässt sich in Beratungsprojekten am Fraunhofer-Institut für Arbeitswirtschaft und Organisation (IAO) erleben, dass Projektverläufe zur Umsetzung einer neuen Arbeitsumgebung nicht durch die Vision der Unternehmensleitung, sondern durch Ängste bestimmt werden. Die Ängste von Entscheidungsträgern werden dabei gespeist durch die Ängste der Mitarbeiter. Diese haben oft große Bedenken, dass ihre Gesundheit in einer offenen Bürostruktur gefährdet ist. Insgesamt gibt es nur wenige wissenschaftliche Studien zur Wirkung von modernen Bürokonzepten auf die Gesundheit. Eine aktuelle systematische Literaturrecherche der Universität Freiburg (Lütke et al. 2017) zeigt auf, dass die Effekte von offenen Bürostrukturen auf die Gesundheit inkonsistent und nur begrenzt

S. Wackernagel (✉)
München, Deutschland
e-mail: Stephanie.wackernagel@iao.fraunhofer.de

C. Kohlert
RBSGROUP part of Drees & Sommer, München, Deutschland
e-mail: christine.kohlert@rbsgroup.eu

W. Seiferlein, C. Kohlert (Hrsg.), *Die vernetzten gesundheitsrelevanten Faktoren für Bürogebäude*, https://doi.org/10.1007/978-3-658-20852-3_1

aussagekräftig sind. Der Komplexität einer Büroumgebung werden bisherige Studien nicht gerecht. Dennoch lässt sich eine Aussage klar festhalten: Sind offene Strukturen gestaltet, wie klassische Großraumbüros der Siebziger bis Neunziger Jahre des letzten Jahrhunderts, gefährden Unternehmen die Gesundheit ihrer Mitarbeiter (wissenschaftliche Studien zur Gesundheit in verschiedenen Büroformen: Bodin, Danielsson 2008, 2013; De Croon et al. 2005; Oommen et al. 2008; Hochschule Luzern, Seco 2010; Windlinger und Zäch 2007).

Die Arbeitsumgebung wirkt selbstverständlich nicht nur auf unsere Gesundheit, sondern auch auf unsere Arbeitszufriedenheit, unsere Arbeitsleistung und unser Arbeitsengagement (Windlinger 2017). Jedes Unternehmen, dessen Mitarbeiter in einer Büroumgebung arbeiten, sollte deshalb interessiert sein, seine zukünftige Arbeitswelt optimal zu gestalten. Dieses Kapitel zeigt auf, wie die Gestaltung der Büroumgebung die Gesundheit des Menschen fördern kann, wie unsere Zufriedenheit mit der Bürogestaltung beeinflusst wird und wie Unternehmen ihre Mitarbeiter für die Veränderung begeistern können, um über die Gestaltung einer neuen Arbeitsumgebung eine gesunde Arbeitswelt von morgen zu schaffen.

1.1.1 Gesundheitsförderliche Bürogestaltung

In einer umweltpsychologischen Studie (Wackernagel 2017) wurden drei wesentliche Faktoren der Bürogestaltung identifiziert, die einen positiven Einfluss auf unsere Gesundheit, unser Wohlbefinden und unsere Zufriedenheit mit der Bürogestaltung haben: positive *Stimulation durch den Raum* (Stimulation), *Stimmigkeit des Raumes* (Stimmigkeit) und *der Raum bietet Kontrolle* (Kontrolle). Der erste Faktor Stimulation ist gegeben, wenn die Büroumgebung allgemein attraktiv und abwechslungsreich gestaltet ist sowie interessante Zusatzbereiche die regulären Arbeitsplätze ergänzen. Im Speziellen geht eine positive Wirkung von der Büroumgebung aus, wenn interessante Möbel in die Arbeitsumgebung integriert wurden, farbige Objekte, interessante Bodenflächen und außergewöhnliche Formen von Wänden bzw. Wandelementen. Ebenso haben eine vielfarbige Gestaltung sowie das Vorhandensein von Pflanzen eine positive Wirkung auf den Nutzer. Die Studie zeigt darüber hinaus, dass diese Gestaltungselemente in gegenwärtigen Büroumgebungen noch sehr gering umgesetzt sind, aber häufiger in offenen Bürostrukturen vorkommen.

Der zweite Faktor Stimmigkeit beschreibt die positive Wirkung auf das Befinden, wenn die Büroumgebung widerspruchsfrei gestaltet ist. Das ist gegeben, wenn für den Nutzer eindeutig erkennbar ist, wie die räumliche Ausstattung (Möblierung[1]), die technische Ausstattung (Arbeitsgeräte) sowie die Innenausstattung (Türen, Fenster etc.) zu benutzen sind. Hierzu gehört auch, dass der Nutzer die Funktion eines Möbels klar ablesen kann und unmittelbar erkennt, welche Funktion Räume bzw. Arbeitsbereiche haben. Das ist möglich, wenn sich Räume bzw. Arbeitsbereiche eindeutig voneinander unterscheiden (z. B. reguläre Arbeitsplätze, Besprechungsbereiche, Pausenbereiche, Materialaufbewahrung,

[1] siehe Kapitel 4. adäquate Büroeinrichtung

Druckerbereich etc.). Ebenfalls liegt eine stimmige Büroumgebung vor, wenn eine Struktur in der räumlichen Gestaltung erkennbar ist, eine gewisse Ordnung vorliegt und sich thematisch ein „roter Faden" durch die Gestaltung zieht. Dieser Faktor beinhaltet damit eine Vorhersagbarkeit der Erfahrung, die wir mit der Nutzung des Raums und seiner Ausstattung machen werden. Aus diesem Grund ist es ebenfalls wichtig, dass dem Nutzer ausreichend Räume für spontane Besprechungen zur Verfügung stehen und er sich gut in seiner Arbeitsumgebung orientieren kann. Die Gestaltungselemente des Faktors Stimmigkeit sind aktuell in jeder Büroform (Einzelbüros, Teambüros oder offenen Strukturen) sehr gut umgesetzt.

Der dritte Faktor Kontrolle beschreibt das Erleben von Sicherheit und Geschütztsein in der Büroumgebung. Das empfinden wir, wenn der eigene Arbeitsplatz vor den Einblicken anderer Personen geschützt ist und andere nicht die Möglichkeit haben, auf den eigenen Computerbildschirm zu blicken. Analog dazu gehört zum Faktor Kontrolle, dass nicht der Großteil der anderen Arbeitsplätze mit einem Blick vom eigenen Schreibtisch erfasst werden kann. Des Weiteren besteht eine positive Wirkung auf den Nutzer, wenn sich Arbeitsplätze in einem angenehmen Abstand zueinander befinden und die Arbeitsplätze sichtbar voneinander abgegrenzt sind (z. B. durch feste Wände, Trennwände oder Möblierung). Diese Merkmale begegnen unserem Bedürfnis nach einem eigenen Territorium, was evolutionsbiologisch stark im Menschen verankert ist (vgl. Altmann 1970). Des Weiteren fühlen sich Menschen geschützt, wenn nicht viele Personen den Arbeitsplatz passieren, nicht von hinten an die eigene Person herantreten können und wenn räumliche Begrenzungen des Arbeitsplatzes (wie feste Wände, Trennwände, Möblierung, Glaswände oder anderes) ausreichend Schutz vor akustischen Störungen bieten. Aber nicht nur der unmittelbare Schutz am eigenen Arbeitsplatz spielt hier eine Rolle. Zur Förderung unseres Befindens sollte es möglich sein, sich zum konzentrierten Arbeiten oder zum Abschalten zurückziehen zu können, sowie die Möglichkeit vorhanden sein, vertrauliche Gespräche innerhalb der Arbeitsumgebung zu führen. Die Untersuchung verschiedener Bürotypen hat gezeigt, dass diese schutzgebenden Elemente aktuell am stärksten in kleinzelligen Büros und nur gering in offenen Bürostrukturen vorhanden sind. Die genaue Betrachtung der einzelnen Elemente lässt erkennen, warum kleinzellige Strukturen vom Nutzer häufig präferiert werden und über welche konkreten Stellschrauben auch offene Bürostrukturen dem Schutzbedürfnis des Menschen begegnen können.

Es liegt im Interesse von Organisationen, den Mitarbeitern gesundheitsschützende sowie gesundheitsfördernde Arbeitsverhältnisse zu bieten sowie eine präventionsorientierte Arbeitsumgebung zu gestalten. Das stärkt die persönlichen und sozialen Ressourcen der Mitarbeiter und erhält damit die Gesundheit und Leistungsfähigkeit. Aus betriebswirtschaftlicher Perspektive können über diese Form der *Verhältnisprävention* Kosten durch Erkrankungen und Absenzen reduziert werden (Ulich und Wülser 2015). Ein bewährter Ansatz bei der Gestaltung von gesundheitsschützenden Arbeitsbedingungen ist die Einbindung von Mitarbeitern (Slesina 2001). Durch die Erhebung und Analyse von Belastungsfaktoren und Anforderungen aufseiten der Nutzer kann eine präventive und prospektive Gestaltung von Büroumgebungen erzielt und darüber hinaus die Veränderungsbereitschaft (die allgemeine Veränderungsbereitschaft der Mitarbeiter steht im Zusammenhang mit prozeduraler Gerechtigkeit; McFarlin und Sweeney 1992) und Akzeptanz der Nutzer erhöht werden. Neben den Forschungsergebnissen aus der Umweltpsychologie bieten solche Anforderungsanalysen den Planern von Bürogebäuden essenzielle Stellschrauben, um eine größere Passung zwischen dem Gebäude und seinen Nutzern zu erreichen. Nicht selten verzichten Nutzer explizit auf Gestaltungsmaßnahmen des Faktors Kontrolle zugunsten schneller Abstimmungsmöglichkeiten mit den Kollegen und eines flüssigeren Arbeitsablaufs. So entsprechen die Ergebnisse von Wackernagels Studie einer idealtypischen Gestaltung aus Perspektive der Gesundheitsförderung. Themen wie Wissensaustausch, Zusammenarbeit und Arbeitsprozesse werden hierbei nicht betrachtet.

1.1.2 Die Wahrnehmung und Bewertung der Büroumgebung

Der Nutzer ist selbstverständlich ein Bestandteil der Arbeitsumgebung. Er tritt mit dem Raum und seiner Innenausstattung in Interaktion und nimmt damit seine Büroumgebung nicht nur wahr, sondern bewertet ihre Nutzungsmöglichkeiten (Wahrnehmungen und Bewertungen können beim Menschen bewusst oder unbewusst erfolgen; Dijksterhuis et al. 2006). Abb. 1.1 verdeutlicht, dass jeder Nutzer, jedes Team bzw. jede Belegschaft – geprägt durch die unternehmenseigene Arbeitskultur – die Nutzungsmöglichkeiten einer Büroumgebung unterschiedlich bewertet und diese Büroumgebung wiederum durch jeden Nutzer, jedes Team und jede Belegschaft auf eine spezifische Weise mit Leben (Verhalten) gefüllt wird.

In der Praxis kommt man immer wieder mit Mitarbeitern ins Gespräch, die eine offensichtlich ebenso belastend gestaltete wie belastend gelebte Büroumgebung dennoch vorwiegend positiv empfinden. In einem Fallbeispiel hat ein Unternehmen eine kommunikationsfördernde Büroumgebung realisiert und ein Team von achtzehn Mitarbeitern arbeitete in einer offenen Bürostruktur. Diese beinhaltete eine ergonomische und moderne Möblierung und eine attraktive Innenausstattung. Neben zwei großen Besprechungsräumen gab es keine zusätzlichen Arbeitsoptionen, sodass die Mitarbeiter verschiedene Tätigkeiten in dem Arbeitsraum verrichteten. Während der Besichtigung dieses Arbeitsraumes arbeiteten einige Mitarbeiter an Bauteilen, andere an Arbeitsinhalten, die eine hohe Konzentration erforderten, weitere Mitarbeiter führten dort längere informelle Abstimmungen direkt am Arbeitsplatz, wiederum andere führten Telefonate im Lautsprechermodus. Zusätzlich war im Raum noch eine Kaffeemaschine verortet, die in regelmäßiger (lautstarker) Benutzung stand. Diese gegenseitigen Störungen sind aus

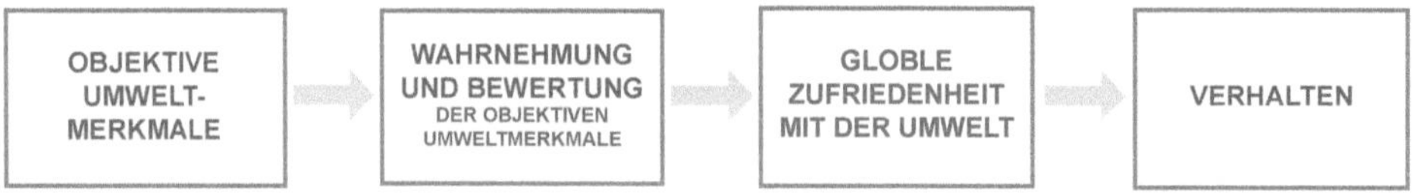

Abb. 1.1 Wirkschema zwischen objektiven Umweltmerkmalen und Verhalten, in Anlehnung an Marans, Spreckelmeyer (1981)

arbeitswissenschaftlicher Perspektive untragbar. Im Dialog mit den Mitarbeitern wurde das Büro dennoch als sehr positiv beschrieben. Erst auf Nachfrage, ob sie jede dieser Teiltätigkeiten gut verrichten könnten, wurde von den Mitarbeitern angegeben, dass Rückzugsmöglichkeiten wünschenswert wären. Schnell fügten sie jedoch hinzu, dass sie sonst sehr gerne in dieser Büroumgebung arbeiten. Wie kann das sein? Im Gespräch mit dem Team wurde klar, dass die Kollegen sehr gerne zusammenarbeiten. Sie schätzten die Möglichkeit für schnelle Abstimmungen stärker, als bestimmte Arbeitsinhalte störungsfrei zu bearbeiten. Die Bewertung der Büroumgebung spielt eine herausragende Rolle, ob Nutzer damit zufrieden sind. Denn Zufriedenheit ist ebenfalls der Grad, in dem der Nutzer den Eindruck hat, dass die Büroumgebung ihm bei der Erreichung seiner Ziele dient (Canter und Rees 1982).

Die erste Bewertung einer neuen Büroumgebung tritt allerdings lange bevor ein Nutzer mit ihr in Kontakt kommt und die konkrete Nutzung über Interaktion bewerten kann auf. Zufriedenheit oder Unzufriedenheit mit einer neuen Arbeitsumgebung empfinden Mitarbeiter bereits mit der ersten Information über eine geplante Neugestaltung. Dabei ist es völlig normal, dass Veränderungen bewertet werden, bevor ein greifbares Bild davon besteht. Die Mitarbeiter haben explizites oder implizites Wissen über vergleichbare Arbeitsumgebungen bzw. gute oder schlechte Erfahrungen mit (vermeintlich) ähnlichen Bürostrukturen gemacht. Bei jedem Nutzer liegen deshalb individuelle Maßstäbe für die Bewertung einer neuen Büroumgebung zugrunde. Das Neue vergleichen und bewerten wir Menschen in Bezug zu dem uns Bekannten bzw. Vertrauten. Vertrautes wird als positiv und bestätigend empfunden. Bei einer leichten Abweichung vom Vertrauten sind wir bereit, unsere Maßstäbe zu überprüfen (vgl. Nasar 1994).

Ein Praxisbeispiel aus der Ermittlung von Anforderungen an eine neue Büroumgebung bei Nutzern von Teambüros (Räume mit zwei bis sieben Arbeitsplätzen). Wenn Mitarbeiter die Planung einer offenen Bürostruktur „wittern“, ließ sich über viele verschiedene Unternehmen hinweg folgende Situation erleben. Die Nutzer von Teambüros geben an, dass sie sich vorstellen können, mit max. einer weiteren Person im Büro zu arbeiten. Nutzer, die in einem 2-Personen-Büro arbeiten, geben an, in einem 3-Personen-Büro arbeiten zu können. Nutzer aus einem 3-Personen-Büro sagen, dass max. ein 4-Personen-Büro möglich ist. Nutzer aus einem 4-Personen-Büro könnten zukünftig max. zu fünft in einem Raum arbeiten usw. Jede dieser Raumsituationen ist ohne Ausweich- bzw. Rückzugsflächen mangelhaft. Viele Unternehmen haben im Laufe der Zeit ursprünglich kleinzellige Büros aus Platzmangel mit zusätzlichen Mitarbeitern aufgefüllt. Daraus entstand aufseiten der Mitarbeiter u. a. die Erfahrung, dass die Arbeitssituation mit jeder weiteren Person schlechter wurde. Des Weiteren wird ein sich steigernder Effekt angenommen: Mit jeder weiteren Person vervielfacht sich das Störungspotenzial. Wenn zwei andere Personen im Raum bereits stören, wie wird es dann erst mit zehn oder zwanzig Personen? Eine komplett andere Nutzungsweise, die das Arbeiten in einer offenen Büroumgebung erfordert, können sich Nutzer selten vorstellen, da hierzu weder Erfahrung noch Wissen vorliegen.

1.1.3 Die Veränderungsbereitschaft des Menschen

Wir vertrauen dem, was sich über Jahre, ggf. sogar über Jahrzehnte bewährt hat (Landes und Steiner 2014). Wenn die eigenen Arbeitsaufgaben über einen langen Zeitraum z. B. in einer Zellenstruktur erfolgreich bearbeitet werden konnten, kann es für den Mitarbeiter zunächst vollkommen unverständlich sein, warum sein Unternehmen diese ideale Arbeitssituation zu verändern plant. In Räumen bzw. Raumstrukturen, die wir gewohnt sind, fühlen wir Menschen uns sicher und stark. Ein Mitarbeiter weiß, wie er das bekannte Büro nutzen kann, welche Verhaltensweisen welche Reaktionen hervorrufen und hat Strategien entwickelt, die es ihm ermöglichen, erfolgreich mit Stressfaktoren umzugehen. Ein immer wieder genanntes Beispiel in der Praxis ist das Schließen der Bürotür als Signalsetzung für „Bitte nicht stören“ und das Schaffen von Ruhe. Diese vielfach bewährte Strategie ist in einer offenen Bürostruktur nicht anwendbar. Da für den Menschen Verluste schwerer wiegen als Gewinne Freude bringen (Samuelson und Zeckhauser 1988), fällt es vielen Nutzern nicht leicht, die bewährten Strategien aufzugeben, eine Bereitschaft für das Erlernen neuer Strategien zu entwickeln und Gewinne der Veränderung entdecken zu wollen.

Diese Ausführungen könnten nahelegen, dass Veränderungen besonders für ältere Mitarbeiter schwer sind. Tatsächlich wird die Veränderungsbereitschaft von älteren Mitarbeitern deutlich niedriger eingeschätzt als die von jüngeren Kollegen (Klinger et al. 2014). Dabei hängen Widerstände gegen Veränderungen nicht mit dem Lebensalter zusammen. Eine umfangreiche Studie der Universität Münster mit mehr als 40.000 Datensätzen ermittelte, dass Widerstände gegen Veränderungen tatsächlich mit dem Zeitraum zusammenhängen, den ein Mitarbeiter an ein und demselben Arbeitsplatz zugebracht hat (Hertel 2013) – ein Indiz dafür, dass die Anzahl an erlebten Veränderungen unsere Veränderungsbereitschaft beeinflusst. Das ist auch die Erfahrung in der Praxis. Widerstand gegen geplante Veränderungen kommt vermehrt von Mitarbeitern, die bereits sehr lange im jeweiligen Unternehmen sind und nur wenige Veränderungen in diesem Zeitraum erfahren haben. Doch ist der Schlüssel für eine erfolgreiche Realisierung einer neuen Arbeitswelt tatsächlich der allgemein veränderungsbereite Mitarbeiter?

Die Annahme liegt nahe, dass generell veränderungsbereite Mitarbeiter einer neuen Bürostruktur offen gegenüberstehen. Eine wissenschaftliche Studie (Szebel 2015) untersuchte die Veränderungsbereitschaft von Mitarbeitern bei der Einführung einer neuen Büroumgebung in einem Energieunternehmen. Mitarbeiter, die sich allgemein als veränderungsbereit zeigen, stehen allerdings der Einführung einer neuen Arbeitswelt nicht unbedingt aufgeschlossen gegenüber. Die projektbezogene Veränderungsbereitschaft wird durch die Wahrnehmung der Führung, Projektkommunikation und des Nutzens beeinflusst. Wie können Organisationen ihre Mitarbeiter also erfolgreich in eine neue Arbeitswelt begleiten (die nachfolgend angeführten Elemente einer gelungenen Change-Management-Strategie sind angelehnt an Kotter 2012)?

1.1.4 Ein gelungenes Change Management für die Realisierung einer neuen Arbeitswelt

Die Frage der Dringlichkeit

Es gibt viele Auslöser für einen notwendigen Unternehmenswandel (Lauer 2014, S. 13 ff.). Externe Faktoren und Umweltdynamiken wie demografischer Wandel, Finanzmarkt, Digitalisierung, Fachkräftemangel oder Klimawandel können Veränderungen in Organisationen erforderlich machen; ebenso interne Faktoren wie starkes Wachstum, Innovationsansprüche, strategische Neuausrichtung, Gebäudesanierung, Umstrukturierung oder Prozessumstellungen. Mitarbeiter leisten keinen Widerstand gegen eine Modernisierung der Büroumgebung, doch warum braucht das Unternehmen darüber hinaus eine neue Bürostruktur? Unternehmen müssen den Mitarbeitern die Frage der Dringlichkeit beantworten: Wenn alles gut läuft, warum sollten Mitarbeiter eine Veränderung unterstützen? Erfolgt die Antwort darauf nicht nachvollziehbar und authentisch, ist Widerstand auf breiter Basis vorprogrammiert.

Das Aufzeigen einer kraftvollen Vision

Eine durch die Führung verordnete Veränderung kann negative Effekte auf die Veränderungsbereitschaft haben und zu einem Leistungsabfall im Sinne einer inneren Kündigung oder zu einer tatsächlichen Kündigung von Mitarbeitern führen (ebd., S. 58). Eine kraftvolle Vision hingegen kann Mitarbeiter zur aktiven Unterstützung eines Wandels inspirieren. Um Mitarbeiter für die geplante Veränderung zu begeistern, müssen Entscheider eine klare und leicht verständliche Vision aufzeigen. Attraktive Ziele motivieren die Mitarbeiter, sich auf den Veränderungsprozess einzulassen. Eine fundierte und glaubwürdige Strategie zur Erreichung der gesetzten Ziele bekräftigt die Entschlossenheit der Unternehmensführung und motiviert Mitarbeiter, den Veränderungsprozess zu unterstützen. In der Praxis werden Planungs- und Beratungsunternehmen häufig für ein „Umzugsprojekt" oder „Sanierungsprojekt" hinzugezogen. Von einer konkreten und attraktiven Zukunftsvision ist dabei selten etwas zu spüren. Es ist wichtig, dass sich Entscheider die Zeit nehmen, eine gemeinsame Vision im Führungsgremium zu erarbeiten. Diese muss voll und ganz gemeinschaftlich getragen werden, so können unternehmensspezifisch erarbeitete Ziele als Leitlinien für alle folgenden Maßnahmen dienen.

Eine starke Führungskoalition

Die Geschäftsführung muss ein aktiver Unterstützer des Wandels sein und für den Mitarbeiter sichtbar hinter dem Wandel stehen. Bei der Realisierung einer neuen Arbeitswelt ist Führung gefordert, nicht nur gutes Management. Eine starke Führungskoalition muss die Vision lebendig verkörpern. Wenn die Führung kein Interesse an der Veränderung zeigt, warum sollten es dann die Mitarbeiter? In einem Fallbespiel sollte das moderne Arbeitsplatzkonzept eines Mutterkonzerns bei einem Tochterkonzern umgesetzt werden.

Der Tochterkonzern hatte keinen Einfluss auf das Konzept und musste es nahezu eins zu eins umsetzen. Die Führung des Tochterkonzerns war wenig darüber begeistert und ließ das seine Mitarbeiter wissen. Diese Haltung kam als Signal der Solidarisierung an und diente sicherlich der Harmonie zwischen Unternehmensführung und Mitarbeitern. Zur Unterstützung der Mitarbeiter trug diese Haltung nicht bei. Die Widerstandshaltung übertrug sich auf breiter Basis und die Aussage „die oben finden es ja auch nicht gut“ war regelmäßige Begründung für die mangelnde Bereitschaft, sich mit den Chancen auseinanderzusetzen. Konsequente Unterstützer der Zukunftsvision leben selbst die propagierten Ziele vor. Unternehmensführungen, die bei der Einführung einer offenen Bürostruktur selbst in einem offenen Bereich arbeiten, motivieren ihre Mitarbeiter aktiv, den Wandel zu unterstützen und die Vision gemeinsam gelebte Realität werden zu lassen.

Die emotionale Achterbahnfahrt im Veränderungsprozess
Die emotionale Bewältigung einer Veränderung stellt sich in der häufig zitierten Change-Kurve dar (Landes und Steiner 2014, S. 14). Dieser Verlauf bildet sich ebenfalls in Projekten zur Planung einer neuen Büroumgebung ab. Im Status quo ist der Großteil der Belegschaft mit der vertrauten Bürosituation zufrieden und arbeitet auf dem üblichen Produktivitätsniveau. Auf die Ankündigung einer Veränderung der bisherigen Bürostrukturen können Mitarbeiter mit Sorge und Angst reagieren. Es ist das unbestimmte Gefühl der Angst vor Neuem, das den Einzelnen überfordern könnte. Mit der Ankündigung von etwas Neuem wird unweigerlich das Bewährte angegriffen und kann dem Mitarbeiter indirekt vermitteln, dass bislang etwas „falsch“ läuft. Persönliche Verunsicherung, Befürchtungen von Schwierigkeiten und die Sorge vor erhöhtem Arbeitsaufwand lösen bei Betroffenen Stress aus (Lazarus und Folkmann 1984). Das frühzeitige Bereitstellen von Informationen zum Projekt und Projektverlauf begegnet den Unsicherheitsgefühlen der Mitarbeiter. Die Dringlichkeitsfrage sollte deshalb bereits zum Projektstart beantwortet und eine Würdigung der vergangenen Leistungen explizit ausgesprochen werden. In der Praxis wird zu diesem Zeitpunkt im besten Fall die erste Informationsveranstaltung durchgeführt, häufig allerdings ausschließlich eine Info-Mail durch die Unternehmensführung versendet mit den ersten groben Fakten. Viele Projektverantwortliche lassen in dieser Phase augenscheinlich kritische Themen erst einmal außen vor. Bewusst werden Informationen mitgeteilt, die sehr vage sind, sodass Mitarbeiter daraus noch nichts Konkretes ableiten können. Unternehmensentscheider wollen keine Unruhe in das Unternehmen bringen und konkrete Schritte erst dann mitteilen, wenn Entscheidungen dazu vorliegen. Die wenigsten glauben Change Beratern zu diesem Zeitpunkt, dass genau dieses Verhalten die Gerüchteküche anheizt.

Vage Zielformulierungen können als indirekte Angriffe auf die Person empfunden werden, wenn der Mitarbeiter nicht greifen kann, was genau an der aktuellen Arbeitssituation nicht stimmt und in welchem Bezug er und seine Leistungen dazu stehen. Erneut ein Bespiel aus der Praxis: Viele Unternehmensführungen erhoffen sich von einer Neugestaltung der Büroumgebung den Abbau von Wissensinseln im Unternehmen und einen höheren kooperativen Austausch zwischen den Mitarbeitern. Dahinter stehen oft die Ziele der Verschlankung von Arbeitsprozessen sowie der qualitativen Optimierung von Arbeitsergebnissen. In der Tat kann die Förderung von Face-to-face-Kommunikation im Unternehmen dazu führen, dass Mitarbeiter mehr wichtige Informationen erhalten und deutlich mehr Ideen sowie neue Lösungen entwickeln (Rief 2017). An die Mitarbeiter wird aber häufig nur das vage Ziel einer kommunikationsförderlichen Arbeitsumgebung weitergegeben. In einem Fallbeispiel argumentierte eine Mitarbeiterin zu Recht, dass die Zielformulierung „Förderung der Kommunikation im Unternehmen" unterstellen könnte, dass die Mitarbeiter bislang nicht kommunizieren und damit ihre Arbeitsaufgaben nicht gut erfüllen. Ziele müssen für die Mitarbeiter so greifbar wie möglich werden, um Widerständen entgegenzuwirken.

Widerstand aufseiten der Mitarbeiter kann sich in ganz verschiedenen Formen ausdrücken wie Vorwürfen, Unruhe, Ausweichen oder Lustlosigkeit (mehr zu Formen von Widerstand: Doppler und Lauterburg 2014, S. 339). In dieser Phase kann die Produktivität von Mitarbeitern sogar leicht steigen, um den Gegenbeweis zu liefern, dass aktuell doch alles hervorragend funktioniert. Je schneller den Mitarbeitern bewusst wird, dass der Wandel unumkehrbar kommen wird, desto eher kann eine rationale Akzeptanz der bevorstehenden Veränderung erfolgen. Dies ist häufig verbunden mit dem emotionalen Erleben von Frustration, Niedergeschlagenheit und einem Produktivitätsabfall. Die Realität wird angenommen und der Prozess des Loslassens kann erfolgen. Auch hier spielt die Würdigung gemeinsam erlebter Erfolge eine starke Rolle. Das alte Gebäude und die alten Strukturen werden in Dankbarkeit verabschiedet. Gemeinsame Aktivitäten können diesen Prozess unterstützen. In einem Fallbeispiel sollte das alte Gebäude eines Unternehmens grundsaniert werden. Viele Wände, die für die Sanierung eingerissen werden mussten, boten die Möglichkeit, der titulierten „Abrissparty" gerecht zu werden. Mitarbeiter konnten symbolisch den Abriss unterstützen. Spraydosen und Vorschlaghammer standen bereit, um das alte (Gedanken-)Gebäude einzureißen und gemeinsam Spaß beim Verabschieden des Alten zu haben.

Die Auseinandersetzung mit der neuen Arbeitsumgebung ist ein längerer Prozess, der über den Projektverlauf durch verschiedene Maßnahmen unterstützt werden kann. Dabei gibt es kein prototypisches Change-Management-Programm. Es gibt bewährte Elemente, von denen einzelne im Folgenden angeführt werden, aber jede Maßnahme sollte spezifisch an die Unternehmenskultur angepasst werden. In einem Fallbeispiel wurden außergewöhnlich viele Maßnahmen durchgeführt, aber Veränderungsthemen ausschließlich auf rationaler Ebene bearbeitet. In Fallbeispielen, in denen eine emotionale Auseinandersetzung mit der zukünftigen Arbeitsumgebung zugelassen wird, z. B. durch explizites Zulassen von Wutgefühlen in Workshops, kann der Veränderungsprozess auch mit weniger, aber dafür gezielten Maßnahmen erfolgreich gestaltet werden.

Ebenso sollte der Change-Management-Fahrplan an die verschiedenen Zielgruppen im Projekt angepasst werden. „Alles für alle" ist dabei nicht hilfreich. Verschiedene Mitarbeitergruppen können sich auf unterschiedliche Weise und zu unterschiedlichen Zeitpunkten mit der bevorstehenden Zukunft auseinandersetzen. Ein regelmäßig eingesetztes Change-Barometer ermöglicht dem Change-Management-Team, auf aktuelle Informationsbedarfe und Stimmungslagen der Belegschaft einzugehen. Dies gelingt wieder am besten im direkten Dialog. *Coffee-Talks* oder *Stammtische* können regelmäßig zur freiwilligen Teilnahme angeboten werden. In der Praxis finden diese getrennt nach Zielgruppe statt. Eine ungezwungene Austauschmöglichkeit für Führungskräfte unterstützt den offenen Dialog über gleiche Herausforderungen und den Umgang damit. Führungskräfte sollten ihren Mitarbeitern Sicherheit im Veränderungsprozess bieten. Natürlich dürfen sie offen vor Mitarbeitern zugeben, dass auch ihnen die Umstellung schwerfallen kann, dabei sollten sie den Mitarbeitern aber immer Zuversicht mitgegeben. Zuversicht entwickeln Führungskräfte selbst zunehmend, indem sie sich mit ihren eigenen Unsicherheiten und Bedenken auseinandersetzen können. Ebenso ermöglicht eine regelmäßige Austauschmöglichkeit zwischen Nutzervertretern (Change Agents), ähnliche Herausforderungen zu diskutieren. Begleitet durch einen Change Manager kann über diese Form des Austauschs regelmäßig ein Ohr an der Belegschaft gehalten werden und der Change-Management-Fahrplan mit gezielten Maßnahmen bedarfsorientiert angepasst werden.

Erfolgreiche Projektkommunikation

Die Einführung einer neuen Arbeitsumgebung müssen Informations- und Kommunikationsmaßnahmen für die gesamte Belegschaft begleiten (Kavanagh und Ashkanasy 2006). Je umfangreicher das Informationsangebot zum Projekt ist und je umfangreicher sich Mitarbeiter in das Projekt eingebunden fühlen, desto veränderungsbereiter werden sie (Schweiger und DeNisi 1991; Larsson und Lubatkin 2001). Das Wissen zur bevorstehenden Veränderung wird benötigt, damit sich die Mitarbeiter überhaupt verändern können (vgl. Szebel 2015, S. 109). Informationen sollten die Mitarbeiter dabei sowohl auf rationaler als auch auf emotionaler Ebene ansprechen.

Rationale Informationen bieten qualitativ hochwertige Informationen zur neuen Arbeitsumgebung, zum Projekt und zum konkreten Veränderungsprozess. Denn je positiver das Projekt und die zukünftige Arbeitsumgebung vom Nutzer wahrgenommen werden, desto größer ist seine Veränderungsbereitschaft (ebd., S. 107). Das passiert allerdings nicht, indem der Mitarbeiter ausschließlich die Vorzüge des Projekts präsentiert bekommt. Die Informationen müssen den persönlichen Nutzen adressieren und als persönlich relevant erlebt werden. Neben den Chancen, die die Veränderung bietet, ist es deshalb auch zu empfehlen, negative Aspekte – den Preis der Veränderung – zu thematisieren. Wenn Unternehmen nur die positiven Aspekte darstellen, können sich Mitarbeiter entweder nicht ernst genommen fühlen oder misstrauisch werden, diese Gefühle begünstigen Widerstand. Ebenso müssen die Mitarbeiter die oben angeführte Dringlichkeit der Veränderung verstehen. Dazu muss dem einzelnen Nutzer bewusst werden, welche Notwendigkeit zur Veränderung auf seiner Seite besteht. Ein weiteres Element der Kommunikation ist das Geben von Sicherheit. Es wird sich in der zukünftigen Arbeitswelt nicht alles für die Mitarbeiter verändern. Viele Dinge bleiben gleich und wie oben angeführt gibt uns Vertrautes Sicherheit. Um herauszufinden, welche Chancen die eigenen Mitarbeiter im neuen Bürokonzept sehen, welche Befürchtungen dem gegenüberstehen, was den Mitarbeitern trotz Veränderung die meiste Sicherheit gibt und welche Dringlichkeit die Mitarbeiter für die Veränderung sehen, ist der direkte Dialog mit den Mitarbeitern unverzichtbar.

Der Mut, sich auch unbequemen Themen zu stellen, eröffnet dem Unternehmen die Chance, den Mitarbeiter über eine passgenaue Kommunikation begegnen zu können. In der Praxis reflektieren Change Manager diese vier Felder der Veränderung – Erfolgsfaktoren, Preis der Veränderung, Sicherheit und Dringlichkeit – in Workshops z. B. mit Mitarbeitervertretern und Führungskräften. Über die Auseinandersetzung mit den verschiedenen Aspekten können die Teilnehmer das Projekt stärker durchdringen und die eigene Position dazu bearbeiten. Nicht nur das Projektteam kennt anschließend die Stellschrauben für eine gezielte Projektkommunikation, auch die Führungskräfte und Mitarbeitervertreter – als Multiplikatoren – können den anderen Kollegen im persönlichen Austausch verschiedene Perspektiven aufzeigen.

In der Kommunikation mit den Mitarbeitern genügt es allerdings nicht, ausschließlich rationale Informationen zu vermitteln. Unsere Veränderungsbereitschaft wird bedeutsam beeinflusst durch Informationen, die wir auf der emotionalen Ebene erhalten. So lassen sich Mitarbeiter stärker auf die bevorstehende Veränderung ein, wenn sie ein positives Veränderungsklima wahrnehmen und der Vision des Unternehmens folgen können (ebd., S. 122). Die Bereitschaft, sich auf das Neue einzulassen, wird somit beeinflusst durch die vorherrschende Stimmung im Unternehmen. Der Schlüsselfaktor ist hierbei das Thema Führung. Sowohl von der Unternehmensleitung als auch von der eigenen Führungskraft müssen sich Mitarbeiter unterstützt fühlen (ebd.). Auch wenn Unternehmen meinen, sie unterstützen ihre Mitarbeiter ausreichend, sollten diese selbstkritisch überprüfen, wie die aktuelle Form der Unterstützung ankommt. In der Praxis fühlen sich Mitarbeiter sehr wertgeschätzt, wenn an den oben angeführten Coffee Talks oder Stammtisch-Veranstaltungen auch Vertreter der Unternehmensführung teilnehmen. In einem anderen Praxisbeispiel wurden Informationsveranstaltungen zur Vorstellung des neuen Arbeitsplatzkonzeptes auf Abteilungsebene durchgeführt. An der Vielzahl von Veranstaltungen nahm neben der Projektleitung, die die rationalen Informationen präsentierte, auch ein Vorstand des Unternehmens teil. Jeder Mitarbeiter hatte darüber die Möglichkeit direkt mit der Unternehmensführung ins Gespräch zu gehen. Dieser bekräftigte bei Rückfragen die Unternehmensvision und Entscheidungen, warb um das Einlassen auf das Neue, nahm offen die Befürchtungen und Gedanken der Mitarbeiter auf und verwies auf Gestaltungsoptionen, die jeder Abteilung zur Verfügung standen. An der Veranstaltung nahmen alle Hierarchieebenen gleichzeitig teil. Unternehmensführung, Führungsebene eins, Führungsebene zwei und drei sowie die Mitarbeiter. Alle erhielten die Informationen zum gleichen Zeitpunkt mit der Bitte, gemeinsam in den nächsten Wochen in den Dialog zu gehen. Dazu bestand eine gesetzte Datumsgrenze zur Festlegung der Gestaltungsspielräume. Informationsverlusten, die durch eine Kaskadierung des Informationsflusses von „oben" nach „unten" zuvor entstanden waren, wurde auf diese Weise begegnet und eine gemeinsame Aufbruchsstimmung in jeder Abteilung erzeugt.

Führungskräfte als Schlüssel für den erfolgreichen Wandel

Die intensive Begleitung der Einführung einer neuen Arbeitswelt durch ein Change-Management-Programm hat sich in sehr vielen Fällen am Fraunhofer IAO als notwendig erwiesen und bewährt. Der Veränderungsprozess muss dabei professionell gesteuert und begleitet werden, um die erarbeitete Unternehmensvision und die damit verbundenen Ziele erfolgreich zu realisieren. Dabei gilt: Je umfassender der Wandel, desto breiter muss die Umsetzung der Vision erfolgen und umso breiter sollten Change-Maßnahmen die Mitarbeiter erreichen.

Jede Organisationseinheit sollte für sich erarbeiten, welche Chancen die zukünftige Arbeitswelt der Einheit bietet und wie die Chancen gemeinschaftlich – als Einheit – realisiert werden können. Den Führungskräften des mittleren Managements kommt in diesem Zusammenhang eine entscheidende Rolle zu. Sie stehen zwischen den Ängsten und Unsicherheiten der Belegschaft und den strategischen und operativen Anforderungen durch das obere Management (Rouleau 2005). Als Schlüsselpersonen im Veränderungsprozess benötigt diese Ebene differenzierte Entwicklungsangebote. Spezifische Seminare zum Führen in Veränderungsprozessen im Allgemeinen sowie in dem konkreten Veränderungsprozess werden stark aus der Praxis heraus empfohlen. Im Kontext neuer Arbeitswelten stehen die Führungskräfte häufig vor einem Wandel der Raumstrukturen. Neben funktionalen und organisatorischen Herausforderungen kann hierdurch eine Bedrohung des eigenen Status empfunden werden (vgl. Fischer 1990). Arbeits- und Führungsprozesse müssen reflektiert und neu organisiert werden. Die Bereitschaft zur Umsetzung sollte bestehen, um die Mitarbeiter im Veränderungsprozess zu unterstützen. Wenn die Führungskräfte eine Umstellung der eigenen Arbeitsweise nicht akzeptieren, wie sollen sie dann ihre Mitarbeiter erfolgreich durch den Veränderungsprozess führen?

Die Vision muss bis in die untersten Führungsebenen getragen werden, um Fragen, Ängsten, Widerständen etc. aufseiten der Mitarbeiter regelmäßig im Dialog begegnen zu können. Erneut ist eine starke Führung auf allen Ebenen gefragt statt reinen Managements. Anerkannte Persönlichkeiten üben eine starke Kraft auf die Belegschaft aus, sowohl im Positiven als auch im Negativen. Es ist daher sehr zu empfehlen, solche anerkannten Persönlichkeiten zu identifizieren und durch die Übernahme von Teilprojekten aktiv in das Projekt miteinzubinden. Diese erhalten so die Möglichkeit zur Ausgestaltung von Projektthemen und sind ein sichtbarer Unterstützer des Veränderungsprozesses. Jedes Unternehmen, das die Einführung einer neuen Arbeitswelt plant, muss verstehen, dass ihre Führungskräfte das maßgebliche Rollenvorbild für die gewünschte Veränderung sind (Melkonian 2005; Simons 2002)! Eine Führungskraft sollte deshalb möglichst widerspruchsfrei verkörpern, dass sie die Erreichung der Zukunftsvision konsequent anführen wird. Widersprüche zwischen den Handlungen der Führungskraft und der Zukunftsvision können zu Zweifeln und Demotivation bei den Mitarbeitern führen und damit eine Ablehnung der zukünftigen Büroumgebung verstärken.

Beispiel:

Ein Beispiel aus der Praxis. Ein großes Unternehmen integrierte in sein neues Bürokonzept Räume zur Entspannung. Diese waren qualitativ hochwertig und sehr einladend gestaltet. Allerdings stellte sich einige Zeit nach der Inbetriebnahme der neuen Arbeitsumgebung heraus, dass diese nicht benutzt wurden. Wie zu Beginn des Kapitels dargestellt, haben Rückzugsmöglichkeiten zur Erholung einen bedeutsamen Einfluss auf die Gesundheit (90 % der Teilnehmer einer Studie geben an, Bedarf nach Rückzugsmöglichkeiten zum Abschalten im Rahmen der Arbeitszeit zu haben; Wackernagel 2017). Eine Regeneration der Leistungsfähigkeit im Rahmen der Arbeitszeit ist essenziell, denn ein dauerhaft aufrechtgehaltenes Stressniveau kann ernsthafte Schädigungen für Gesundheit und Wohlbefinden zur Folge haben (Geurts et al. 2005). In der Praxis vertreten Führungskräfte regelmäßig die Ansicht, dass in der Arbeit (Anwesenheit im Unternehmen) ausschließlich gearbeitet wird und Regeneration ausschließlich in der Freizeit erfolgt. In unserem Praxisbeispiel nahmen die Mitarbeiter an, dass ihre Führungskräfte diese Haltung vertreten würden, und niemand wollte derjenige sein, der „faul herumliegt". Nachdem die Führungskräfte für dieses Thema sensibilisiert wurden und ihr eigenes Verhalten reflektieren konnten, nahmen sie ihre Vorbildfunktion wahr. Die Nutzung der Entspannungsräume durch die Führungskräfte hatte zur Folge, dass die Räume durch die Mitarbeiter angenommen wurden. Begleitende Change-Maßnahmen für die Führungskräfte beeinflussen also unmittelbar die Akzeptanz der neuen Arbeitsumgebung aufseiten der Mitarbeiter. Die wahrgenommene Unterstützung der Mitarbeiter durch die Führungskraft wird allerdings am wirkungsvollsten über regelmäßige Einzelgespräche und Austauschmöglichkeiten gefördert (vgl. Schott und Jöns 2004). Das ist im Kontext neuer Arbeitswelten ebenfalls der Fall.

Die Einbindung der Mitarbeiter in den Veränderungsprozess

Organisationale Veränderung können von Mitarbeitern als wenig kontrollierbar erlebt werden. Die erlebte Angst führt dann zu negativem Stresserleben. Eine wahrgenommene Kontrollierbarkeit innerhalb des Veränderungsprozesses erhöht hingegen die Leistungsbereitschaft und senkt das Stressempfinden (vgl. Brotheridge 2003). Projektbezogene Aktivitäten steigern die wahrgenommene Kontrolle von Mitarbeitern (vgl. Larsson und Lubatkin 2001) und erzeugen eine Aufbruchsstimmung in der Belegschaft. Aus diesem Grund ist eine gezielte Einbindung von Mitarbeitern bzw. Mitarbeitervertretern unerlässlich. Neben den Führungskräften müssen auch Mitarbeiter die Möglichkeit bekommen, sich vertieft mit der zukünftigen Arbeitswelt auseinandersetzen zu können. Hierzu gibt es eine Fülle an Maßnahmen, die im Rahmen eines Change-Management-Programms zum Einsatz kommen können. Zu den bereits oben angeführten Möglichkeiten, Mitarbeiter auf den Wandel zur neuen Arbeitswelt vorzubereiten, werden im Folgenden nur essenzielle Partizipationsmöglichkeiten dargestellt.

Ein bedeutsamer Treiber des Wandels auf Mitarbeiterebene sind sogenannte **Change Agents** (Huy 2002). Change Agents sind Mitarbeitervertreter, die als Multiplikatoren im Unternehmen eingesetzt werden. In der Praxis sind Change Agents für ihre Kollegen Ansprechpartner bei inhaltlichen und organisatorischen Fragen zum Projekt und vertreten ihre Kollegen bei der Ausgestaltung der zukünftigen Arbeitswelt. Pro Organisationseinheit sollte mindestens ein Mitarbeiter die Abteilung als Change Agent vertreten. Ein kritischer Erfolgsfaktor in der Praxis ist die Wahl von kommunikationsbereiten Mitarbeitern für diese Rolle, die Fähigkeiten für eine gute Kommunikation kann nachfolgend über Trainingsmaßnahmen ausgebaut werden. Change Agents sind proaktive Ansprechpartner und sollen Kollegen zum Gedankenaustausch anregen. Darüber hinaus sollen sie Erfolgszuversicht vermitteln und sich in der Lage fühlen, auch kritische Fragen der Kollegen entgegenzunehmen. Die Aufnahme der Rolle sollte aber ausschließlich auf freiwilliger Basis erfolgen. In der Praxis hat sich gezeigt, dass die Bestimmung von Mitarbeitervertretern den Veränderungsprozess erheblich beeinträchtigen kann. Des Weiteren ist ein ausgeglichenes Verhältnis der zu betreuenden Mitarbeiter zwischen den Change Agents anzustreben. Auch hier sollte wieder ein direkter Dialog zwischen den Kollegen möglich sein, das ist bei einer Anzahl von mehr als zwanzig Mitarbeitern pro Change Agent in der Praxis häufig schwierig zu realisieren. Um Mitarbeiter für diese Rolle im Veränderungsprozess zu gewinnen und Stresserleben zu reduzieren, müssen den Change Agents Kapazitäten zur Verfügung gestellt werden. In der Praxis liegt dieser Wert zwischen 10 bis 20 Prozent des Arbeitspensums. Dieser Zeitrahmen wird benötigt für die Teilnahme an Arbeitssitzungen, Teilprojekten zur Ausgestaltung und Realisierung des neuen Bürokonzepts, Schulungsmaßnahmen, Kommunikation mit den Kollegen der Abteilung usw. Unternehmen müssen dabei beachten, dass Change Agents die Veränderungsprozesse sowohl als Betroffene als auch als Unterstützer des Wandels erleben. Dadurch sind sie einem starken Druck ausgesetzt (Piderit 2000). Eine regelmäßige Reflexion der Stimmungslage unter den Change Agents ist unerlässlich, um Hilfestellungen im Umgang mit inneren und äußeren Widerständen geben zu können.

Um möglichst viele Mitarbeiter in die Ausgestaltung der zukünftigen Arbeitswelt einzubeziehen, werden in der Praxis häufig **Mitarbeiterbefragungen** eingesetzt. Die Mitarbeiter erhalten hierbei die Möglichkeit, ihre Zufriedenheit mit der Arbeitsumgebung über eine Vorher-Nachher-Erhebung mitzuteilen. Die Erfahrung aus vielen Mitarbeiterbefragungen zur Einführung eines modernen Arbeitsplatzkonzeptes (verbundenen mit der Einführung einer offenen Bürostruktur) zeigt, dass grundsätzlich eine deutliche Steigerung der Zufriedenheit erzielt wird. Der erste Erhebungszeitpunkt muss so früh wie möglich im Projekt erfolgen, um Störeffekte zu vermeiden (Reaktionen auf bestimmte Themen im Veränderungsprozess). Hierbei wird die aktuelle Arbeitsumgebung analysiert und deren Schwachstellen werden ermittelt. Über die Optimierung der identifizierten Stellschrauben können die Mitarbeiter für die neue Arbeitswelt gewonnen werden. Die Nach-Erhebung erfolgt frühestens drei Monate nach Einzug in die neue Arbeitsumgebung, wenn sich die Mitarbeiter eingewöhnt haben und das neue Bürokonzept vertraut geworden ist. Eine weitere Erhebung zu einem dritten Zeitpunkt (8 bis 12 Monate nach Einzug) kann grundsätzlich empfohlen werden, da die Zufriedenheit mit der zunehmenden Eingewöhnung weiter steigt. Aber auch im neuen Bürokonzept kann Optimierungsbedarf bestehen. In der Praxis zögern viele Unternehmen, die Zufriedenheit mit der Arbeitsumgebung abzufragen. Denn was machen Unternehmen, wenn die Ergebnisse schlechter sind? Wichtig ist, die Angaben der Mitarbeiter ernstzunehmen und über bauliche, gestalterische, verhaltensorientierte oder wissenserweiternde Maßnahmen die Zufriedenheit und Akzeptanz in der Belegschaft weiter zu fördern.

In der Praxis können sich Mitarbeiter besser auf eine Veränderung einlassen, wenn die Ausgestaltung eines Bürokonzepts nicht starr fixiert ist, sondern auch nach dem Einzug

Anpassungsoptionen bestehen bleiben. Dadurch sind Mitarbeiter eher bereit, etwas auszuprobieren und sich auf Neues einzulassen. Das Prinzip des Ausprobierens steht auch hinter der Einrichtung einer **Pilotfläche**. Über eine Testfläche können das Unternehmen und seine Belegschaft das neue Bürokonzept ausprobieren, bevor es im gesamten Unternehmen ausgerollt wird. Dazu werden eine oder mehrere Abteilungen ausgewählt, die für einen definierten Zeitraum Erfahrungen in der Testfläche sammeln. Für die Nutzer wird darüber die zukünftige Arbeitsumgebung greifbar, erlebbar und im tatsächlichen Sinne anfassbar. Auch wenn nur ein Teil der Belegschaft dort seiner Arbeit nachgeht, können die anderen Mitarbeiter die Pilotfläche (zu geregelten Zeiten) besichtigen und über die Vor- und Nachteile mit den Kollegen sprechen. Eine Pilotfläche sollte grundsätzlich über eine Vorher-Nachher-Evaluation begleitet werden, um sie vor der Einführung in das Gesamtunternehmen mit den Erfahrungen der Pilotnutzer zu optimieren.

Unerlässlich für die Einführung einer offenen Bürostruktur ist das Erarbeiten eines **Verhaltenskodex**. Die offene Arbeitsumgebung erfordert eine andere Nutzungsweise als z. B. eine Zellenstruktur. Dafür müssen alle Mitarbeiter sensibilisiert werden. Der Verhaltenskodex kann durch unterschiedliche Nutzergruppen und mit einer unterschiedlichen Reichweite erarbeitet werden. Es gibt Unternehmen, die die Spielregeln (s. Abschn. 10.4, Umgang zwischen Kollegen (Spielregeln)) durch die Change Agents für das gesamte Unternehmen aufstellen lassen, in anderen Unternehmen wird der Verhaltenskodex mit Mitarbeitervertretern pro Etage erarbeitet. Es ist zu empfehlen, dass immer die Nutzergruppen gemeinsam einen Verhaltenskodex erstellen, die auch gemeinsame Infrastrukturen nutzen. Eine Studie (Jahncke 2017) untersuchte die Konzentrationsfähigkeit in verschiedenen Räumlichkeiten eines modernen Bürokonzepts. Ganz spezifisch untersuchte die Forscherin die Konzentrationsleistung in einem offenen Bereich, in dem Aktivitäten uneingeschränkt stattfinden und kein Verhaltenskodex vorliegt, sowie einen offenen Bereich, der als Leise-Bereich definiert ist und in dem somit ein Verhaltenskodex Anwendung findet. Zusätzlich wurde die Konzentrationsleistung in einem Projektraum, Besprechungsraum, Rückzugsraum mit Einzelarbeitsplatz sowie im Lounge-Bereich untersucht. In Rückzugsräumen, in denen der Nutzer allein war, fiel die Konzentrationsleistung nachvollziehbar am höchsten aus. Im offenen Bereich mit Verhaltenskodex ist die Konzentrationsleistung zwar geringer, aber wesentlich höher als im offenen Bereich ohne Verhaltenskodex. Der Verhaltenskodex ist eine explizite Vereinbarung, die von allen Mitarbeitern getragen werden muss. In der Praxis gibt es immer wieder Stimmen, die sagen „Wir sind doch alle Erwachsene Menschen, so etwas Lächerliches“ oder „Wir haben doch alle einen gesunden Menschenverstand“. Sozialpsychologische Studien (Hielscher 2014) zeigen, dass wir Menschen uns unbewusst der augenscheinlich geltenden Norm anpassen. Die Erfahrung aus zahlreichen Workshops zur Erarbeitung eines Verhaltenskodex hat verdeutlicht, dass bereits ein, zwei stehende Kaffeetassen in der Küche bei Nutzern bewirken, dass die Tasse eher zu den anderen gestellt wird, als nachzuschauen, ob der Geschirrspüler tatsächlich leer ist oder ihn auszuräumen. Es erfordert von uns einen mentalen Aufwand, Automatismen zu überwinden. Um eine hohe Akzeptanz und damit Einhaltung des Verhaltenskodex zu erzielen, ist es unerlässlich, diesen unternehmens- bzw. bereichsspezifisch zu erarbeiten.

Kontinuierlich Gewinne für die Mitarbeiter schaffen
Veränderungsprojekte haben gewöhnlich eine lange Laufzeit. Von der Entscheidung zur Einführung einer neuen Arbeitsumgebung bis zum Einzug – und damit der Umsetzung der Veränderung – vergehen in der Praxis im Durchschnitt zwei bis drei Jahre. Unternehmen sollten über den gesamten Prozess attraktive Partizipationsmöglichkeiten für die Mitarbeiter bieten, um die Aufbruchsstimmung beizubehalten und Spaß an der Veränderung zu vermitteln. Info-Tage, Hausmessen, Richtfeste, Baustellenbesichtigungen und Führungen durch Referenzbeispiele stillen die Neugier von Mitarbeitern und sind nur einige Beispiele für interessante Veranstaltungen auf dem Weg zur zukünftigen Arbeitswelt. Einige Themen der neuen Arbeitswelt können aus den Bereichen Technologie/IT und Personalentwicklung bereits vor dem Einzug in die neue Arbeitsumgebung in das Unternehmen eingeführt werden, um frühzeitig zu einer flexibler gestalteten und selbstbestimmten Arbeitsweise anzuregen.

Die freie Wahl von Mitteln und Methoden zur Erreichung von Arbeitszielen, zeitliche Autonomie und die Wahl des Arbeitsortes wirken sich nach einer Studie des Fraunhofer IAO (Rief et al. 2014) positiv auf viele Bereiche im Arbeits- und Privatleben aus. Mitarbeiter, die ihre Arbeit individuell gestalten können, erleben eine höhere Work-Life-Balance, mehr Motivation und mehr Leistung. In Gesprächen mit Mitarbeitern und Führungskräften wird grundsätzlich der starke Wunsch nach **Home Office** (bzw. Third-Place-Working) geäußert. Damit ist nicht gemeint, dass die Mitarbeiter gar nicht mehr ins Büro kommen wollen. Sie wünschen sich, flexibel entscheiden zu können, Arbeitsaufgaben auch mal von einem externen Standort (zu Hause, auf Reisen, bei Partnerunternehmen etc.) zu bearbeiten. Nicht jedes Unternehmen hat bereits eine einheitliche Home-Office-Regelung für alle Mitarbeiter. In einer aktuellen Trendanalyse des ISF München (Kratzer und Dunkel 2017) bestand bei ca. 60 % der untersuchten Unternehmen für Führungskräfte und Mitarbeiter die Möglichkeit, im Home Office zu arbeiten. Auch wenn die Möglichkeit für Heimarbeit keine explizite Maßnahme des Change Management ist, kann Home Office dennoch die Veränderungsfähigkeit der Belegschaft unterstützen und einen starken Gewinn innerhalb des Veränderungsprozesses für die Mitarbeiter darstellen.

Verankerung der Veränderung in der Unternehmenskultur
Es ist essenziell, die erarbeite Vision und gesetzten Ziele der Unternehmensleitung zunehmend und großflächig in der Unternehmenskultur zu verankern. Damit wird den Mitarbeitern und Führungskräften deutlich, dass die neue Arbeitswelt ein nachhaltiger und unumkehrbarer Prozess ist. Umwelten sind für uns Symbolträger (Saegert und Winkel 1990). Jedes einzelne Teil eines Gebäudes ist ein Zeichen, das eine Botschaft an den Nutzer vermittelt. Über die Neugestaltung einer Büroumgebung haben Unternehmen die Chance, maßgeblich zu bestimmen, welche Inhalte der eigenen Unternehmenskultur an die Mitarbeiter vermittelt werden sollen: Freude an der Arbeit, Kostendruck, Wertschätzung, steile Hierarchien, Kreativität, direktive Führung, Kooperation, Arbeit nach Vorschrift, Lebendigkeit, Geheimhaltung, Wissensaustausch, Qualitätsarbeit … eine Auflistung wäre unendlich. Unternehmen sollten den Symbolträger Arbeitsumgebung nutzen, um die Zukunftsvision in der täglichen Arbeit für den Nutzer erfahrbar zu machen.

Wenn Organisationen allerdings durch sehr viele Veränderungen in einem kurzen Zeitraum gegangen sind, kann im Gegenzug eine gewisse Veränderungsmüdigkeit bei einer breiten Belegschaft auftreten. Nicht selten passiert es, dass mehrere einschneidende Veränderungen innerhalb einer Organisation parallel erfolgen. In einem konkreten Fallbeispiel waren die Mitarbeiter neben der Einführung einer neuen Arbeitsumgebung mit fünf weiteren Change-Projekten konfrontiert! Davon wurde allein das Projekt zur Einführung der neuen Arbeitsumgebung mit Change-Management-Maßnahmen begleitet. Parallele Veränderungen können für eine Organisation enorme Synergieeffekte bieten. Technologien, Prozesse, Organisationsstrukturen und Arbeitsumgebung müssen aufeinander sowie auf die angestrebte Unternehmenskultur abgestimmt werden. Dennoch können Veränderungen – wie oben angeführt – Angst und Stresserleben zur Folge haben. Treten diese auf breiter Basis auf, können sich individuelle Stressreaktionen des einzelnen Betroffenen auf die Organisation übertragen. Mit dem kollektiv erlebten Stress treten dann die Symptome ebenfalls kollektiv auf (Glazinski 2004). So werden Veränderungsprozesse ggf. blockiert bzw. gehemmt, ohne dass die einzelne Veränderung per se abgelehnt wird. Umfangreiche Veränderungen benötigen ein ganzheitliches Change-Management-Programm, das gut auf die einzelnen Komponenten abgestimmt ist und die komplette Belegschaft nachhaltig unterstützt.

Die gesundheitsförderliche Nutzung einer Büroumgebung

In diesem Kapitel wurden Unternehmen viele Stellschrauben aufgezeigt, rücksichtsvoll mit der Gesundheit ihrer Mitarbeiter bei der Entwicklung einer neuen Arbeitswelt umzugehen. Führungsverantwortliche einer Studie (Udris et al. 1994, S. 200) beantworteten die Frage *Wer im Unternehmen für die Gesundheit der Angestellten verantwortlich ist?* mit der Grundsatzaussage: *Primär sind die Angestellten für ihre Gesundheit selbst verantwortlich.* Dies verdeutlicht, dass Gesundheit häufig nicht als Führungsaufgabe verstanden wird. Auf Grund der Fürsorgepflicht ist der Schutz der Gesundheit allerdings als originäre Führungsaufgabe zu verstehen (Rudow 2011, S. 320). Wie können Unternehmen und Führungskräfte ein gesundheitsförderliches Verhalten der Mitarbeiter – im Sinne einer Selbstfürsorge – unterstützen? Nach der Realisierung einer gesundheitsförderlichen Arbeitsumgebung sollte den Mitarbeitern das Wissen vermittelt werden, welche Nutzungsformen die eigene Gesundheit begünstigen und welche sie schädigen können. Eine einmalige Aufklärung zu dem Thema wird bei Mitarbeitern nur wenig Korrektur im gewohnten und ggf. schädigenden Verhalten verursachen. Es darf nicht nur das Wissen bereichert werden, Unternehmen müssen die gesundheitsbezogenen Einstellungen ihrer Mitarbeiter erreichen (ebd., S. 325). Eine Arbeitsumgebung sollte deshalb so gestaltet sein, dass sie den Nutzer unwillkürlich zur Bewegung auffordert. Vergangene Büroumgebungen wurden effizient, aber nicht bewegungsförderlich gestaltet. Sie schufen eine Bindung an den Arbeitsplatz durch die ergonomische Optimierung des Greifraums und der Anordnung aller Arbeitsmittel nach dem Kurze-Wege-Prinzip. Das Ergebnis sehen wir heute, 30 % aller Erkrankungen stehen im Zusammenhang mit dem Haltungs- und Bewegungsapparat (BAuA 2010). In den letzten Jahren lieferten Forscher dazu beängstigende Zahlen (Wallmann-Sperlich et al. 2014; WHO 2010; Chomistek et al. 2013; Hamilton et al. 2007; Owen et al. 2009).

Wir verbringen 80 % unserer Arbeitszeit sitzend am Schreibtisch. 42 % der Berufstätigen bewegen sich darüber hinaus weniger als 0,5 Stunden am Tag. Im Vergleich mit *Geringsitzern* (drei Stunden täglich) erhöht sich das Risiko bei *Vielsitzern* (sechs Stunden täglich), in den nächsten 15 Jahren zu sterben, um 40 %. Wir sollten alarmiert sein, denn unsere durchschnittliche Sitzdauer beträgt an einem Wochentag 7,5 Stunden. Dazu kommt die schlechte Nachricht, dass stundenlanges Sitzen ein eigenständiger Risikofaktor ist – selbst täglicher Sport kann die Folgen nicht kompensieren. Stehaufforderungen in der Arbeitsumgebung wie Stehbesprechungsmöglichkeiten, Stehpulte und Hochtische mit Stehhilfen signalisieren dem Nutzer Positionswechsel und sollten einladend gestaltet sein. Die Nutzung von höhenverstellbaren Tischen muss dagegen trainiert werden. Da nach zwei Stunden Sitzen der Stoffwechsel komplett herunter fährt (Verbrauch: eine Kalorie pro Minute), sollten sich Nutzer Hinweisreize setzen, den Tisch aktiv in der Höhe zu verstellen. Der eine führt jedes Telefonat im Stehen, der andere fährt den Tisch in regelmäßigen Abständen hoch. Rituale ermöglichen uns, im Arbeitsalltag nicht bewusst an einen Positionswechsel denken zu müssen. Die gezielte „Verbannung“ von häufig gebrauchten Utensilien (Ordner, Arbeitsmaterial, Drucker usw.) aus dem Greifraum ist eine bewegungsfördernde Gestaltungsmaßnahme, auch wenn sich Nutzer in der Praxis häufig darüber beschweren. Selbstverständlich dürfen dadurch keine langen Wegezeiten entstehen, aber häufige und kurze Haltungswechsel halten unseren Stoffwechsel aufrecht. Eine hochwertige Bandbreite von unterschiedlichen Raumangeboten (Rückzugsräume, Projekträume, Besprechungsräume, informelle Besprechungszonen, Kreativbereiche) begegnet den spezifischen Anforderungen unterschiedlicher Arbeitsprozesse. Die Wahl des Raumes passend zur Tätigkeit bringt dabei automatisch eine kurze Unterbrechung der sitzenden Tätigkeit mit sich. Mitarbeiter sollten in den Zusatzräumen/-flächen ein vielfältiges Sitz-/Stehangebot vorfinden. Anders als an den Regelarbeitsplätzen sind in den Zusatzräumen abwechslungsreiche Sitzmöglichkeiten wichtiger als vollwertige, hochergonomische Bürostühle. Die Aufenthaltsdauer in den Zusatzräumen ist vorwiegend beschränkt, denn passend zur jeweiligen Tätigkeit sollen die unterschiedlichen Raumangebote für jeden Mitarbeiter – unabhängig von der Hierarchieebene – zur Verfügung stehen. So kann jeder Nutzer die gleichen Vorzüge des jeweiligen Raummoduls genießen. Ebenfalls wichtig für unsere Gesundheit sind Arbeitspausen. Kürzere Arbeitspausen haben dabei einen stärkeren Erholungseffekt auf den Menschen als wenige lange Arbeitspausen von gleicher Gesamtdauer (BAuA 2010). Lounge-Bereiche und großzügig gestaltete Kaffeeküchen in Arbeitsplatznähe unterstützen kurze Auszeiten von der Arbeit. Um all diese gesundheitsförderlichen Verhaltensweisen nachhaltig beim Mitarbeiter zu verstärken, müssen die Führungskräfte selbst die neue Nutzungsweise der Büroumgebung vorleben.

Fazit

Um die Gesundheit von Mitarbeitern zu schützen und zu fördern, gibt es zwei grundsätzliche Ansätze: das Schaffen von gesundheitsförderlichen Verhältnissen und die Förderung gesundheitsgerechter Verhaltensweisen. Im Kontext neuer Arbeitswelten ist die Gestaltung einer gesundheitsförderlichen Büroumgebung die Basis zum Schutz der

Mitarbeiter. Da die Zufriedenheit mit der Büroumgebung durch die individuelle oder kollektive Wahrnehmung und Bewertung maßgeblich beeinflusst wird, sollten die Anforderungen der Mitarbeiter in das zukünftige Bürokonzept einfließen. Der Mensch wird in seiner Einstellungsbildung durch das beeinflusst, was ihm bekannt und vertraut ist. Um die Veränderungsbereitschaft der Mitarbeiter zu unterstützen, benötigen sie umfangreiche Informationen und Partizipationsmöglichkeiten im Projekt. Der Mitarbeiter muss verstehen, warum eine neue Bürostruktur für das Unternehmen, die Belegschaft und für ihn selbst einen Gewinn bedeutet. Eine kraftvolle Vision der Unternehmensleitung und eine gute Führung durch den Veränderungsprozess zeigen der Belegschaft des Weiteren nachvollziehbare und attraktive Ziele auf, die nur in der Gemeinschaft erreicht werden können. Als Treiber für den Wandel benötigen Führungskräfte differenzierte Entwicklungsangebote, denn alle Führungsebenen nehmen im Veränderungsprozess eine Vorbildfunktion ein, an der sich die Mitarbeiter orientieren. Als Multiplikatoren von Projektinformationen werden Mitarbeitervertreter (Change Agents) eingesetzt, die darüber hinaus ebenfalls in Teilprojekte für die Ausgestaltung des zukünftigen Bürokonzepts einbezogen werden. Des Weiteren begleiten auf das Unternehmen und seine Mitarbeiter angepasste Change-Management-Maßnahmen die Belegschaft durch den gesamten Veränderungsprozess, bis die neue Arbeitsumgebung vertraut ist und sich die neuen Nutzungsweisen einspielen konnten. Um eine gesundheitsgerechte Nutzung zu fördern, sollte die neue Arbeitswelt so gestaltet werden, dass der Nutzer unwillkürlich zur Bewegung auffordert wird. Schulungen sowie die Vorbildfunktion der Führungskräfte tragen ergänzend dazu bei, dass gesundheitsförderliche Verhaltensweisen von den Mitarbeitern nachhaltig gelebt werden. Letztendlich können Organisationen ihre Arbeitskultur über einen gut gestalteten Veränderungsprozess maßgeblich weiterentwickeln und gemeinsam mit ihren Mitarbeitern eine gesunde Arbeitswelt von morgen schaffen.

Literatur

Altman, I. (1970): Territorial behavior in humans: An analysis of the concepts. In: Pastalan, L. A., Carson, D. H. (Hrsg.), Spatial behavior of older people. Michigan: Ann Arbor.

BAuA (2010): Wohlbefinden im Büro: Arbeits- und Gesundheitsschutz bei der Büroarbeit. Verfügbar unter Bundesanstalt für Arbeitsschutz und Arbeitsmedizin, http://www.baua.de/de/Publikationen/Broschueren/A11.html, Zugriff am 5.10.2017.

Bodin Danielsson, C., Bodin, L. (2008): Office type in relation to health, well-being, and job satisfaction among employees. Environment and Behavior, 40 (5), S. 636–668.

Bodin Danielsson, C. (2013): An explorative review of the Lean office concept. *Journal of Corporate Real Estate Planning Research*, 15/3–4, S. 167–180.

Brotheridge, C. M., Lee R. T. (2003): Development and validation of the Emotional Labor Scale. *Journal of Occupational and Organizational Psychology*, 76, S. 365–379.

Canter, D., Rees, K. (1982): A multivariate model of housing satisfaction. *International Review of Applied Psychology*, 31, S. 185–208.

Chomistek, A. K., Manson, J. E., Stefanick, M. L., Lu, B., Sands-Lincoln, M., Going, S. B., Eaton, C. B. (2013): Relationship of Sedentary Behavior and Physical Activity to Incident Cardiovascular Disease: Results From the Women's Health Initiative. *Journal of the American College* of *Cardiology*, 61, S. 2346–2354.

De Croon, E. M., Sluiter, J. K., Kuijer, P. P. F. M., Frings-Dresen, M. H. W. (2005): The effect of office concepts on worker health and performance: A systematic review of the literature. *Ergonomics*, 48/2, S. 119–134.

Dijksterhuis, A., Bos, M. W., Nordgren, L. F., van Baaren, R. B. (2006): On making the right choice: The deliberation-without-attention effect. *Science*, 311, S. 1005–1007.

Doppler, K., Lauterburg C. (2014): Change Management. Den Unternehmenswandel gestalten. 13. Aufl. Frankfurt/M., New York: Campus Verlag.

Fischer, G. N. (1990): Psychologie des Arbeitsraumes. Frankfurt/M.: Campus Verlag.

Geurts, S. A. E., Taris, T. W., Kompier, M. A. J., Dikkers, J. S. E., van Hooff, M. L. M., Kinnunen, U. M. (2005): Work-home interaction from a work psychological perspective: Development and validation of a new questionnaire, the SWING. *Work & Stress*, 19/4, S. 319–339.

Glazinski, B. (2004): Strategische Unternehmensentwicklung: Krisensignale frühzeitig erkennen und abwenden. Wiesbaden: Gabler Verlag.

Hamilton, M. T., Hamilton, D. G., Zderic, T. W. (2007): The role of low energy expenditure and sitting on obesity, metabolic syndrome, type 2 diabetes, and cardiovascular disease. *Diabetes*, 56, S. 2655–2667.

Hertel, G., van der Heijden, B., De Lange, A., Deller J. (guest editors) (2013): Facilitating age diversity in organizations – part I: Challenging popular misbeliefs. Special issue of the *Journal of Managerial Psychology*, 28, S. 729–856.

Hielscher, D. R. (2014): Die Broken-Windows-Theorie: Über den Einfluss der räumlichen Umgebung auf das Sozialverhalten. Berlin: epubli.

Hochschule Luzern, Seco (2010): SBiB-Studie: Schweizerische Befragung in Büros, https://www.news.admin.ch/NSBSubscriber/message/attachments/18922.pdf, Zugriff am 5.10.2017.

Huy, Q. (2002): Emotional balancing: the role of middle managers in radical change. *Administrative Science Quarterly*, 47, S. 31–69.

Jahncke, H. (2017, August): Activity-based workplaces: changes in cognitive performance among worker previously employed at cellular offices or open-plan offices. Beitrag präsentiert auf der International Conference of Environmental Psychology: Theories of change and social innovation in transitions towards sustainability, A Coruña, Spanien.

Kavanagh, M. H., Ashkanasy, N. M. (2006): The impact of leadership and change management strategy on organizational culture and individual acceptance of change during a merger. *British Journal of Management*, 17/1, S. 81–103.

Klinger, C., Curth, S., Müller, C., Nerdinger, F. W. (2014): Ältere Mitarbeiter im Innovationsprozess. Eine explorative Interviewstudie. Rostocker Beiträge zur Wirtschafts- und Organisationspsychologie, Nr. 14. Rostock: Universität Rostock, Lehrstuhl für Wirtschafts- und Organisationspsychologie.

Kotter, J. (2012): Leading Change. Boston: Harvard Business School Press.

Kratzer, N., Dunkel, W. (2017, Februar): Open Space. Oder was? Wandel der Büroarbeitswelt. Beitrag präsentiert auf dem 63. Frühjahrskongress 2017 der Gesellschaft für Arbeitswissenschaft e. V.: Soziotechnische Gestaltung des digitalen Wandels – kreativ, innovativ, sinnhaft, Brugg und Zürich, Schweiz.

Landes, M., Steiner, E. (2014): Psychologische Auswirkungen von Change Prozessen. Widerstände, Emotionen, Veränderungsbereitschaft und Implikationen für Führungskräfte. Wiesbaden; Springer VS.

Lauer, T. (2014): Change Management: Grundlagen und Erfolgsfaktoren (2. Aufl.). Berlin, Heidelberg: Springer Verlag.

Larsson, R., Lubatkin M. (2001): Achieving acculturation in mergers and acquisitions: An international case study. *Human Relations*, 54/12, S. 1573–1607.

Lazarus, R. S., Folkman, S. (1984): Stress, appraisal, and coping. New York: Springer.

Lütke Lanfer, S., Pauls, N. (2017, Februar): Eine systematische Literaturrecherche zu modernen Bürostrukturen und deren Auswirkung auf psychisches Befinden. Beitrag präsentiert auf dem 63.

Frühjahrskongress 2017 der Gesellschaft für Arbeitswissenschaft e. V.: Soziotechnische Gestaltung des digitalen Wandels – kreativ, innovativ, sinnhaft. Brugg und Zürich, Schweiz.

Melkonian, T. (2005): Top executives reactions to change: the role of justice and exemplarity. *International Studies of Management and Organization*, 34/4, S. 7–28.

McFarlin, D. B., Sweeney, P. D. (1992): Research Notes. Distributive and Procedural Justice as Predictors of Satisfaction with Personal and Organizational Outcomes. *Academy of Management Journal*, 33/3, S. 626–637.

Nasar, J. L. (1994): Urban design aesthetics: The evaluative quality of building exteriors. *Environment and Behavior*, 26, S. 377–401.

Oommen, V. G., Knowles, M., Zhao, I. (2008): Should health service managers embrace open plan work environments? A review. *Asia Pacific Journal of Health Management*, 3/2, S. 37–43.

Owen, N., Bauman, A., Brown, W. (2009): Too much sitting: A novel and important predictor of chronic disease risk? *British Journal of Sports Medicine*, 43/2, S. 81–83.

Piderit, S. K. (2000): Rethinking resistance and recognizing ambivalence: a multidimensional view of attitudes toward an organizational change. *Academy of Management Review*, 25, S. 783–794.

Rief, S. (2017, März): Die Wirkung von Raum auf Motivation, Leistung und Wohlbefinden bei der Arbeit. Beitrag präsentiert auf dem 39. Uponor Kongress 2017, St. Christoph am Arlberg, Österreich.

Rief, S., Jurecic, M., Kelter, J., Stolze, D. (2014): Kurzbericht zur Studie Office Settings, https://www.office21.de/content/dam/office21/de/documents/Publikationen/Fraunhofer-IAO_Kurzbericht_Office-Settings.pdf, Zugriff am 5.10.2017.

Rouleau, L. (2005): Micro-practices of strategic sensemaking and sensegiving: How middle managers interpret and sell change every day. *Journal of Management Studies*, 42, S. 1413–43.

Rudow, B. (2014): Die gesunde Arbeit. Psychische Belastungen, Arbeitsgestaltung und Arbeitsorganisation. Berlin/München: De Gruyter Oldenbourg Wissenschaftsverlag.

Saegert, S., Winkel, G. H. (1990): Environmental psychology. *Annual Review of Psychology*, 41, S. 441–477.

Samuelson, W., Zeckhauser, R. (1988): Status quo bias in decision making. *Journal of Risk and Uncertainty*, 1, S. 7–59.

Schott, U., Jöns, I. (2004): Einstellungsänderung bei Fusionen: Ein integratives Modell zur Wirkung von Information und Kommunikation. *Mannheimer Beiträge zur Wirtschafts- und Organisationspsychologie*, 2, S. 53–59.

Schweiger, D., DeNisi, A. (1991): Communication with employees following a merger: A longitudinal experiment. *Academy of Management Journal*, 34/1, S. 110–135.

Simons, T. L. (2002): Behavioral integrity: The perceived alignment between managers' words and deeds as a research focus. *Organization Science*, 13, S. 18–35.

Slesina, W. (2001): Evaluation betrieblicher Gesundheitszirkel. In: Pfaff, H., Slesina, W. (Hrsg.), Effektive betriebliche Gesundheitsförderung, Weinheim: Juventa, S. 75–95.

Szebel, A. (2015): Veränderungskompetenz von Mitarbeitern. Eine empirische Untersuchung zur differentiellen Konstrukterschließung der individuellen Veränderungskompetenz von Mitarbeitern unter besonderer Berücksichtigung des Einflusses dispositionaler Persönlichkeitsfaktoren. Dissertation, Universität zu Köln.

Udris, I., Rimann, M., Thalmann, K. (1994): Gesundheit erhalten, Gesundheit herstellen: Zur Funktion salutogenetischer Ressourcen. In: Bergmann, B., Richter, P. (Hrsg.), Die Handlungsregulationstheorie. Von der Praxis einer Theorie, Göttingen: Hogrefe, S. 198–215.

Ulich, E., Wülser, M. (2015): Gesundheitsmanagement in Unternehmen. Arbeitspsychologische Perspektiven. 6. Aufl. Wiesbaden: Springer Gabler.

Wackernagel, S. (2017, Februar): Wie die Gestaltung der Büroarbeitsumgebung unser Befinden beeinflusst. Beitrag präsentiert auf dem 63. Frühjahrskongress 2017 der Gesellschaft für

Arbeitswissenschaft e. V.: Soziotechnische Gestaltung des digitalen Wandels – kreativ, innovativ, sinnhaft. Brugg und Zürich, Schweiz.
Wallmann-Sperlich, B., Bucksch, J., Schneider, S., Froböse, I. (2014): Risikofaktor Sitzen: Prävalenz und Determinanten von Sitzzeiten am Arbeitsplatz. *Das Gesundheitswesen*, 76/8–9, A209.
WHO (2010): Global Recommendations on Physical Activity for Health. Geneva: WHO Press.
Windlinger, L., Zäch, N. (2007): Wahrnehmung von Belastungen und Wohlbefinden bei unterschiedlichen Büroformen. *Zeitschrift für Arbeitswissenschaft*, 61/2, S. 77–85.
Windlinger, L. (2017, Mai): Büroqualität: Bau, Betrieb und die Sicht der Nutzer. Beitrag präsentiert auf dem 2. Symposium des Fraunhofer Instituts für Bauphysik: Menschen in Räumen, Stuttgart, Deutschland.

1.2 Work-Life-Integration – Stimmige Arbeitswelten für das Wohlfühlen der Mitarbeiter

Christine Kohlert

Arbeitswelten verändern sich ständig und in immer schnelleren Zyklen. So werden Schnelligkeit, Beweglichkeit, Anpassungs- und Wandlungsfähigkeit die neuen Erfolgskriterien für das Büro der Zukunft sein. Aber wenn man in Zukunft selbst entscheiden kann, wo, wann und wie man arbeiten möchte, braucht man dann überhaupt noch Büros? Dies ist ganz klar mit „ja" zu beantworten, denn es liegt in uns Menschen, dass wir zu einer „coolen" Gemeinschaft gehören und uns zugehörig und wohl fühlen möchten. Dazu benötigt man die entsprechenden Räume und das richtige Mobiliar in einer stimmigen Büroumgebung mit den richtigen Begegnungs-, aber auch Rückzugsflächen.

Zu einem guten Arbeitsplatz gehört heute, dass sich Mitarbeiter wohl fühlen und dass man sich als Organisation, als Arbeitgeber, um seine Mitarbeiter kümmert und Sorge trägt, dass sie gesund und produktiv sind und bleiben, um kreative und innovative Lösungen und Produkte zu entwickeln. Aber was bedeutet „Wohlfühlen" für Menschen? Sich angenehm und behaglich fühlen bedeutet, eine gute Stimmung zu haben und gesund zu sein. Nach der Definition der Weltgesundheitsorganisation umfasst Gesundheit geistige, soziale und körperliche Gesundheit. Sich gut zu fühlen bedeutet, Glücksgefühle, innere Ruhe zu haben und gut ausbalanciert zu sein in der täglichen Hektik und den unterschiedlichen Formen von Stress im Arbeitsleben. Sich sehr gut zu fühlen bedeutet auch, dass man Eigeninitiative für die eigene Gesundheit und die eigene Zufriedenheit entwickelt. Das subjektive Wohlfühlen in der Psychologie ist das Gefühl von Lebensglück und die Zufriedenheit mit dem eigenen Leben. Insgesamt bedeutet dies ganz einfach Lebensqualität.

Betrachtet man das soziale und mentale Wohlfühlen bei der Arbeit, so bedeutet das, man fühlt sich wichtig, man weiß, dass man selbst und die eigene Arbeit anerkannt werden und man durch eigenes Wissen einen wichtigen Beitrag zu der Arbeit des Unternehmens leisten kann. Für jede Organisation ist das Wohlfühlen der Mitarbeiter ausschlaggebend, um kreativ zu sein und die entscheidenden Innovationen zu erreichen, um erfolgreich zu sein.

Studien belegen, dass es zu gesundheitliche Beeinträchtigungen kommen kann, wenn sich die Zahl der Mitarbeiter in einem Büro erhöht (Hochschule Luzern, Seco 2010). Krankheitsbedingte Fehlzeiten sind höher in Mehrpersonenbüros als in Einzelbüros. Aber um ein hohes Maß an Zusammenarbeit zu erreichen – sehr wichtig für Wissensgesellschaften – können wir uns nicht nur in Einzelbüros zurückziehen, sondern wir benötigen Transparenz und Räume für Austausch und Begegnung. Um Gesundheitsrisiken zu vermeiden, ist es wichtig, Büroflächen gut und ausreichend zu planen und alle Aspekte, die für das Wohlfühlen am Arbeitsplatz wichtig sind, zu berücksichtigen. Dazu gehört neben guter Akustik, Licht und Klima auch das Mitnehmen und Begleiten der Mitarbeiter von Anfang an. Ein guter Change-Prozess unterstützt das Verständnis, spricht alle Chancen und Herausforderungen an und begleitet durch alle, auch schwierige, Phasen des Projektes.

Begriffe wie Work-Life-Balance erhalten wieder mehr Bedeutung und mutieren mehr zu einer Work-Life-Integration. Man besinnt sich auf wirklich wichtige Werte im Leben und Menschen, die einem wichtig sind und mit denen man Zeit verbringen möchte. Junge Familienväter und -mütter möchten ihre Kinder aufwachsen sehen und Entwicklungsfortschritte miterleben. Mitarbeiter möchten beispielsweise selbst entscheiden, ob sie nachmittags Kindergarten- oder Schulaufführungen miterleben und dafür abends, wenn die Kinder im Bett sind, das unerledigt Gebliebene zu Hause abarbeiten. Ältere Arbeitnehmer haben möglicherweise die eigenen Eltern zu versorgen und benötigen auch dafür mehr Flexibilität in der Zeiteinteilung und die freie Wahl, wo man einzelne Arbeitsschritte erledigt. Home-Office-Lösungen sind da für einige eine gute Lösung, andere trennen lieber Arbeit und Familie und möchten deshalb nicht zuhause arbeiten. Auch hier ist Flexibilität gefragt und das Einbeziehen der Mitarbeiter, um einerseits passgenaue Lösung zu finden, andererseits auch die richtigen weiteren Angebote für die Organisation zu entscheiden (Abb. 1.2).

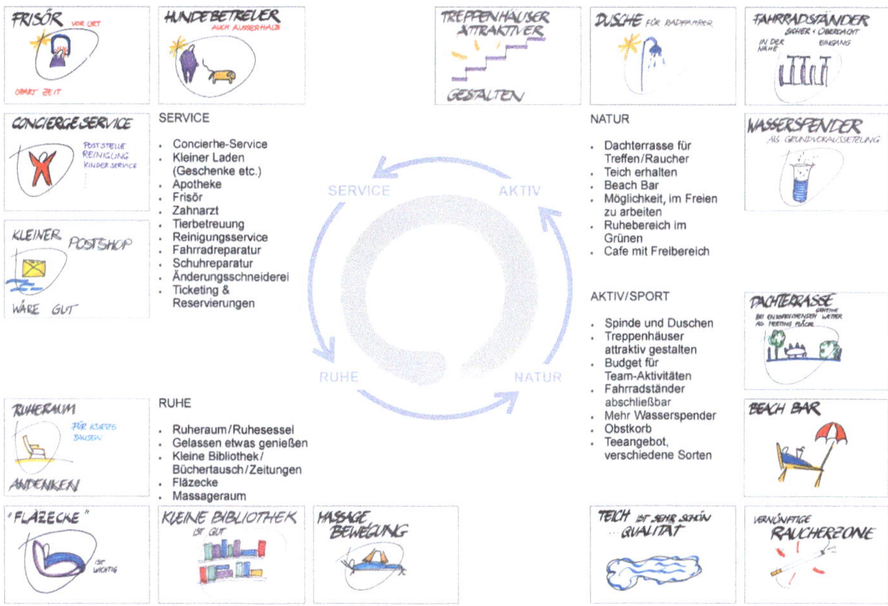

Abb. 1.2 Beispiel für Services für Mitarbeiter – Angebote, die man sich vorstellen könnte

Hier kann es Betreuungsangebote für Kinder geben, Sporträume, wie Gymnastik oder Fitnessraum, stille Erholungsräume, wie eine Bibliothek zum ruhigen Entspannen, oder eher lautere Räume mit Kicker, Billard oder Flippergeräten. Möglicherweise wünschen sich die Angestellten auch eine Poststelle oder einen Concierge, bei dem man Theater- oder andere Eventkarten ordern kann. Vorstellbar ist beispielsweise auch ein kleiner Geschenkeladen oder ein Lebensmittelladen. Die Angebote sind hier sehr vielfältig und gehen über Gruppenaktivitäten, wie etwa Yogakurse, bis zu professioneller Einzelberatung und persönlich zugeschnittenen Trainingsplänen. Wichtig ist, dass Mitarbeiter ein gewisses Mitspracherecht besitzen, sich an der Auswahl beteiligen können und später so etwas wie ein gemeinsamer Konsens über die ausgewählten Möglichkeiten besteht und es auch ausreichend gesundheitsrelevante Angebote gibt. So muss es auch nicht unbedingt einen Fitnessraum direkt im Unternehmen geben, es kann durchaus auch eine Kooperation mit einem Unternehmen oder einem Fitnessclub in der Nähe angeboten werden. Auch die Möglichkeit, e-Räder auszuleihen, fördert die tägliche Bewegung und stimuliert manch einen, ab und zu auf das Auto zu verzichten.

Die räumliche Organisation des Layouts kann ebenfalls zur Gesundheit der Mitarbeiter beitragen. So laden schöne Treppenhäuser dazu ein, diese auch zu benutzen, und sind sie gut angeordnet und breit genug, verbinden sie Abteilungen und unterschiedliche Stockwerke gut miteinander und laden so auch ein, stehen zu bleiben und sich mit Kollegen auszutauschen (Abb. 1.3).

Dies gilt ebenso für Teeküchen, die man nicht länger in übriggebliebenen dunklen, fensterlosen Resträumen verstecken sollte, sondern die Aufmerksamkeit verdienen und so

Abb. 1.3 Beispiel für einladende Treppenhäuser (Universität Kolding Henning Larsen Architekten, Foto Hufton Crow)

zum Multifunktionsraum werden. In einer schön gestalteten Teeküche trifft man sich gern, empfängt Besucher, kann sie für Besprechungen nutzen, aber in ruhigen Phasen auch für eine ruhige Arbeit, etwas zu lesen oder auch ein privates Telefonat (Abb. 1.4 und 1.5). In diesem Zusammenhang sei auch auf eine gute Gestaltung der Sanitärbereiche hingewiesen. Dies fördert die Hygiene im Unternehmen und zeigt dem Mitarbeiter auch, dass er wichtig ist und wertgeschätzt wird.

Das Versprechen von Flexibilität und eigener Zeiteinteilung lockt Mitarbeiter in den Job, aber das allein reicht nicht, um sie dort auch zu halten. Junge kreative Mitarbeiter brauchen Bindung und Engagement, interessante und überraschende Räume sowie Erlebnisse und eine inspirierende Umgebung. Um Mitarbeiter emotional an das Unternehmen zu binden, ist es von großer Bedeutung, die eigenen Markenwerte erlebbar zu machen und durch eine authentische Gestaltung der Arbeitswelt nach Innen zu transportieren. Arbeitsräume, die menschliche Grundbedürfnisse wie Sicherheit, Anerkennung und Selbstverwirklichung vermitteln, binden emotional und ermöglichen freies Denken und die notwendige Aufmerksamkeit.

Eine gute Stimmung macht Menschen verträglicher, gesünder und regt an, kreativer zu denken. Dazu trägt auch ein optimistisches und authentisches Umfeld bei, das den Mitarbeitern Wahlmöglichkeiten und eine gewisse Kontrolle ermöglicht sowie Bewegung und Interaktion unterstützt. Neben diesen räumlichen Aspekten geht es auch um sinnvolle Tätigkeiten und gegenseitige Achtsamkeit und darum, den Mitarbeitern sowohl Orte für Austausch und Zusammenarbeit als auch für Ruhe und Konzentration zur Verfügung zu stellen.

Abb. 1.4 Multifunktionale Teeküche (Drees & Sommer Foto: Christine Kohlert, Stuttgart)

Abb. 1.5 Teeküche, auch für Einzelarbeit nutzbar (RBSGROUP, München Foto Peter Neusser)

Sozialer Austausch und Kontaktpflege untereinander sind wichtig und können durch eine gute räumliche Umgebung gefördert und unterstützt werden. Dazu trägt auch eine gute Vertrauenskultur bei, bei der es vor allem um Zielerreichungen und nicht um Präsenzkultur geht. Nur in solch einem guten Vertrauensverhältnis und Miteinander ist ein Unternehmen wirklich erfolgreich und gelingen Höchstleistungen. Motivierte Mitarbeiter bringen sich und ihr Wissen ein und erarbeiten gemeinsam die richtigen Lösungen. Eine solche Kultur muss aber immer vom Vorgesetzten vorgelebt werden und er muss allen vermitteln, dass das gesamte Büro mit sämtlichen Einrichtungen ein Ort für alle ist, ein Marktplatz des Wissens und ein Ort für Austausch und gemeinsames Denken und Arbeiten. Nur so funktioniert auch das Miteinander mit Kollegen und entsteht ein gutes Verhältnis zwischen Arbeitnehmer und Arbeitgeber zum Wohle aller. Am Ende überträgt sich das Betriebsklima auch weiter zum Kunden und damit die Wertschätzung, die zum Erfolg beiträgt.

Letztendlich bestimmt die Führung, wie viel Vertrauen im Unternehmen vorherrscht und wie offen die Unternehmenskommunikation ist. Statt starrer, hierarchischer Entscheidungsstrukturen sind in der neuen Wirtschaftswelt Ideen, Kundenorientierung und Schnelligkeit gefragt. Kreativität und neue Ideen entstehen nur, wenn diskutiert werden darf und die Meinung aller zählt, langatmige Entscheidungsprozesse hemmen Ideenfindung und Dynamik. Neue Formen von Arbeit und Organisation sind gefragt, mit mehr Teams, kürzeren Wegen, weniger Hierarchien und mehr Zusammenarbeit, auch über Abteilungen hinweg und mit Impulsen von außen.

Chefs werden zu Coaches, die zuhören, loben, fördern und bereitwillig Feedback geben. Sie haben eine klare Vision und entwickeln Strategien, mit denen sie sich und andere begeistern. Sie fördern und unterstützen ihre Mitarbeiter, übertragen ihnen Verantwortung und lassen ihnen Spielräume mit den dazu notwendigen Freiräumen. Sie sind geradlinig und gerecht, haben ein Gefühl für die eigene Stärke und genug Selbstreflexion, um menschengerecht führen zu können. Sie begreifen ihre Organisation als funktionierende Familie, mit der man pfleglich und vertrauensvoll umgeht. So entwickelt sich ein natürlicher Verhaltenscodex, den man auch mit Spielregeln, die gemeinsam vereinbart werden, weiter positiv unterstützen kann.

Neben all diesen Aspekten zählen heute Nachhaltigkeit und Teilen in einer Sharing Economy immer mehr und damit trägt auch Biophilic Design zum weiteren Wohlfühlen bei. Pflanzen können Stress reduzieren und machen glücklicher, die Luftqualität wird verbessert und sie fördern Produktivität und Erinnerungsvermögen (Abb. 1.6; Abschn. 10.1, Pflanzen – welches sind die geeigneten Pflanzen?).

Licht, besonders Sonnenlicht, verbessert die Lebensqualität und sorgt für gesunden Schlaf, es reduziert Stress und Angstzustände und erhöht die Produktivität. Der Blick nach draußen entspannt die müden Augen von der ständigen Fixierung auf den Bildschirm. Nachhaltigkeit geht einher mit dem Wunsch nach „echten" Materialien, die eine „haptische Erfahrung" erzeugen und sich gut anfühlen. Gebäude und Räume vermitteln damit auch ein „Gefühl". Die Natur ist nicht rechtwinklig, so stehen Kurven und natürliche Formen ebenfalls für Wohlfühlen. Abgerundet wird eine stimmige Gestaltung durch

Abb. 1.6 Grün und natürliche Materialien fördern die Stimmung und tragen zu Wohlbefinden sowie zu gutem Klima bei (Foto links: Google Zürich, Innenarchitektur Evolution Design, Foto: Peter Wurmli; rechts: Rapt Studio, San Francisco, Innenarchitektur O + A) (linkes Foto: Peter Wurmli, lines: Christine Kohlert)

Abb. 1.7 Licht- und luftdurchflutete Räume entspannen (Microsoft Lyngby, Dänemark) (Architektur Henning Larsen, Foto: Hufton Crow)

eine stimmige und ausgewogene Farbwahl. Farbe modifiziert das Licht und bestimmt die Atmosphäre, sie unterscheidet die verschiedenen Elemente in der Architektur und lenkt unseren Blick auf das Wichtigste und sie ermöglicht Kontrast und Individualität. Farbe muss immer im Kontext gesehen werden, die richtige Kombination erzeugt eine positive visuelle Erfahrung (Abb. 1.7).

Qualifikationen für die Wissensarbeiter der Zukunft sind schnelle Anpassungsfähigkeit, kreatives Denken und Wissen in den richtigen Kontext zu setzen und anzuwenden. Ein stimmiger Arbeitsplatz kann sie dabei unterstützen und zu Zufriedenheit und Wohlfühlen beitragen. Für die Planung sollte man sich dabei an sechs Prinzipien orientieren.

Prinzip 1: Es gibt keine Garantien, aber es werden Räume für unterschiedliche Aktivitäten, wie Konzentration und Kommunikation, benötigt. Diese Räume unterstützen Kreativität und Lernen und erlauben dem Mitarbeiter eigene Wahlmöglichkeiten (Abb. 1.8).

Prinzip 2: Komfort ist der Schlüssel. Alle Dimensionen des Wohlfühlens müssen erfüllt sein, ebenso wie der physische Komfort, vom Arbeitsplatz über Gemeinschaftsräume bis hin zu Rückzugs- und Erholungsräumen (Abb. 1.9).

Prinzip 3: Raum kann gutes Benehmen freisetzen und macht uns bewusst, wer und was vorhanden ist. Natürlich belichtete Orte für Kommunikation und Austausch mit Aussicht ins Grüne fördern diese Haltung.

Prinzip 4: Flexibilität und Variabilität sind eine absolute Notwendigkeit, um auf wechselnde Bedingungen schnell und effizient reagieren zu können (Abb. 1.10).

Prinzip 5: Raum in Verbindung mit Natur ist erstrebenswert, also Grün so gut es geht nach Innen holen und Ausblicke ermöglichen.

Prinzip 6: Ein Raum ist immer nur so gut wie die, die in ihm führen. Letztendlich bestimmt die Führung, wie viel Wohlfühlfaktoren umgesetzt werden und wie man sie nutzt – gegenseitiges Vertrauen ist dabei das Allerwichtigste. Es geht darum, die Beziehungen, die

Abb. 1.8 Verschiedenste Wahlmöglichkeiten im Büro – Räume für Konzentration und Kommunikation (Booking com Salzburg, Foto Peter Neusser)

Abb. 1.9 Komfortables Mobiliar im gesamten Unternehmen (Easy Credit, Nürnberg) (Innenarchitektur Evolution Design, Foto Christian Beutler)

Abb. 1.10 Räume für Kommunikation und Austausch sowie alle Arten von Zusammenarbeit (Innenarchitektur Studio O + A, Foto Jasper Sanidad)

zum Erreichen der unternehmerischen Ziele wichtig sind, perfekt in Raum umzusetzen. Gute Räume sind immer ein Beitrag zum Unternehmenswert.

Insgesamt geht es darum die Beziehungen, die zum Erreichen der unternehmerischen Ziele wichtig sind, perfekt in Raum umzusetzen. Gute Räume sind immer ein Beitrag zum Unternehmenswert. Wie in einem guten Restaurant zählt die Gesamtstimmigkeit, von der Begrüßung bis zur Verabschiedung des Gastes. So leistet das gesamte Büro mit seinem Umfeld und seiner Organisation den entscheidenden Beitrag für ein stimmiges Arbeitsumfeld, das zu Wohlfühlen und Zufriedenheit der Mitarbeiter führt und damit den Erfolg eines Unternehmens sichert.

Wahrnehmungen

2

Werner Seiferlein, Ulrich Pfeiffenberger, Gerd Danner, Torsten Braun, und Christine Kohlert

2.1 Einführung in das Kapitel: „Wahrnehmung"

Werner Seiferlein

Was bedeutet die Wahrnehmung?

Die Wahrnehmung ist das, was man mit den Sinnen spürt oder bemerkt. Dies sind Reize, die von der Außenwelt Einfluss nehmen (vgl. Spath et al. 2011, S. 30). Es werden fünf Sinne definiert:

- Riechen
- Sehen

W. Seiferlein (✉)
Technologie Innovation Management, Frankfurt/Main, Deutschland
e-mail: werner.seiferlein@timoffice.de

U. Pfeiffenberger
Ingenieurgesellschaft Pfeiffenberger mbH, Neu-Isenburg, Deutschland
e-mail: u.pfeiffenberger@t-online.de

G. Danner
SoundComfort GmbH, Berlin, Deutschland
e-mail: g.danner@soundcomfort.de

T. Braun
Die Lichtplaner, Limburg-Staffel, Deutschland
e-mail: limburg@lichtplaner.com

C. Kohlert
RBSGROUP part of Drees & Sommer, München, Deutschland
e-mail: christine.kohlert@rbsgroup.eu

W. Seiferlein, C. Kohlert (Hrsg.), *Die vernetzten gesundheitsrelevanten Faktoren für Bürogebäude*, https://doi.org/10.1007/978-3-658-20852-3_2

- Hören
- Schmecken
- Fühlen

Das Fühlen oder auch der Tastsinn kann nochmals in die Einheiten

- Berührung
- Schmerz und Temperatur (Oberflächensensibilität),

aber auch das aktive Erkennen wie die

- haptische Wahrnehmung

unterteilt werden. Haptik ist ein Teil des Gebäudedesigns und dessen Interieurs (vgl. Kap. 4, adäquate Büroeinrichtung). Es wird immer öfter die Auswahl oder die Kombination von Materialien bewusster eingesetzt.

Haptische Wahrnehmung nutzen immer mehr Unternehmen, um ihr Produkt mit nicht so oft eingesetzten Sinnen wirken zu lassen: Flensburger hat die Bierflasche mit dem Plopp-Verschluss wieder auf den Markt gebracht und beworben – der Kunde kann die Flasche anfassen, er sieht, fühlt und hört, wie sich die Flasche öffnet (Plopp) (vgl. Schmitz 2014).

Die hier beleuchteten Einflussfaktoren treten als gegenseitige Wahrnehmungen als sogenannte 4×Ls (©Seiferlein 4×Ls) auf. Im Bereich Real Estate, Immobilien-An- und -verkauf, würde man dann für das Synonym 3×Ls mit „Lage, Lage, Lage" bezeichnen. Hier sind es vier Faktoren, die wie folgt beschrieben werden: **Luft, Licht, Lärm und Leib**.

Diese vier Faktoren stehen in direkter Beziehung zur Wahrnehmung des Menschen.

Warum befassen wir uns in diesem Buch gerade mit den 4×Ls?

Die Faktoren Luft und Licht binden und integrieren den Eindruck und die Vorstellung, in der frischen Luft und im Tageslicht zu sitzen. Dies nährt das Gefühl, im Freien zu sitzen.

Wenn Menschen Beschwerden artikulieren, dann sehr häufig zu den Faktoren Luft, Licht, Lärm und Leib. Die Wahrnehmungen sind subjektiv und erzeugen entsprechende Aussagen der Mitarbeiter, und diese müssen ernst genommen werden. Die Beschwerden hängen oft mit dem Unwissen der Mitarbeiter und deren Angst, etwas zu verlieren, zusammen. Die innere Einstellung zu dem, was stört, ist entscheidend.

Wohnt z. B. ein an Flugzeugen interessierter Mensch in einer Einflugschneise, ist er gegenüber der Luftfahrt positiv eingestellt und toleriert die Lautstärke der vorbeifliegenden Flugzeuge, sie ist für diese Person nicht störend. Ein in der Nähe wohnender Nachbar, der eher negativ der Luftfahrt gegenüber eingestellt ist, wird sich gestört fühlen, denn ihm fehlt der Bezug zur Luftfahrt.

Wirtschaftlichkeit, Gesundheit und Wohlbefinden schließen einander nicht aus. Im Laufe der Zeit hat sich ein stärkeres Bewusstsein für das Entwickeln und das Umsetzen von Maßnahmen im Bereich des „Wohlbefindens" entwickelt. Wenn Arbeitgeber die Idee und Vision für mehr Wohlbefinden wachsen und reifen lassen, wird dies von den Arbeitnehmern als Zeichen der Wertschätzung des Arbeitgebers erlebt.

„Human Resources“ und der damit zusammenhängende Arbeitsschutz oder das Nachhaltigkeits-Management sind die Unternehmensfunktionen, die für das Wohlbefinden von Mitarbeitern verantwortlich sind – von diesen Funktionen sollten kreative Maßnahmen und Aktionen ausgehen (Wohlbefinden kann auch das Beschallen von Nebenflächen mit Musik wie in bestimmten Zonen – Treppenhaus, Toilette, Foyer – auslösen).

Literatur

Schmitz, K. W. (2014): Die Strategie der 5 Sinne. Weinheim: Wiley.

Spath, D., Bauer, W., Braun, M. (2011): Gesundes und erfolgreiches Arbeiten im Büro. Berlin: Erich Schmidt.

2.2 Luft und Wohlbefinden

Ulrich Pfeiffenberger

2.2.1 Übersicht über das Kapitel Luft und Wohlbefinden

Für das Wohlbefinden und die Behaglichkeit in Räumen ist das Innenraumklima eine wesentliche Voraussetzung. Physikalisch ausgedrückt ist ein Gleichgewichtszustand zwischen dem Menschen und seiner Umgebung herzustellen.

Mit der Nahrung nimmt der Mensch Energie auf, die er in komplexen Stoffwechselprozessen für die Aufrechterhaltung der Körperfunktionen, zum Beispiel die Muskelbewegung oder die Regulierung der Körpertemperatur auf 36 °C bis 37 °C, umwandelt. Beim Stoffwechsel, auch Metabolismus genannt, wird Energie frei, die der Mensch als Wärme an die Umgebung abgibt. Die Energieumsätze sind von der Aktivität abhängig, sie variieren jedoch auch individuell. Ältere Menschen geben weniger Energie als jüngere Menschen ab.

In Tab. 2.1 sind die an die Umgebung abzuführenden Energieströme des Menschen bei verschiedenen Aktivitäten zusammengestellt.

Die metabolischen Funktionen benötigen Sauerstoff, den der Mensch beim Einatmen aufnimmt. Der Sauerstoff wird zum Teil in Kohlendioxid (CO_2) umgesetzt, das dann beim Ausatmen in die Umgebung gelangt. Das physiologische Minimum des Luftverbrauchs eines Menschen beträgt 4 l/s bzw. 14,4 m³/h.

Beim Ausatmen wird nicht nur CO_2, sondern auch Feuchtigkeit abgegeben. Für das Funktionieren der Schleimhäute ist auch die richtige Feuchtigkeit der eingeatmeten Luft erforderlich.

Die beschriebenen Grundmechanismen Wärmeabgabe und Atmung bilden zusammen mit den Heiz- und Kühllasten die Basis für die Anforderungen an die thermische Umgebung des Menschen. Die Gesundheit und das Wohlbefinden sind wesentlich durch den Gleichgewichtszustand der thermischen Behaglichkeit bestimmt.

Die thermische Behaglichkeit lässt sich anhand der Umgebungsparameter

- Raumtemperatur
- Raumluftfeuchte
- Raumluftgeschwindigkeit

Tab. 2.1 Energieabgabe des Menschen bei verschiedenen Tätigkeiten (ISO 7730; vgl. DIN EN 7730 (200G))

Aktivität	Energie-umsatz
	W
Angelehnt	46
Sitzend, entspannt	58
Sitzende Tätigkeit (Büro, Wohnung, Schule, Labor)	70
Stehende, leichte Tätigkeit (Einkaufen, Labor, leichte Industriearbeit)	93
Stehende, mittelschwere Tätigkeit (Verkaufstätigkeit, Hausarbeit, Maschinenbedienung)	116
Gehen auf der Ebene:	
2 km/h	110
3 km/h	140
4 km/h	165
5 km/h	200

unter Berücksichtigung der Größen

- Wärmeleitwiderstand der Bekleidung
- Aktivitätsgrad

beschreiben.

Die Grenzen, in denen die genannten Parameter liegen sollen, sind bekannt und es ist eine Vielfalt von bewährten Technologien verfügbar, um die Einhaltung der Behaglichkeitsparameter zu gewährleisten.

Allerdings zeigt die Erfahrung, dass die Einhaltung der Parameter nicht zwangsläufig die Zufriedenheit und das Wohlbefinden aller Raumnutzer garantiert. In die Gesamtbewertung eines thermischen Raumklimas wurde deshalb die Unzufriedenheitsrate PPD (Predicted Percentage of Dissatisfied) (vgl. DIN EN 7730 (200G)) eingeführt. Aus breit angelegten Untersuchungen wurde erkannt, dass ein PPD-Wert von 6 % nicht unterschritten werden kann. Die Erfahrung zeigt, dass dieser Wert bei sorgfältiger Planung und Ausführung der Technischen Ausrüstung unterschritten wird. Die ISO-Norm 7730 (vgl. DIN EN 7730 (200G)) arbeitet mit den drei PPD-Werten 6 %, 10 % und 15 %. Damit lässt sich die Qualität eines Raumklimas in die Kategorien hoch-mittel-niedrig einstufen und ist somit auch wirtschaftlich bewertbar.

Neben der thermischen Behaglichkeit ist die Geruchsqualität, die Hedonik, in die Gesamtbewertung eines Raumes einzubeziehen.

Nachfolgend werden die einzelnen Behaglichkeitsparameter erläutert. Abschließend werden sie in einer Checkliste zusammengefasst und den Kategorien hoch-mittel-niedrig zugeordnet (Tab. 2.2). Die Checkliste kann als Entscheidungsgrundlage für die erforderlichen Abstimmungsprozesse zwischen den Raumnutzern und dem Bauherrn verwendet werden.

Tab. 2.2 Bewertungsschema zur Bewertung des Innenraumklimas gem. FGK-SR 17. (Vgl. FGK Status-Report 8 2007)

Nr.	Kriterium	Kategorie			
	Kategorie Nr.	1	2	3	4
	Anforderungsniveau	hoch	mittel	niedrig	keine A.
1.	Raumtemperaturen und Raumluftfeuchten				
1.1	Minimale Raumtemperatur Heizperiode Winter (Bekleidungsdämmung 1 clo)	22 °C	21 °C	20 °C	< 20 °C
1.2	Maximale Raumtemperaturen im Winter	23 °C	24 °C	25 °C	> 25 °C
1.3	Maximale Raumtemperatur Kühlperiode/Sommer (Bezugswert 33 °C Außenluft- temperatur und 0,5 clo)	25 °C	26 °C	27 °C	> 27 °C
1.4	Individuelle Raumtemperaturregelung bezieht sich auf die regeltechnische Ausstattung und nicht auf die Auslegung	±3 K	±2 K	nicht möglich	nicht möglich
1.5	Raumluftfeuchtigkeit im Winter	> 40 %	> 30 %	> 20 %	nicht klassifiziert
1.6	Raumluftfeuchtigkeit im Sommer	< 50 %	< 60 %	< 65 %	nicht klassifiziert
1.7	Raumluftfeuchtigkeit im Sommer	< 11 g/kg	< 12 g/kg	$x_{Außen}$	nicht klassifiziert
2.	Außenluftvolumenstrom				
2.1	Außenluftvolumenstrom Gebäude m³/hm² q_b	≥ 3,6	≥ 2,52	≥ 1,44	< 1,44
2.2	Außenluftstrom personenabhängig m³/h je Person q_P	≥ 36	≥ 25,2	≥ 14,4	< 14,4
2.3	Summe aus 3.1 und 3.2 ist zu verwenden (Personenbelegung ist festzulegen)	$q_{ges} = n \times q_p + A \times q_b$			
3.	Anlagentechnische Randbedingungen				
3.1	Luftfilterung	IDA 1	IDA 2	IDA 3/4	nicht klassifiziert

Tab. 2.2 (Fortsetzung)

Nr.	Kriterium	Kategorie			
	Kategorie Nr.	1	2	3	4
	Anforderungsniveau	hoch	mittel	niedrig	keine A.
3.2	Dichtigkeit des Luftverteilsystems	B	C	D	nicht klassifiziert
4.	Weitere Behaglichkeitsparameter				
4.1	Zugluftrate DR Einhaltung der Werte nach Abschnitt	10 %	20 %	30 %	nicht klassifiziert
4.2	Warmer oder kalter Fußboden	19 °C ≤Fußboden-Temp. ≤ 29 °C			
4.3	Temperaturgradient	2 K/m	3 K/m	4 K/m	nicht klassifiziert
4.4	Schall	≤ 35 dB, Hinweis auf DIN 4109			
4.5	Hedonische Bewertung nach VDI 3882 Blatt 2	+4 bis > 2	+2 bis 0	< 0 bis –2	nicht klassifiziert

2.2.2 Raumtemperatur

Sowohl während der Heiz- als auch der Kühlperiode soll die Raumtemperatur unabhängig von der jeweiligen Außentemperatur innerhalb bestimmter Grenzwerte bleiben. Als Raumtemperatur ist hier die operative, d. h. gefühlte Raumtemperatur zu bestimmen. Sie setzt sich aus der Lufttemperatur und der Temperatur der Raumumschließungsflächen zusammen. Zur Erzielung niedriger Unzufriedenheitsraten ist eine möglichst gleichmäßige Temperatur der Umschließungsflächen anzustreben.

Messungen haben darüber hinaus ergeben, dass es erheblich darauf ankommt, durch welche Raumfläche die Temperaturunterschiede erzeugt werden, wie die nachfolgenden Tab. 2.3 und 2.4 zeigen.

Die maximal zulässigen Temperaturdifferenzen zur Begrenzung der Unzufriedenheitsrate sind für die Kategorien A, B und C (vgl. DIN EN 7730 (200G)) angegeben.

Aus Tab. 2.3 und 2.4 ist abzulesen, dass kühle Decken und warme Wände die geringsten Unzufriedenheitsraten aufweisen.

Das subjektive Temperaturempfinden hängt von individuellen Vorlieben sowie von Bekleidung und Aktivität ab. In Nutzungseinheiten, in denen sich mehrere Personen aufhalten, stellen sich deshalb teilweise erheblich unterschiedliche Anforderungen an die Raumtemperatur ein. Zu beachten ist auch, dass die Anlagentechnik die Raumtemperatur zur Heizung und Kühlung nur in bestimmten Grenzen sicherstellen kann.

Die gesetzliche Mindestanforderung der Arbeitsstättenverordnung für den Heizfall von 20 °C dürfte für die meisten Raumnutzer zu tief sein. Der Wert 22 °C führt zu wesentlich geringeren Beschwerderaten.

Für die Raumtemperatur im Sommer gibt es kein gesetzliches Maximum. In der Arbeitsstättenverordnung wird 26 °C als Soll-Grenze erwähnt. Begrenzungen der Raumtemperatur im Sommer sind nur mit Kühleinrichtungen oder Klimaanlagen möglich. Die Regelwerke für klimatisierte Büros gehen von einem Zielwertbereich von 25 °C (hohe Anforderungen) bis 27 °C (niedrige Anforderungen) aus. Wird die Bezugs-Außentemperatur von 33 °C überschritten, steigt die Raumtemperatur über die genannten Werte an.

Tab. 2.3 Lokale Unbehaglichkeit durch vertikale Temperaturunterschiede und warmer/kalter Boden

Kategorie	Prozentsatz der Unzufriedenen PPD [1] %	Vertikaler Lufttemperaturunterschied [2] °C	Oberflächentemperaturbereich des Fußbodens °C
A	< 6	< 2	19 bis 29
B	< 10	< 3	19 bis 29
C	< 15	< 4	17 bis 31

[1] gilt für den Thermischen Zustand des Körpers insgesamt
[2] Differenz der Temperaturen in 1,1 und 0,1 m Höhe über dem Fußboden

Tab. 2.4 Lokale Unbehaglichkeit durch Strahlungsasymmetrie

Kategorie	Prozentsatz der Unzufriedenen PPD [1] %	Asymmetrie der Strahlungstemperatur °C			
		Warme Decke °C	Kühle Wand °C	Kühle Decke °C	Warme Wand °C
A	< 6	< 5	< 10	< 14	< 23
B	< 10	< 5	< 10	< 14	< 23
C	< 15	< 7	< 13	< 18	< 35

[1] gilt für den Thermischen Zustand des Körpers insgesamt

Unabdingbar für die Akzeptanz der Raumtemperatur ist die individuelle Eingriffsmöglichkeit des Nutzers, dies gilt speziell in Einzelbüros oder Büros mit wenigen Personen.

An die Anlagentechnik ist die Forderung zu stellen, eine möglichst kleinteilige Zonierung der Heiz- und Kühlsysteme zu schaffen.

2.2.3 Raumluftfeuchte

Es ist eine gesicherte Erkenntnis der Behaglichkeitsforschung, dass sich der Mensch im Temperaturbereich zwischen 21 °C bis 22 °C und einer relativen Luftfeuchte von 40 % bis 50 % am wohlsten fühlt. Bei geringen Feuchten, wie sie im Winter auftreten, trocknen die Schleimhäute aus. Sie können ihre Aufgabe, Schmutz und Keime aus der eingeatmeten Luft zurückzuhalten, nur noch eingeschränkt erfüllen. Das Entstehen von Atemwegserkrankungen wie Husten, Schnupfen, Bronchitis etc. wird begünstigt.

Wenn die eingeatmete Luft zu trocken ist, aktiviert der Körper den gesamten Luftweg Nase-Bronchien-Lungenbläschen als Befeuchtungsmedium. Die Feuchte, die von der Umgebungsluft nicht bereitgestellt wird, muss aus dem Körper selbst aufgebracht und über die Luftwege an die Atemluft abgegeben werden.

Abb. 2.1 zeigt die menschlich-biologischen Wechselwirkungen mit der Raumluftfeuchte (Scofield-Sterling-Diagramm).

Die Zusammenhänge zwischen der anzustrebenden Raumlufttemperatur und der Raumluftfeuchte lassen sich in einem Diagramm darstellen, Abb. 2.2. Die innere Zone bildet den Bereich, der als Behaglichkeitsbereich bezeichnet wird. Der Bereich in der Umgebung gilt als noch behaglich.

Außerhalb dieses Bereichs sind die Luftzustände unbehaglich; sie sind zu feucht oder zu trocken.

Bei tiefen Außentemperaturen kann die Luft wenig Feuchte bzw. Wasserdampf aufnehmen. Wird die Außenluft auf Raumtemperatur erwärmt, sinkt die relative Luftfeuchte ab, da der Wassergehalt der Luft nicht geändert wird. Erwärmt man beispielsweise Luft vom Zustand 0 °C/80 % auf 22 °C, sinkt die relative Feuchte auf 18,5 %. Dieser Wert ist unbehaglich und gesundheitsunverträglich.

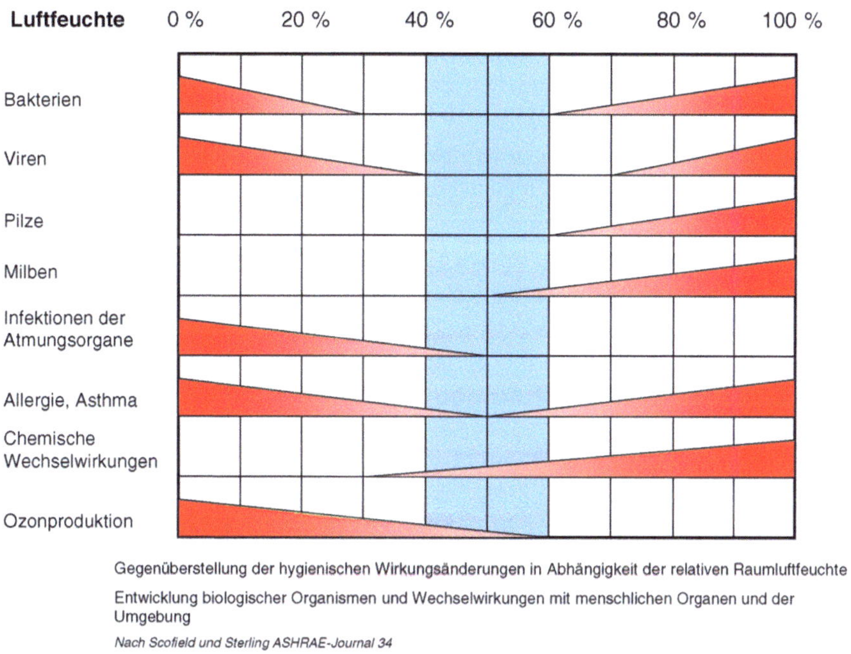

Abb. 2.1 Raumluftfeuchte und menschlich-biologische Wechselwirkungen nach Scofield und Sterling (1992), S. 52

Abb. 2.2 Behaglichkeitsfeld. Zusammenhänge zwischen Raumtemperaturen und Raumluftfeuchte

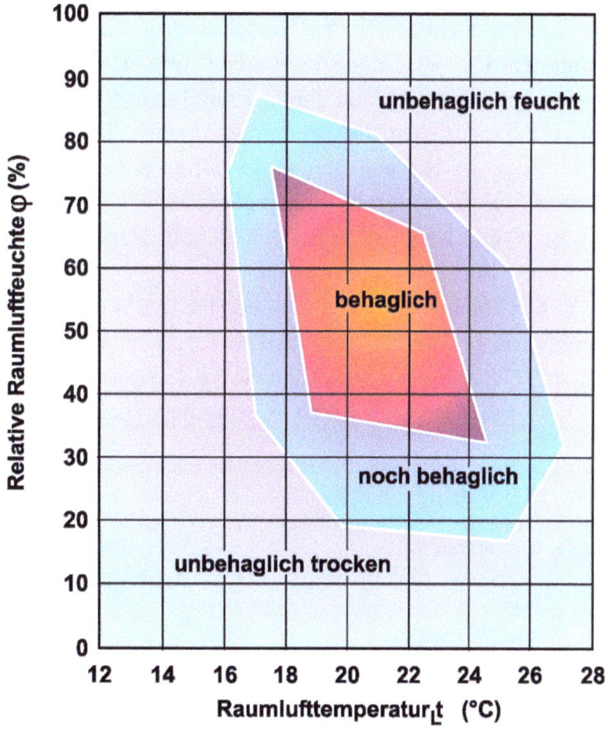

Die sich tatsächlich einzustellende Raumluftfeuchte wird bestimmt durch die Feuchtigkeitsabgabe der Personen bzw. deren Aktivität und die Lüftungsgewohnheiten. Die Wasserdampfabgabe von Pflanzen, Aquarien und Zimmerbrunnen ist zu gering, um die Raumluftfeuchte merklich anzuheben.

Bei raumlufttechnischen Anlagen ist eine Befeuchtung der Raumluft möglich, sie wird leider häufig aus Energie- und Hygienegründen sowie unter Verweis auf die vermeintlich zu geringe und deshalb vernachlässigbare Jahres-Betriebszeit weggelassen. Diese Argumente sind nicht stichhaltig. In vielen Fällen werden dann Befeuchtungsanlagen mit erheblichem Kostenaufwand nachträglich eingebaut.

2.2.4 Luftqualität und Luftmenge

Bei der Festlegung der Luftmenge für einen Raum oder ein Gebäude sind neben der physiologisch notwendigen Mindest-Luftmenge für die Personen zwei weitere Kriterien zu berücksichtigen. Dies sind die im Raum freiwerdenden Schadstoffe aus Baumaterialien und die Vorbelastung der Frischluft mit Schadstoffen. In der Klima- und Lüftungstechnik wird deshalb anstelle des Begriffs Frischluft der Begriff Außenluft verwendet.

Das erste Kriterium ist der CO_2-Gehalt der Luft. CO_2 ist ein geruchsloses und unsichtbares Gas, das in höheren Konzentrationen zu Kopfschmerzen, Müdigkeit, Schwindel und Konzentrationsschwäche führt. Tab. 2.5 zeigt die Bewertung der CO_2-Konzentration in einem Raum durch das Umweltbundesamt.

Die CO_2-Konzentration der Außenluft liegt derzeit bei 400 ppm. Untersuchungen der Unzufriedenheitsrate bei verschiedenen Raumluftkonzentrationen sind in Tab. 2.6 dargestellt.

Aus dem Vergleich von Tab. 2.5 mit Tab. 2.6 ist ersichtlich, dass nur die Kategorien I und II heranzuziehen sind, wenn man Unzufriedenheitsraten < 20 % anstrebt.

Im Zuge der Harmonisierung der europäischen Normung werden teilweise wesentlich höhere CO_2-Konzentrationen kategorisiert.

Das zweite Kriterium für die Außenluftraten von Räumen ist die Abfuhr der Schadstoffe, die in den Räumen entstehen.

VOC (Volatile Organic Compounds) sind Ausdünstungen aus Baumaterialien. Dazu gehören Kohlenwasserstoffe, Alkohole, Aldehyde und organische Säuren. Lösungsmittel sowie organische Verbindungen aus biologischen Prozessen zählen ebenfalls zu den VOCs. Leider besteht für VOC-Gemische keine stringent belegbare Beziehung zwischen

Tab. 2.5 Bewertung des CO_2-Gehaltes der Raumluft durch das Umweltbundesamt (vgl. „Gesundheitliche Bewertung von Kohlendioxid in der Innenraumluft“ 2008)

CO_2-Konzentration	Bewertung des UBA
< 1000 ppm	unbedenklich
> 1000–2000 ppm	auffällig
> 2000 ppm	inakzeptabel

Tab. 2.6 Bewertung der CO_2-Konzentration im Raum gem. EN 15251 (2007)

Kat. gem. EN 15251	CO_2-Konzentration im Raum	Zu erwartende Unzufriedenheitsrate
I	Außenluftkonzentration + 350 ppm	15 %
II	Außenluftkonzentration + 500 ppm	20 %
III	Außenluftkonzentration + 800 ppm	30 %

Die CO_2-Konzentration der Außenluft liegt derzeit bei 400 ppm.

Konzentration und Wirkung. Aus diesem Grunde ist die Kategorisierung durch das UBA gem. Tab. 2.7 als hygienischer Vorsorgebereich zu verstehen (vgl. Seifert 1999).

In den einschlägigen Normen (vgl. EN 15251 2007) wird die erforderliche Außenluftmenge zur Abfuhr der Schadstoffe flächenbezogen berücksichtigt. Die Luftmenge zur Herstellung behaglicher Raumluftzustände ist demnach die Summe aus dem Atemluftbedarf der Personen und der flächenabhängigen Luftmenge für die Schadstoffabfuhr.

Tab. 2.8 enthält eine Beispielrechnung für ein Bürogebäude mit der Personenbelegung 10 m²/Person.

Tab. 2.7 Kategorisierung der VOC-Konzentrationen durch das UBA. (Vgl. Seifert 1999)

VOC-Konzentration	UBA-Bewertung
0,2–0,3 mg/m³	Zielwert für das Langzeit-Mittel
1–3 mg/m³	Zielwert für Räume zum längerfristigen Aufenthalt
10–25 mg/m³	Wert allenfalls vorübergehend täglich zumutbar
ab 8 mg/m³	Reizungen an Auge und Nase möglich
ab 25 mg/m³	Entzündungsreaktionen und Einschränkungen der Lungenfunktion möglich

Tab. 2.8 Berechnungsbeispiel für die erforderlichen Luftmengen für schadstoffarme Nichtwohngebäude

Kategorie gemäß EN 15251	Personenbezogene Luftmenge	Luftmenge für NWGs 10 m²/Person und schadstoffarmes Gebäude	Summe der Luftmengen = erforderliche Luftmenge für 10 m²	flächenbezogene Luftmenge	Erwarteter Prozentsatz Unzufriedener
	m³/h	m³/h	m³/h	m³/hm²	%
I	36,0	36,0	72,0	7,2	15
II	25,0	25,2	50,4	5,04	20
III	14,0	14,4	28,8	2,88	30

2.2.5 Fensterlüftung oder Lüftungsanlage

Das öffenbare Fenster hat für Büronutzer einen sehr hohen Stellenwert als Mittel zur Beeinflussung des lokalen Arbeitsplatzklimas, selbst wenn mit dem Öffnen der Fenster gelegentlich zu hohe oder zu tiefe Temperaturen sowie Zugerscheinungen und eine reduzierte Zunahme des Außenlärms verbunden sind. Offenbar ist der Büronutzer bereit, für die individuelle Möglichkeit zum Fensteröffnen Kompromisse bezüglich der Behaglichkeit einzugehen.

Die Luftversorgung durch öffenbare Fenster ist nur in der Außenzone von Gebäuden bis zu einer Entfernung von der Fassade von ca. 5,5 m wirksam. Bei tiefen Räumen besteht die Gefahr, dass die Luftversorgung der Innenzone trotz geöffneter Fenster unzureichend ist, jedoch in der Außenzone Beschwerden über eine unzulängliche Behaglichkeit geäußert werden.

In der Arbeitsstättenverordnung (vgl. ArbStättV 2004) und der Arbeitsstättenrichtlinie ASR 5 (vgl. ASR A3.6 2012) sind Kriterien bzw. Grenzwerte dafür angegeben, bis zu welcher Raumtiefe die sogenannte freie Lüftung über Fenster möglich ist und wie groß die Öffnungsfläche der Fenster für die kontinuierliche Lüftung und die sogenannte Stoßlüftung, d. h. das gleichzeitige Öffnen aller verfügbaren Fenster sein muss, siehe Tab. 2.9.

Bei modernen Bürogebäuden mit großer Gebäudetiefe, dichter Personenbelegung und variabler Zonen- bzw. Raumaufteilung wird man die Luftver- und -entsorgung nur mit einer mechanischen Lüftungsanlage zufriedenstellend lösen können. Dies bezieht sich nicht nur auf die ausgetauschte Luftmenge, sondern auch auf die gleichmäßige Luftverteilung. Schließlich ist noch anzuführen, dass Luftaustausch mit einer Lüftungsanlage wegen der Möglichkeit zur Wärmerückgewinnung wesentlich energieeffizienter ist.

Tab. 2.9 Grenzen der Fensterlüftung gemäß Arbeitsstättenverordnung

Lüftungs-System	Kriterium 1	Kriterium 2	Kriterium 3
	Maximal zulässige Raumtiefe bezogen auf die lichte Raumhöhe (LRH) in m	Öffnungsfläche zur Sicherung des Mindestluftwechsels	
		für kontinuierliche Lüftung in m² je anwesende Person	für Stoßlüftung in m² je 10m² Grundfläche
einseitige Lüftung	maximale Raumtiefe = 2,5 × LRH (bei LRH > 4 m: max. Raumtiefe 10 m)	0,35	1,05
Quer-lüftung	maximale Raumtiefe = 5,0 × LRH (bei LRH > 4 m: max. Raumtiefe 20 m)	0,2	0,6

Die angegebenen Öffnungsflächen sind die Summe aus Zu- und Abluftflächen.

2.2.6 Luftgeschwindigkeit

Das Zugluftempfinden in Büroräumen wird nur im Zusammenhang mit raumlufttechnischen Anlagen thematisiert, obwohl sich bei Räumen, die nur über öffenbare Fenster be- und entlüftet werden, teilweise erhebliche Zugerscheinungen einstellen können.

Zuglufterscheinungen sind auf zu hohe Luftgeschwindigkeiten zurückzuführen, weitere bestimmende Einflussgrößen auf das Zugempfinden sind die Raumlufttemperatur sowie die Geschwindigkeitsschwankungen, für die der Turbulenzgrad die Messgröße ist. In Abb. 2.3 sind die Zusammenhänge zwischen mittlerer Luftgeschwindigkeit, Lufttemperatur und Turbulenzgrad für das Zugluftrisiko 10 % (DR 10 % = Draft risk) dargestellt.

Man erkennt, dass mittlere Luftgeschwindigkeiten unter 0,20 m/s unproblematisch sind.

2.2.7 Heiz- und Kühllasten

Die Herstellung einer gesundheitlich zuträglichen thermischen Raumumgebung muss die Heiz- und Kühllasten des Gebäudes und der Räume mit einbeziehen.

Hier ist zwischen den äußeren und den inneren Lasten zu unterscheiden. Die äußeren Lasten entstehen aus dem Energieaustausch durch die Gebäudehülle. Die inneren Lasten sind die Summe der Abwärmemengen aus Computern, Bildschirmen, Druckern, Beleuchtung und auch der Wärmeabgabe des Menschen.

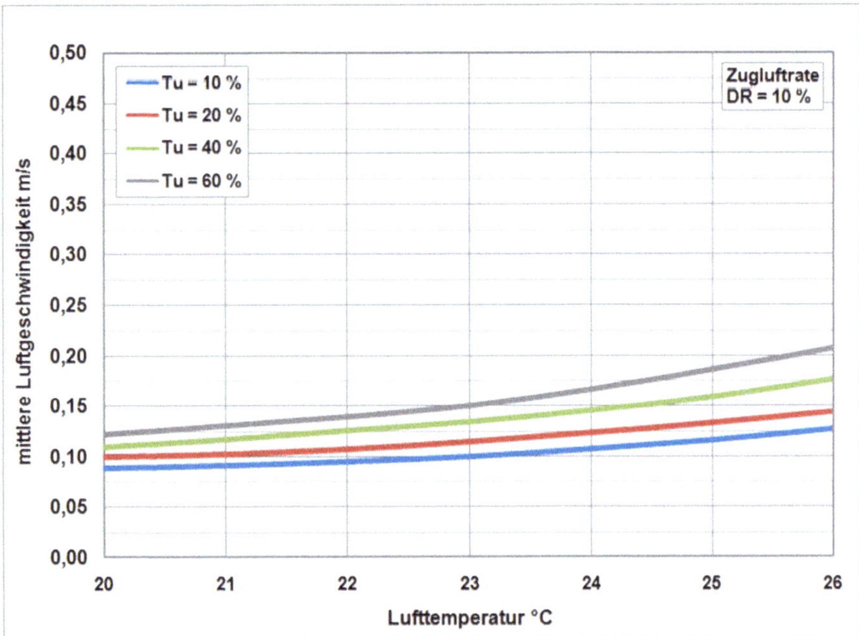

Abb. 2.3 Maximale Luftgeschwindigkeit in Abhängigkeit von der lokalen Lufttemperatur und vom Turbulenzgrad (Tu) nach DIN ISO 7730 – Kategorie A entspricht DR = 10 %

Die Heizlast besteht aus den Komponenten Transmissionswärmebedarf und Lüftungswärmebedarf. Mit Transmissionswärmebedarf bezeichnet man den Wärmeverlust durch die Gebäudehülle im Winter. Durch die gesetzlichen Vorgaben an die Wärmedämmung haben sich die Wärmeverluste über die Gebäudehülle erheblich verringert, dies gilt insbesondere für die Fenster.

Ein wesentlicher Nebeneffekt der verringerten Wärmeverluste ist die höhere Oberflächentemperatur auf der Innenseite von Wänden und Fenstern. Beispielsweise sinkt die Innentemperatur moderner Fensterverglasungen bei sehr tiefen Außentemperaturen nicht mehr unter 18 °C. Beim Dämmstandard der 1980er Jahre lag dieser Wert noch bei 12 °C.

Der Lüftungswärmebedarf entsteht durch die Notwendigkeit, die zur Luftversorgung der Räume erforderliche Außenluft auf Raumtemperatur aufzuheizen. Bei Räumen ohne Lüftungsanlage müssen die Heizkörper entsprechend dimensioniert werden, in Lüftungsanlagen erfolgt die Außenlufterwärmung im Lüftungsgerät. Durch den Einsatz von Wärmerückgewinnungsanlagen kann der Lüftungswärmebedarf energieeffizienter als bei der Fensterlüftung bereitgestellt werden.

Den Haupteinflussfaktor auf den Energieaustausch zwischen Raum und Umgebung stellt die Solarstrahlung dar. Im Winter kann die einfallende Strahlungsenergie durch die Fenster die Funktion der Heizkörper unterstützen und zeitweilig ersetzen. In Extremfällen findet jedoch eine übermäßige Aufheizung statt, sodass ein Kühlfall vorliegt. Abhilfe ist durch den Einsatz eines wirksamen äußeren Sonnenschutzes möglich.

Der Einfall der Solarstrahlung stellt im Sommer den größten Teil der äußeren Kühllast dar. Der Wärmeeinfall durch die Außenwände ist dem gegenüber vernachlässigbar. Eine Ausnahme bildet das Dach. Der Energieeintrag durch das Dach muss bei der Betrachtung der Kühllast des obersten Stockwerks berücksichtigt werden.

Der Strombedarf und damit die Abwärme moderner Bürogeräte sind in den letzten Jahren stark gesunken. Dies ist nicht nur ein Beitrag zur Energieeffizienz, sondern erleichtert auch das Herstellen eines behaglichen Raumzustandes. In den letzten zehn Jahren ist die Abwärmemenge von 15 W/m² infolge des technischen Fortschritts um die Hälfte auf ca. 7,5 W/m² bei weiter fallender Tendenz gesunken. Ähnlich ist es bei der Beleuchtung. Infolge des Einsatzes der LED-Technik hat sich die Abwärme von 12 W/m² auf 8 W/m² bei ebenfalls sinkender Tendenz reduziert. Wie aus Tab. 2.1 ersichtlich, gibt der Mensch bei sitzender Bürotätigkeit 70 W ab, bei der Belegungsdichte von 10 m²/Person ergeben sich 7 W/m².

Aus den genannten Zahlenwerten errechnet sich die gesamte innere Kühllast zu 22,5 W/m². Addiert man zu diesem Wert die äußere Kühllast, die bei modernen Fassaden ca. 25 W/m² beträgt, bezogen auf die Grundfläche eines Arbeitsplatzes von 10 m² hinzu, so erhält man eine Gesamtkühllast von ca. 47,5 W/m².

Bei verdichteten Belegungskonzepten mit 8 m²/Person würde sich die innere Kühllast von 22,5 W/m² auf 28 W/m² und die Gesamtkühllast auf 53 W/m² erhöhen.

Bei diesen Lasten und der Verdichtung von Arbeitsplätzen reicht die Fensterlüftung bei größeren Räumen nicht mehr aus, um an allen Stellen des Raumes eine gleichmäßige Luftqualität zu erzeugen. Hier ist eine raumlufttechnische Anlage mit Kühlfunktion einzusetzen.

Für Bürogebäude werden hier vor allem Luft-Wasser-Systeme eingesetzt. Mit diesen Systemen lassen sich bei Kühllasten bis zu 80 W/m² behagliche Raumluftzustände erzeugen. Besonders vorteilhaft ist der Einsatz von Flächenkühlsystemen, z. B. Kühldecken, bei denen die Wärmeübertragung zum größten Teil durch Strahlung erfolgt, sodass die Raumluftgeschwindigkeiten niedrige Werte annehmen. Die Luft wird hier zum Luftaustausch und zur Feuchteregulierung benötigt.

Mit raumlufttechnischen Anlagen mit Kühlfunktion ist die Raumtemperaturbegrenzung im Sommer möglich. Es sollte allerdings darauf geachtet werden, dass die Anlagen nicht nur kühlen, sondern auch entfeuchten. Im Sommer 2016 wurde die sogenannte Schwülegrenze der Außenluft, bei der der Wassergehalt der Luft größer als 9,6 g Wasser je m³ Luft beträgt, an 455 Stunden überschritten.

2.2.8 Hedonische Bewertung der Raumluftqualität

In den vorangegangenen Abschnitten wurde die Behaglichkeit in Räumen auf physikalisch-technische Parameter bezogen, die mit geeigneten Anlagen zur Heizung, Kühlung, Be- und Entfeuchtung sowie der Luftreinigung eingehalten werden. Dennoch treten gelegentlich Beschwerden über „Kunstluft" oder allgemein Beschwerden über Unbehaglichkeit auf, die nicht mit einer Abweichung von den Parametern der thermischen Behaglichkeit erklärt werden können.

Hier setzt die Hedonik (= Geruchsqualität) an, die parallel zur thermischen Behaglichkeit zu berücksichtigen ist. Der Maßstab für die Hedonik ist eine 9-stellige Bewertungsskala, die von – 4 (= unangenehm) über 0 (= neutral) bis +4 (= angenehm) reicht. Die Hedonik wird individuell und zum Teil stark unterschiedlich empfunden, die soziale Herkunft und Prägung durch die Umwelt sind bedeutende Einflussfaktoren, die darüber hinaus zeitlich veränderlich sind. Hinzu kommt, dass gemessene identische Luftkonzentrationen durch Probanden unterschiedlich empfunden werden. Auch Temperatur und Luftfeuchte beeinflussen die hedonische Wirkung.

Der Mensch ist den Geruchsempfindungen unmittelbar ausgesetzt, da sich die Geruchsrezeptoren in den Schleimhäuten der Atemwege befinden und jeglicher Geruchsreiz unmittelbar vom Gehirn registriert wird.

Eine Verbesserung der Hedonik ist durch Zugabe von Zusatzstoffen in die Luft möglich (vgl. Kempski und Ziegler 2000).

Die Zugabe von mehr oder minder deutlich wahrnehmbaren Duftstoffen in die Luft durch Stand-alone-Geräte im Raum ist nicht zwingend zielführend.

Ein anderer Ansatz wird durch die Fragrance-Technology verfolgt. Es werden Substanzen aus der Kombination von Duftstoffen entwickelt, mit denen versucht wird, die in der natürlichen Luft enthaltenen Stoffe zu synthetisieren. Die Substanzen werden dann bevorzugt über die Lüftungsanlage im Raum verteilt. Die Dosierung bewegt sich zwischen Wahrnehmungs- und Erkennungsschwelle, siehe Abb. 2.4.

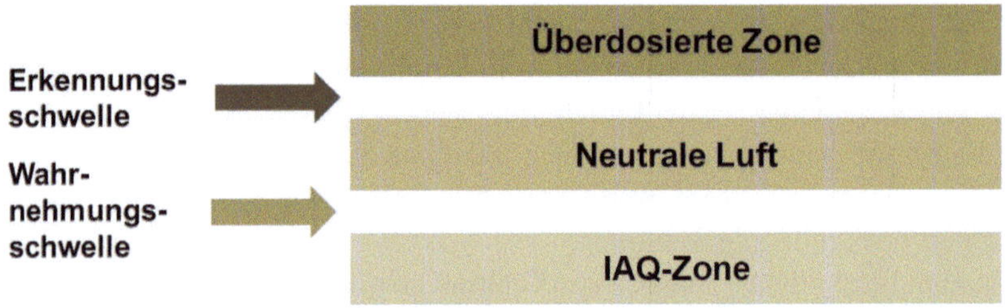

Abb. 2.4 Dosierung der Duftstoffe nach dem Konzept der Fragrance-Technlogie

Die hedonische Bewertung der Raumluft kann nach der VDI-Richtlinie 3882, Blatt 1 und 2 durchgeführt werden. Zur Bewertung wird die oben beschriebene 9-stellige Skala herangezogen.

Es wird einer Reihe von Probanden ein Fragebogen vorgelegt, in dem Einzelheiten zur Geruchsbewertung abgefragt werden. Die Beurteilung der Fragen wird in die 9-stellige Skala eingetragen. Mit statistischen Methoden werden dann die Antworten ausgewertet. Positive Bewertungen liegen auf der hedonischen Skala zwischen +2 und +4.

Es sei noch darauf hingewiesen, dass Methoden der Geruchsbewertung in der Industrie Stand der Technik sind. Als Beispiele seien die Lebensmittelindustrie, die Fahrzeugindustrie sowie Bauteile und Produkte der Bauindustrie genannt. Das Anwendungsspektrum reicht vom Erkennen schädlicher Ausdünstungen (vgl. DIN ISO 16000-28 2012) bis zur bewussten Beduftung von Produkten zur Erzeugung einer produktspezifischen, akzeptablen Geruchsempfindung. Die Anwendung in der Raumlufttechnik stellt nur eines der zahlreichen Anwendungsfelder dar.

2.2.9 Bewertung des Innenraumklimas

Das Anforderungsniveau an die Luftversorgung und die Technische Ausrüstung hängt von den Wünschen der Nutzer und des Bauherren ab. Von großer Bedeutung sind auch wirtschaftliche Gründe. Es ist dringend zu empfehlen, vor Beginn der Planung eine größtmögliche Transparenz über das Projektziel unter Abstimmung zwischen allen Beteiligten herzustellen.

Nachfolgend ist ein Bewertungsschema für das Innenraumklima zusammengestellt (vgl. FGK Status-Report 8 2007). Die anzustrebende Kategorie wird mit den Kriterien hoch, mittel und niedrig (= Kategorie 1 bis 3) sowie Kategorie 4 (= nicht klassifiziert) gekennzeichnet.

Das Bewertungsschema gilt für Gebäude mit Lüftungs- bzw. Klimaanlagen. Bei Gebäuden mit Fensterlüftung lassen sich nur die Parameter 1.1, 1.2 sowie 5.4 und 5.5 der Raumtemperatur sowie der Be- und Entlüftung gewährleisten.

Literatur

„Gesundheitliche Bewertung von Kohlendioxid in der Innenraumluft“, Bekanntmachung des Umweltbundesamtes im Bundesgesundheitsblatt -Gesundheitsforschung – Gesundheitsschutz 2008, S. 1358–1369.

Arbeitsstättenverordnung ArbStättV, August 2004.

ASR A3.6: „Technische Regeln für Arbeitsstätten, Lüftung“, Januar 2012.

BGI 7003: „Beurteilung des Raumklimas“, Berufsgenossenschaftliche Information für Sicherheit und Gesundheit bei der Arbeit, 2008.

BGI 7004: „Klima im Büro – Antworten auf die häufigsten Fragen“, Januar 2007.

DIN EN 7730 (200G): „Ergonomie der thermischen Umgebung – Analytische Bestimmung und Interpretation der thermischen Behaglichkeit durch Berechnung des PMV- und des PPD-Indexes und Kriterien der lokalen thermischen Behaglichkeit“.

DIN ISO 16000-28: „Innenraumluftverunreinigungen – Teil 28: Bestimmung der Geruchsstoffemissionen aus Bauprodukten mit einer Emissionsprüfkammer“, Dezember 2012.

EN 13779: „Allgemeine Grundlagen und Anforderungen für Lüftungs- und Klimaanlagen und Raumkühlsysteme“.

EN 15251: „Eingangsparameter für das Raumklima zur Auslegung und Bewertung der Energieeffizienz von Gebäuden – Raumluftqualität, Temperatur, Licht und Akustik“, Mai 2007.

EN 16798-1 Draft 9: „Guideline for using indoor environmental input parameters for design and assessment of energy performance of buildings“, Mai 2016 (Entwurf).

FGK Status-Report 8, „Fragen und Antworten zur Raumluftfeuchte“, C. Händel, November 2007.

FGK Status-Report 17, „Bewertung des Raumklimas“, Fachverband Gebäude-Klima, R. Hellwig und C. Händel, Mai 2012.

Hugentobler, W.: „Die Raumluftfeuchte unter dem Einfluss steigender Energieeffizienz und sozioökonomischer Veränderungen“, TGA-Kongress Berlin 2016.

Kempski, D. v., Ziegler, H.(2000): Raumluft-Essenzen-Zugabe und Raumluftqualität. *Heizung-Lüftung-Haustechnik*, 51/2, S. 68–73.

Seifert, B. (1999): Richtwerte für die Innenraumluft – Die Beurteilung der Innenraumluftqualität mit Hilfe der Summe der flüchtigen organischen Verbindungen (TVOC-Wert), Umweltbundesamt im Bundesgesundheitsblatt – Gesundheitsforschung – Gesundheitsschutz 1999, S. 270–278.

Scofield, C. M., Sterling, E. M. (1992): Dry climate evaporative cooling with refrigeration backup. ASHRAE Journal, June 1992, S. 49–54.

VDI 3804, „Raumlufttechnik Bürogebäude“, März 2009.

VDI 3882, Blatt 1 und 2: „Olfaktometrie – Bestimmung der Geruchsintensität (Blatt 1)“, „Olfaktometrie – Bestimmung der hedonischen Geruchswirkung (Blatt 2)“, Oktober 2008.

2.3 Lärm

Gerd Danner

2.3.1 Gesunde Akustik in Büro- und Verwaltungsgebäuden

Neubau, Umbau, Sanierung, technische Anpassung sowie Betrieb von Büro- und Verwaltungsgebäuden sind komplexe Unternehmungen, die anspruchsvolle und umfassende Planung erfordern (Abb. 2.5). Die bauphysikalischen Aspekte der Akustik wie Fassaden-Schalldämmung bzw. Schalldämmung zu fremden Bereichen, Lautstärken von

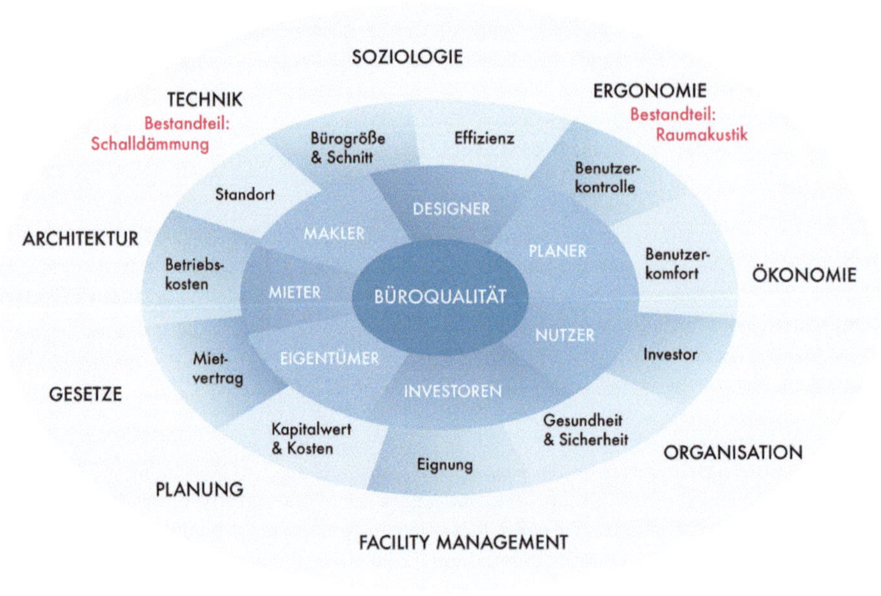

Abb. 2.5 Büroqualität

haustechnischen Anlagen etc., werden durch die Vorgaben der – in jedem Landesbaugesetz verankerten – DIN 4109 baurechtlich geregelt. Überprüfungen der Einhaltung werden von den Behörden in der Regel in Verbindung mit der Erfüllung der Vorgaben aus dem Bauantrag durchgeführt. Die Schalldämmung, auch als Bauakustik bezeichnet, ist in der Abb. 2.5 dem Begriff „Technik" zugeordnet.

Die Raumakustik ist in Abb. 2.5 dem Bereich Ergonomie zugeordnet. Die Ergonomie (Abb. 2.6) fasst die wichtigsten Parameter der gesundheitsrelevanten Einflussgrößen in einem Bürogebäude zusammen. Jeder Teilbereich erfordert in sich selbst ein Höchstmaß an Ausgewogenheit und Harmonie. Schon geringe Abweichungen bei den Einzeldisziplinen haben eine enorme Auswirkung auf Wohlbefinden, Gesundheit und Leistungsbereitschaft der Mitarbeiter/innen.

Ein ungeeigneter, schlechter Arbeitsstuhl (s. Kap. 4) (Anthropometrie) führt zu Rückenschmerzen und somit automatisch zur Ablehnung der restlichen ergonomischen Faktoren; die Leistung sinkt drastisch.

Für den Teilbereich der Raumakustik/Schallumgebung aus der Ergonomie (Abb. 2.6) stehen uns die Gestaltungselemente aus der Abb. 2.7 Raumakustik/Schallumgebung zur Verfügung.

Da Raumakustik und Schallumgebung einen sehr starken Einfluss auf Gesundheit, Wohlbefinden und Leistungsbereitschaft der Büroschaffenden haben, wird dieser Bereich hier ausführlich betrachtet und mit dem sogenannten „**ABC** der Büroraumakustik" beschrieben.

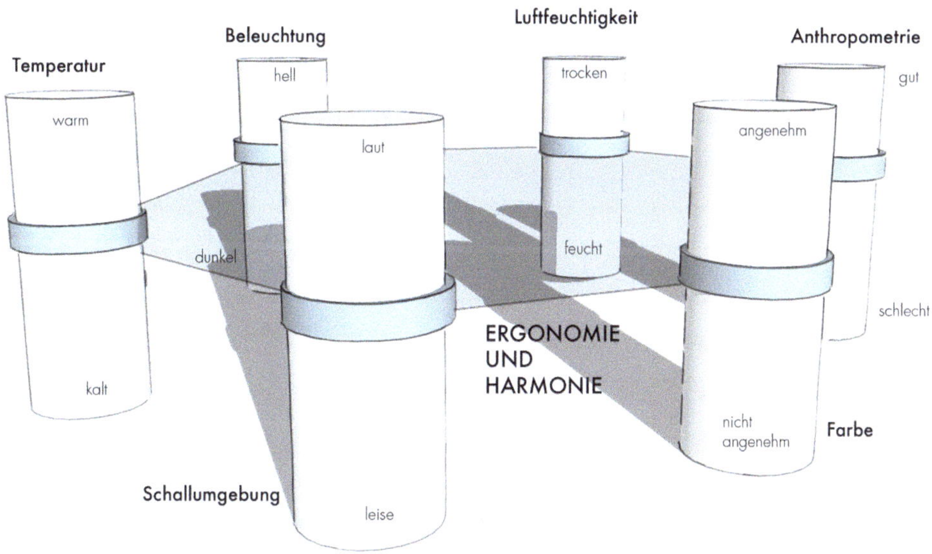

Abb. 2.6 Ergonomie

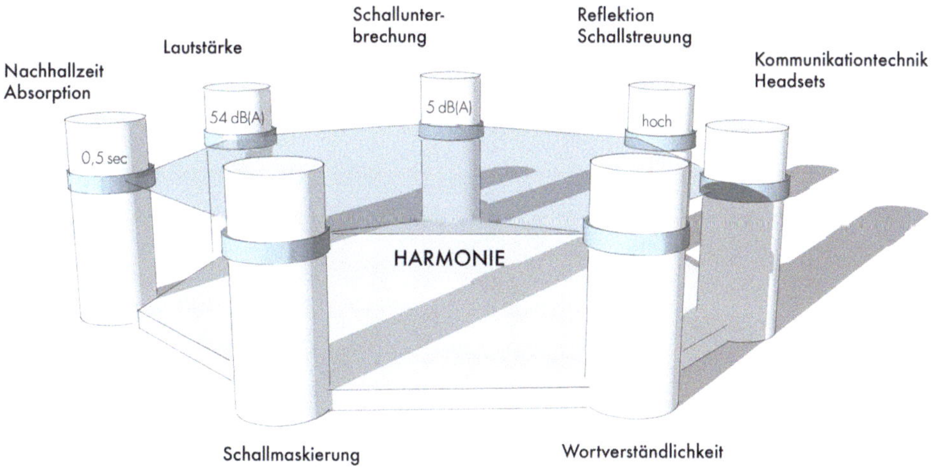

Abb. 2.7 Raumakustik/Schallumgebung

A für absorbieren, Schall schlucken (Abb. 2.8)

B für blockieren, Schall unterbrechen und streuen (Abb. 2.9)

C für cover, überdecken, maskieren (Abb. 2.10)

Der Bereich Absorb umfasst in Abb. 2.7 die Säulen Absorption/Nachhallzeit sowie teilweise auch die Lautstärke.

Der Bereich Block deckt in Abb. 2.7 die Säulen Schallunterbrechung und Reflektion/ Schallstreuung sowie teilweise auch die Lautstärke ab.

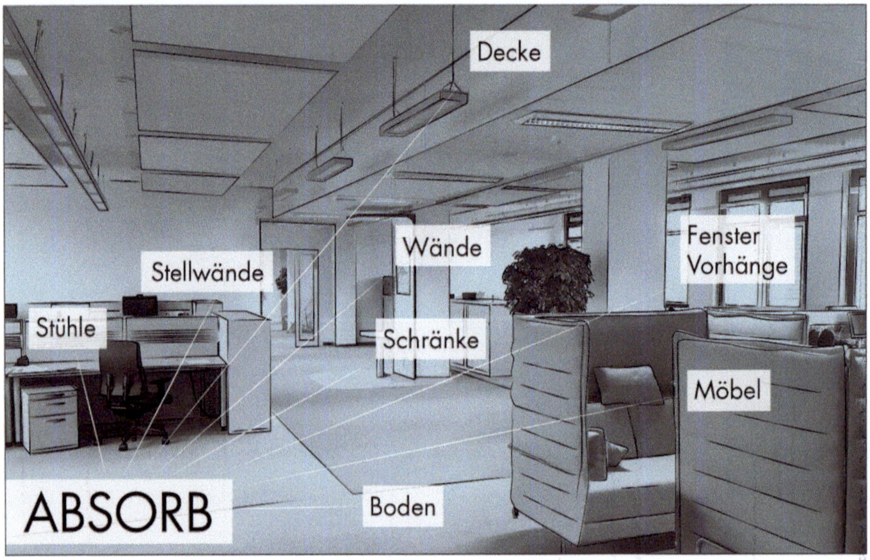

Abb. 2.8 Absorb

Abb. 2.9 Block

Der Bereich Cover deckt in Abb. 2.7 die Säulen Wortverständlichkeit sowie Soundmasking ab und behandelt die gewollte oder ungewollte Verstehbarkeit der Unterhaltungen/der Gespräche von Kollegen/innen.

Im zweiten Schritt werden die einzelnen Säulen aus der Abb. 2.7 Raumakustik/Schallumgebung und deren Wirkungseinfluss betrachtet.

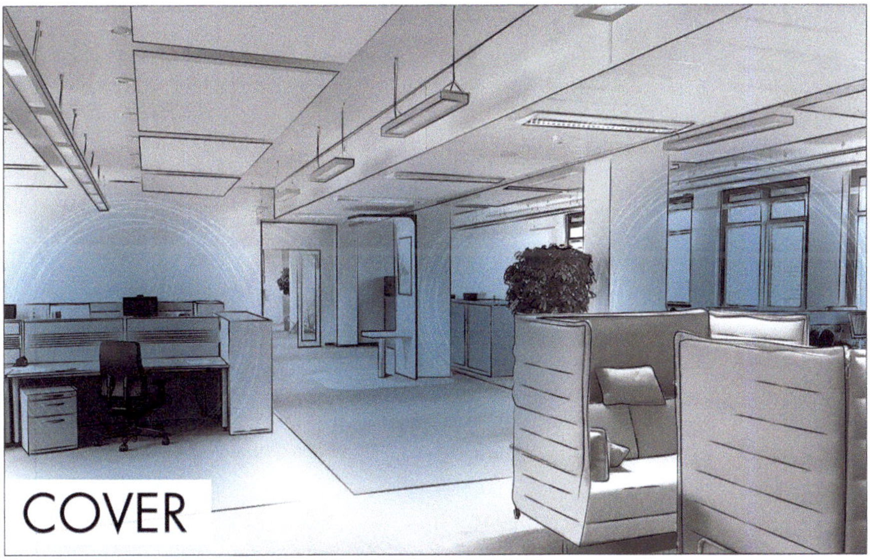

Abb. 2.10 Cover

2.3.2 Säule: Nachhallzeit/Absorption

Die Nachhallzeit und somit die akustische Behaglichkeit in einem Raum werden zu einem wesentlichen Teil von der vorhandenen Schallabsorption bestimmt (siehe Abb. 2.11). Diese beeinflusst die Lautstärke des Hintergrundgeräusches und das Ausmaß der auftretenden Sprachverständlichkeit.

Der Schallabsorptionsgrad eines Materials bezeichnet seine Fähigkeit, einem auftreffenden Schallfeld Energie zu entziehen. Er wird im Bereich von 0 (keine Absorption, totale Reflexion) bis 1 (totale Absorption, keine Reflexion) angegeben. Beispiel: Ein Material mit dem Absorptionsgrad von 0,5 entzieht dem Schallfeld 50 % seiner Schallenergie.

Mit der Abb. 2.12 wird die Wirkung von schallschluckenden, absorbierenden Oberflächen dargestellt. In Abb. 2.8 sind mögliche Absorptionsflächen wie Decke, Boden, Wände, Fenster/Vorhänge, Stühle, Stellwände, Schränke und Möbel ausgewiesen.

Als Faustformel kann man ansetzen, dass ein Büroraum dann akustisch gut konditioniert ist, wenn ca. ein Drittel der gesamten Raum- und Möbeloberflächen zu 100 % absorbierend (schallschluckend) ausgeführt sind. Wichtig ist dabei, dass die absorbierenden/schallschluckenden Flächen gleichmäßig über die vorhandenen Oberflächen verteilt werden.

2.3.3 Säule: Lautstärke und Sprechweise

Zur Lautstärke besagt die Arbeitsstättenverordnung im Anhang unter Ziffer 3.7:

„In Arbeitsstätten ist der Schalldruckpegel so niedrig zu halten, wie es nach der Art des Betriebes möglich ist. Der Schalldruckpegel am Arbeitsplatz und in Arbeitsräumen

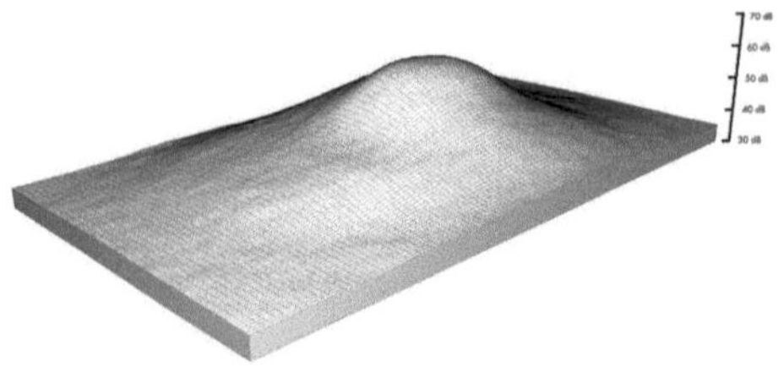

Abb. 2.11 Halliger Raum ohne Absorption

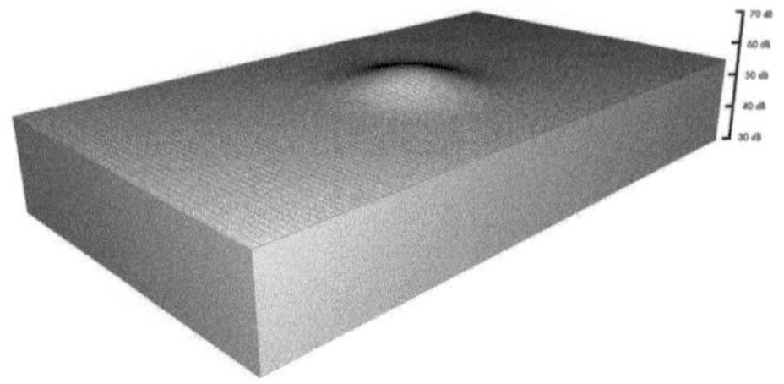

Abb. 2.12 Angenehmer ruhiger Raum mit absorbierender Decke und Teppichboden

ist in Abhängigkeit von Nutzung und den zu verrichtenden Tätigkeiten so weit zu reduzieren, dass keine Beeinträchtigung der Gesundheit der Beschäftigten entsteht."

Konkrete Grenzwerte werden in der Arbeitsstättenverordnung nicht genannt. Es wird jedoch darauf verwiesen, dass der Arbeitgeber Schutzmaßnahmen gemäß den Vorschriften der Arbeitsstättenverordnung (einschließlich Anhang) nach dem Stand der Technik, Arbeitsmedizin und Hygiene sowie sonstiger gesicherter arbeitswissenschaftlicher Erkenntnisse zu treffen hat.

Aus der Lärm- und Vibrations-Arbeitsschutzverordnung folgt, dass ein Beurteilungspegel (arbeitsplatzbezogener Mittelungspegel während einer Arbeitsschicht von üblicherweise acht Stunden) von 80 dB(A) am Arbeitsplatz nicht überschritten werden darf. Beurteilungspegel größer als 80 dB(A) sind in Büroräumen üblicherweise nicht gegeben, wobei aus dieser Tatsache allein noch keine „gute Akustik" abgeleitet werden kann.

Bei einer Festlegung der Art des Betriebes zum Beispiel als „überwiegend geistige Tätigkeiten" gelten Empfehlungen für eine Obergrenze von 55 dB(A).

Eine sehr wichtige Kenngröße für die Lautstärke in Büroräumen ist die Lautstärke, mit der die Mitarbeiter/innen während der Arbeit sprechen.

In Abb. 2.13 werden die Auswirkungen von Sprechweisen von „entspannt", „normal" und „laut" in einem akustisch gut konditionierten Raum aufgezeigt. Für die Stimmgesundheit, die Lautstärke im Raum sowie für eine angenehme Wirkung der Sprache auf Gesprächspartner ist immer die entspannte Sprechweise zu empfehlen.

Beispiele verschiedener Sprechlautstärken werden in Abb. 2.14 für die empfohlene entspannte Sprechweise sowie für die um 6 dB(A) lautere, als „normal" bezeichnete Sprechweise dargestellt. Auf den Lautstärkenskalen rechts neben den jeweiligen Landkartendarstellungen der Computersimulationen können die deutlichen Lautstärkenunterschiede

Abb. 2.13 Sprechweise

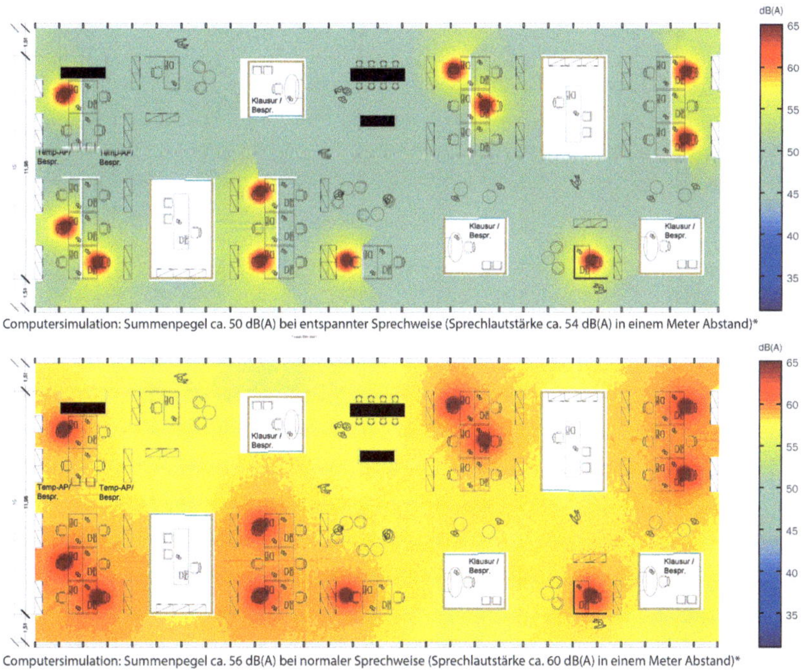

* nach DIN 9921

Abb. 2.14 Lautstärken im Büro

abgelesen werden. Um die Lautstärke im lauteren Raum bauphysikalisch von 56 auf 50 dB(A) abzusenken, müsste die vorhandene Absorptionsfläche im Raum vervierfacht werden, was nicht möglich ist, weil die dafür notwendigen Oberflächen schlicht nicht verfügbar sind.

2.3.4 Säule: Schallunterbrechung

Das Thema Schallunterbrechung/Abschirmung wird in Abb. 2.15 schematisch dargestellt. Einzusetzende Höhe sowie zu verwendende Absorptionsleistung von Abschirmungen (z. B. hochabsorbierend oder transparent/transluszent) hängen von den im Raum ausgeführten Tätigkeiten ab. Auch Raumoberflächen nehmen erheblichen Einfluss auf die Abschirmleistung; eine hochabsorbierende Decke bewirkt eine bessere Schirmleistung als eine gering absorbierende Decke. Es unterscheiden sich desweiteren eine Buchhaltung und ein lebendiges Vertriebsbüro in Lautstärke und Klang erheblich. Und auch die spezifischen raumakustischen Empfindlichkeiten der Mitarbeiter/innen im Raum stehen in direktem Zusammenhang mit den Konzentrationsanforderungen der jeweiligen Tätigkeiten.

2.3.5 Säule: Reflexion/Schallstreuung

In Abb. 2.16 wird die Reflexion/Schallstreuung als diejenige Teilmenge der Schallenergie dargestellt, die von den Raumbegrenzungsflächen (Wände/Decke/Fenster etc.) und allen im Raum befindlichen Möbeln und Gegenständen reflektiert und je nach geometrischer Form gestreut werden. Die reflektierte und gestreute Schallenergie ergibt zusammen mit

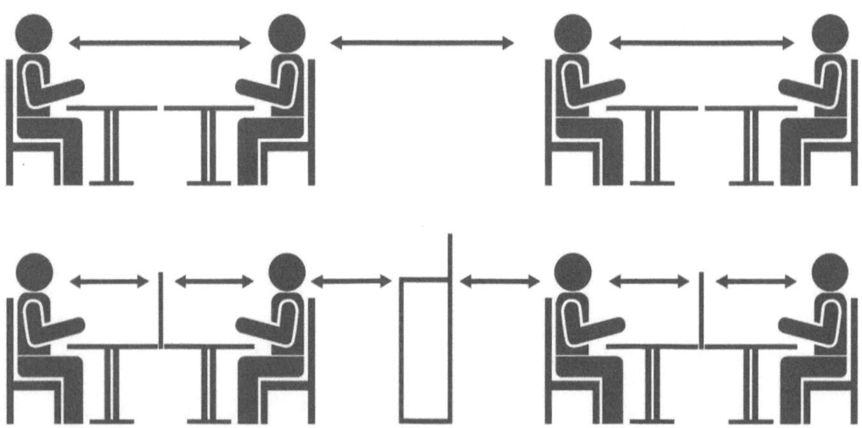

Abb. 2.15 Schallunterbrechung

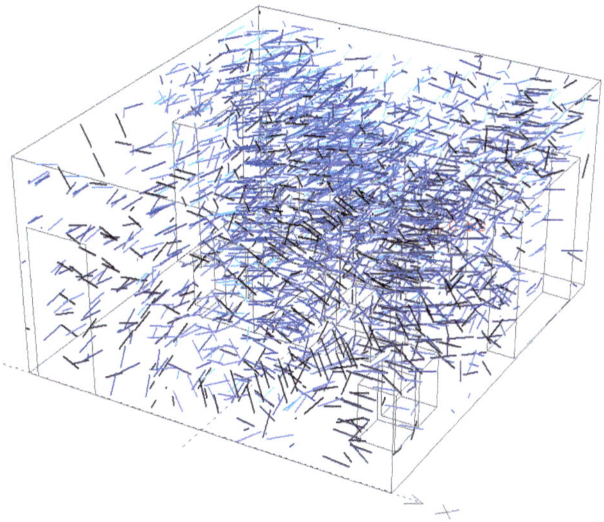

Abb. 2.16 Reflexion/ Schallstreuung

dem Direktschall (z. B. Sprecher) die Lautstärke im Raum. Die Sprechweise der Mitarbeiter/innen bestimmt die Lautstärke im Raum maßgeblich.

2.3.6 Säule: Kommunikationstechnik/Headsets

Die Telekommunikation hat in den Unternehmen stark an Bedeutung gewonnen. Der persönliche Kontakt zum Kunden ist in vielen Geschäftsbereichen zurückgegangen. Kundenkontakte finden heute via Internet, per Telekommunikation oder per E-Mail statt. Bei der Telekommunikation ist eine ausgeglichene, angenehm klingende, sympathische und überzeugende Stimme wichtige Erfolgsgrundlage.

In der obenstehenden Tab. 2.10 sind die Empfehlungen an moderne Headsets aufgezeigt. Ein Großteil der am Markt verfügbaren Geräte erfüllt bereits heute diese Anforderungen.

Der wichtigste Punkt bei der Nutzung von Headsets ist allerdings die Einstellung der Geräte auf die individuellen Nutzer. Jeder Mensch hört unterschiedlich; die Hörfähigkeit nimmt mit zunehmendem Alter ab und auch Umgebungsgeräusche beeinflussen das Hören stark. Individuelle Einstellungsmöglichkeiten in den Headsets können hier sehr hilfreich sein. Bei der Beschaffung solcher Geräte sollte daher auch auf solche Möglichkeiten geachtet werden.

Eine häufige Fehlnutzung ist zum Beispiel die falsche Positionierung des Sprechmikrophons (Sprechröhrchen); das Mikrophon ist zu weit vom Mund weg und/oder zeigt in den Raum. Folge ist, dass das hochempfindliche Richtmikrophon die Nutzersprache sowie Raumgeräusche (Kollegen/innengespräche) aufnimmt und an den Anrufer überträgt. Das

Tab. 2.10 Anforderungen an moderne Headsets

Klangqualität	Gehörschutz	Komfort	Sicherheit	Sprechlaut-stärke	Ergonomie	Datenschutz
Individuell einstellbarer Klang	Hörschutz bei Geräuschspitzen	Die Lautstärke der ankommenden Anrufe wird automatisch angepasst.	Hintergrundgeräusche bei ankommenden Anrufen werden reduziert.	gedämpfte Sprechweise reicht aus. Die Stimme bleibt gesund und eine ausgeglichene Stimme überzeugt die Kunden.	• Freie Hände • Mobilität • keine Nackenverspannung durch Telefonhörer	Anrufer können keine Raum- oder Gesprächsinhalte hören.

Ergebnis der falschen Mikrophon-Position resultiert zwangsläufig in immer lauterem Sprechen, um die umgebenden Kollegen/innengespräche zu übertönen.

Ein weiterer Faktor ist die Höherstellung von Lautstärke im Headset, was wiederum zu noch lauterem Sprechen führt. Die Höhereinstellung der Lautstärke wird – einmal vorgenommen – oft dann auch so belassen, was zur Folge hat, dass man, wenn man am nächsten Tag gut ausgeruht und erholt mit der Arbeit beginnt, sofort anfängt, laut zu sprechen, weil man eben laut hört.

Wenn durch falsche Mikrophon-Positionierung die Wirksamkeit des Richtmikrophones im Headset beeinträchtigt wird und Raumgespräche zum Anrufer übertragen werden, so ist dies nicht nur ein akustisches, sondern darüberhinaus auch ein datenschutzrechtliches Problem.

Geeignete Geräte und korrekte Verwendung sind demzufolge Garant akustischer Zufriedenheit.

2.3.7 Säule: Wortverständlichkeit

Wie in Abb. 2.17 dargestellt, sind in den letzten Jahren die Umgebungs- und Arbeitsgeräusche in Büroräumen nahezu verschwunden. Bürogebäude sind gegen Lärm von außen, aus Nebenräumen, von Etagen darüber oder darunter aufgrund von gesetzlichen Bestimmungen inzwischen gut akustisch geschützt, die allgemeinen Umgebungsgeräusche fallen also sehr niedrig aus. Bürogeräte sind ebenfalls – aufgrund entsprechender gesetzlicher Vorgaben – leiser geworden. Geblieben sind die sprechenden, handelnden Personen, die – eben wegen fehlender Umgebungsgeräusche – dann jetzt an jeder Stelle im Raum gut verstanden werden.

Die Ruhe ist zum Problem geworden.

Wie hier Lösungen gefunden werden können, wird folgend anhand der Säule Schallmaskierung ausgeführt.

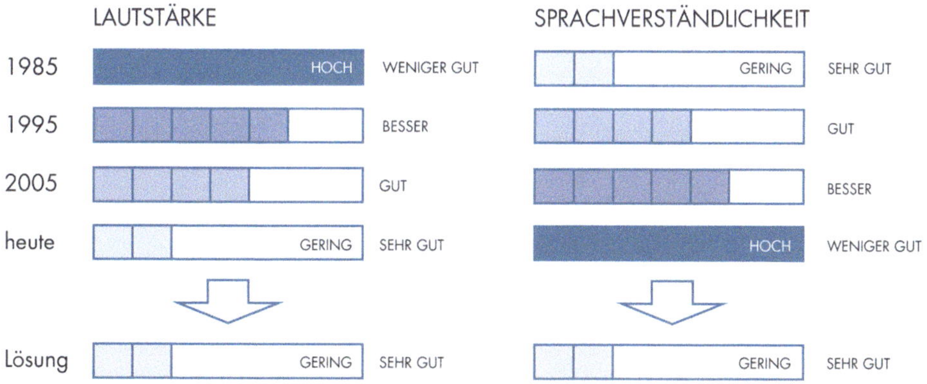

Abb. 2.17 Wortverständlichkeit

2.3.8 Einfluss und Wirkung von Schallmaskierung auf die Sprachverständlichkeit

Es ist allgemein bekannt, dass bei ruhiger Umgebung sprechende Personen deutlicher verstanden werden. Sobald es im Umfeld lauter wird, zum Beispiel im Restaurant oder im Flugzeug, verstehen wir selbst unsere direkten Nachbarn kaum noch. Umgebungsgeräusche dieser Art werden jedoch in Lautstärke und Klang von Büroschaffenden nicht akzeptiert, obwohl bei lauteren Umgebungsgeräuschen Zwangszuhören und Gehörtwerden nahezu nicht mehr möglich sind. Auch finden Geräusche von Klima-Lüftungsanlagen oder gekippte Fenster zum Einlass von Straßengeräuschen wenig Anklang, weil man dann weiß, woher die Geräusche kommen, und damit eine akustische Zuordenbarkeit des Geräusches und in der Folge eine tatsächliche, zusätzliche Störquelle gegeben ist.

Es gilt also, zufriedenstellende Möglichkeiten für die Büroschaffenden zu finden. Eine mögliche Lösung zeigen die folgenden drei Grafiken mit Ursachendarstellung (Abb. 2.18) sowie Darstellung von Wirkung und Einfluss von Schallmaskierung auf die Sprachverständlichkeit auf.

Ursache

Es gilt also, am Markt ein System zu finden, welches einen angenehmen, nicht zuordenbaren und geringstmöglich störenden Klangteppich in den Raum bringt, der jedoch in höchstmöglichem Grad eine Ablenkung durch verstehbare Hintergrundsprache (und damit auch das eigene Gehörtwerden) unterbindet (Abb. 2.19).

Maßnahme

Die Mitarbeiter sollten ein solches System (das vorzugsweise auf dem Menschen vertrauten Naturklängen basiert) nach einer Eingewöhnungsperiode während der Routinearbeit nicht mehr als störend empfinden. Voraussetzung für eine erfolgreiche Anwendung solcher Systeme ist eine Zustimmung zu innovativen Techniken bei allen Beteiligten. Eine erfolgreiche Basis hierfür kann ein gut geführtes Change Management liefern.

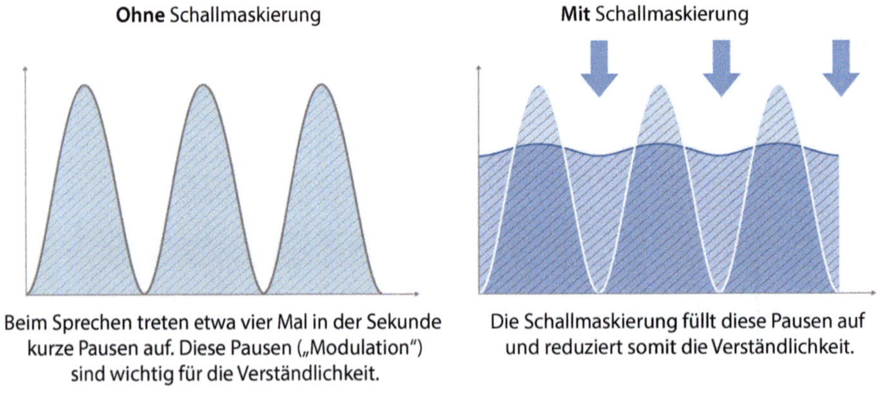

Abb. 2.18 Ursachen der Schallmaskierung

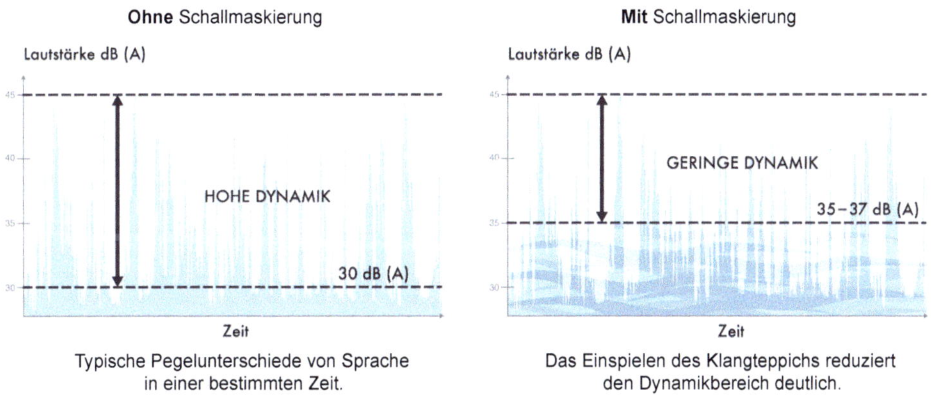

Abb. 2.19 Maßnahme zur Schallmaskierung

Wirkung
Die Wirksamkeit von Systemen zur Schallmaskierung kann unter Berücksichtigung aller realen akustischen Raumbedingungen sehr gut mit einer Computersimulation dargestellt werden (Abb. 2.20).

2.3.9 Normen – Ein Überblick

Nach den raumakustischen Gestaltungsmöglichkeiten soll in den nachstehenden Tabellen auch auf die Vielfalt der existierenden Normen für Nachhallzeit (Tab. 2.11), Pegelabnahme pro Abstandsverdoppelung (Tab. 2.12), Schalldruckpegel (Tab. 2.13), Sprechpegel (Tab. 2.14) und Hintergrundgeräuschpegel (Tab. 2.15) hingewiesen werden.

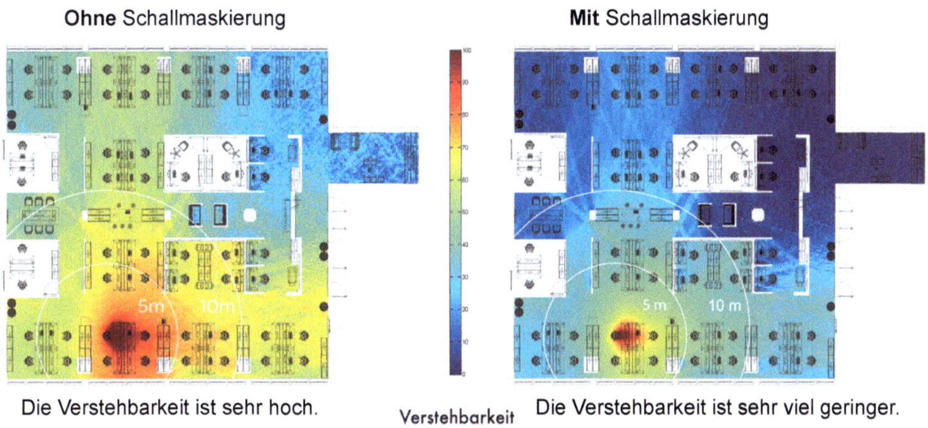

Abb. 2.20 Wirkung der Schallmaskierung

Tab. 2.11 Nachhallzeit

Norm	Anwendungsbereich, Raumtyp	Wert
DIN 18041 (Neuausgabe März 2016) „Hörsamkeit in Räumen – Anforderungen, Empfehlungen und Hinweise für die Planung“	Räume der Gruppe A, z. B. Besprechungsräume: • Volumen 60 m³ • Volumen 120 m³ • Volumen 250 m³ Räume der Gruppe B, z. B.: Call Center (Nutzungsart B5) Großraumbüros (Nutzungsart B4) Einzelbüros (Nutzungsart B3)	0,40 s (0,32 mit Inklusion) 0,50 s (0,40 mit Inklusion) 0,60 s (0,48 mit Inklusion) 0,54 s (abgeleitet aus A/V ≥ 0,30) 0,65 s (abgeleitet aus A/V ≥ 0,25) 0,82 s (abgeleitet aus A/V ≥ 0,20)
VDI 2569 aktuell (Ausgabe Januar 1990) „Schallschutz und akustische Gestaltung im Büro“	Kleine Büroräume Große Büroräume	Keine Anforderung 0,45–0,55 s
VDI 2569 neu (veröffentlichter Entwurf Februar 2016)	Raumakustik-Klasse A: Empfehlung Call-Center Raumakustik-Klasse B: Empfehlung Konstruktionsbüro o. ä., Mindestempfehlung Call-Center Raumakustik-Klasse C: Mindestempfehlung Konstruktionsbüro o. ä.	0,60 s 0,70 s (Einzelbüro: 0,80 s) 0,90 s (Einzelbüro: 1,00 s)
DIN EN ISO 11690-1 (1996) „Richtlinien für die Gestaltung lärmarmer maschinenbestückter Arbeitsstätten – Teil 1: Allgemeine Grundlagen“	Arbeitsräume allgemein • Volumen < 200 m³ • Volumen 200–1000 m³ • Volumen > 1000 m³	0,5–0,8 s 0,8–1,3 s nur Anforderung an Pegelabnahme
DIN EN ISO 9241-6 (1999) „Ergonomische Anforderungen für Bürotätigkeiten mit Bildschirmgeräten – Teil 6: Leitsätze für die Arbeitsumgebung“	Büroräume • Volumen 100 m³ • Volumen 500 m³ • Volumen 1000 m³	Gesprächsführung Sonst. Gebrauch 0,45 0,80 0,70 1,10 0,80 1,20
ASR A3.7 (Entwurf 01/2016) „Technische Regeln für Arbeitsstätten – Lärm“	Call Center Großraumbüros Einzelbüros	0,5 s 0,6 s 0,8 s

Tab. 2.12 Pegelabnahme pro Abstandsverdopplung

Norm	Anwendungsbereich, Raumtyp	Wert
VDI 2569 neu (veröffentlichter Entwurf Feb. 2016)	Raumakustik-Klasse A: Empfehlung Call-Center Raumakustik-Klasse B: Empfehlung Konstruktionsbüro o. ä., Mindestempfehlung Call-Center Raumakustik-Klasse C: Mindestempfehlung Konstruktionsbüro o. ä.	$^2/_3$ der Messpfade: 8 dB Restliche: 6 dB $^2/_3$ der Messpfade: 6 dB Restliche: 4 dB $^1/_3$ der Messpfade: 6 dB Restliche: 4 dB
DIN EN ISO 3382-3 (05/2012) „Messung von Parametern der Raumakustik – Teil 3: Großraumbüros"	Großraumbüros	7 dB
DIN EN ISO 11690-1 (1996)	Arbeitsräume allgemein, Volumen > 1000 m^3	3–4 dB
DIN EN ISO 9241-6 (07/1996)	Büroräume	4–5 dB
VDI 3760 (Entwurf 01/2016) „Berechnung und Messung der Schallausbreitung in Arbeitsräumen"	Büroräume > 500 m^3 mit Untergliederung durch Stellwände	4–5 dB
ASR A3.7 (Entwurf 01/2016)	–	–

2.3.10 Normen – Eine Kritik

Die Inhalte der ASR **A**rbeits**S**tätten**R**ichtlinien A3.7 – Entwurf 01/2016 – werden nach Verabschiedung und Veröffentlichung als Teil der Arbeitsstättenverordnung zu gesetzlich einzuhaltenden Verordnungen.

Alle anderen aufgeführten Normen enthalten raum- und bauakustische Empfehlungen, die durch privatrechtliche Vereinbarungen zu Anforderungen werden können. Einige Normen entsprechen wiederum den sogenannten „anerkannten Regeln der Technik", auf welche sich wiederum zum Beispiel Arbeitstättenverordnung und Arbeitsschutzgesetz berufen.

Für Neubau, Umbau, technische Anpassung sowie Betrieb von Büro- und Verwaltungsgebäuden sollte daher immer ein – professionell begleitetes – Anforderungsprofil erarbeitet werden. Bei Vorhandensein von Betriebs- oder Personalräten in Unternehmen empfiehlt sich auch immer eine Überprüfung der Einhaltung von Informations- und Mitbestimmungspflichten nach dem Betriebsverfassungsgesetz. Eine frühzeitige Einbindung von Betriebs- oder Personalräten führt in der Regel zu größerem Konsens und besseren

Tab. 2.13 Schalldruckpegel

Norm	Anwendungsbereich, Raumtyp	Wert
VDI 2569 aktuell (Ausgabe Januar 1990)	abhängig von der Tätigkeit	Verweis auf VDI 2058-3
VDI 2058-3, (Neuausgabe Aug. 2014) „Beurteilung von Lärm am Arbeitsplatz unter Berücksichtigung unterschiedlicher Tätigkeiten"	bei überwiegend geistigen Tätigkeiten	55 dB(A)
DIN EN ISO 9241-6 (1999)	je nach „Schwierigkeit und Komplexität"	35–55 dB(A)
VDI 2569 neu (veröffentlichter Entwurf Februar 2016)	Raumakustik-Klasse A: Empfehlung Call-Center Raumakustik-Klasse B: Empfehlung Konstruktionsbüro o. ä., Mindestempfehlung Call-Center Raumakustik-Klasse C: Mindestempfehlung Konstruktionsbüro o. ä.	$^2/_3$ der Messpfade: 47 dB Restliche: 49 dB $^2/_3$ der Messpfade: 49 dB Restliche: 51 dB $^1/_3$ der Messpfade: 49 dB Restliche: 51 dB
DIN EN ISO 3382-3 (05/2012)	Großraumbüros	48 dB
DIN EN ISO 11690-1 (1996)	für routinemäßige Büroarbeit für Tätigkeiten, die Konzentration verlangen	45–55 dB(A) 35–45 dB(A)
baua Ratgeber zur Gefährdungsbeurteilung	einfache und überwiegend Routinetätigkeiten geistige Tätigkeiten	45–55 dB(A) 35–45 dB(A)
ASR A3.7 (Entwurf 01/2016)	Tätigkeiten mit hoher geistiger Anforderung	55 dB(A)

Ergebnissen. In diesem Zusammenhang sollte auch geprüft werden, ob im Vorfeld bereits Betriebsvereinbarungen zwischen Unternehmen und Personalvertretung vereinbart wurden, ob deren Inhalte mit den geplanten Bauvorhaben konform gehen oder Anpassungen erforderlich sind.

Vorhandensein und Heranziehen dieser Vielfalt von Normen in Kombination mit „Uraltnormen" und unfertigen Neuentwürfen erfordert erheblichen fachspezifischen Sachverstand bei der Erstellung eines individuellen Anforderungsprofils mit entsprechendem Anpassungspotenzial für die Zukunft bei Zustimmung von vorhandenen Arbeitnehmergremien.

Tab. 2.14 Sprecherpegel

Norm	Anwendungsbereich, Raumtyp	Wert
DIN 18041 (Neuausgabe März 2016)	allgemein	entspannte Sprechweise: 54 dB(A) normale Sprechweise: 60 dB(A)
VDI 2569 aktuell (Ausgabe Januar 1990)	allgemein	entspannte Sprechweise: 54 dB(A) normale Sprechweise: 60 dB(A)
DIN EN ISO 9241-6 (1999)	allgemein	entspannte Sprechweise: 54 dB(A) normale Sprechweise: 60 dB(A)
DIN EN ISO 9921 „Ergonomie – Beurteilung der Sprachkommunikation"	allgemein	entspannte Sprechweise: 54 dB(A) normale Sprechweise: 60 dB(A)
ANSI S3.5-1997 „Methods for calculation of the speech intelligibilitiy index"	allgemein	normale Sprechweise: 60 dB(A)
DIN EN ISO 3382-3 (05/2012)	für Berechnungen nach dieser Norm anzuwenden	normale Sprechweise: 57,4 dB(A)
BGI 5141 (12/2012) „Akustik im Büro – Hilfen für die akustische Gestaltung von Büros" (Hrsg.: VBG – Ihre gesetzliche Unfallversicherung)	für Berechnungen in dieser Studie verwendet	Schallleistungspegel L_w = 63 dB(A), bezeichnet als „normale Sprache".
ASR A3.7 (Entwurf 01/2016)	allgemein	„Umgangssprache": 55–65 dB(A)

Akustik-Design für Büroräume – Fazit

Für raumakustische Gesamtgestaltung sei hier noch eine bemerkenswerte Feststellung aus dem Entwurf der VDI 2569 02/2016, Seite 6 erwähnt; dort wird – wie folgt – ausgeführt:

„30 bis 40 % der Belästigungswirkung aus Lärm sind durch technisch-akustische Faktoren erklärbar

60 bis 70 % gehen auf sogenannte Moderatoren der Belästigung zurück

Zu den personalen und situationalen Moderatoren der Belästigung zählen folgende Faktoren:

Tab. 2.15 Hintergrundgeräuschpegel

Norm	Anwendungsbereich, Raumtyp	Wert
DIN 4109 (07/2016)	Alle Unterrichts- und Arbeitsräume	35 dB(A) bei lüftungstechnischen Anlagen bis 40 dB(A), sofern es Dauergeräusche ohne auffällige Einzeltöne sind
DIN 18041 (Neuausgabe März 2016)	Räume der Kategorie A (z. B. Besprechungsräume)	35 dB(A)
VDI 2569 aktuell (Ausgabe Januar 1990)	Einzelbüros Mehrpersonenbüros	30–35 dB(A) 30–40 dB(A), wenn zur Maskierung sinnvoll bis 45 dB(A)
VDI 2569 neu (veröffentlichter Entwurf Februar 2016)	Raumakustik-Klasse A: Empfehlung Call-Center Raumakustik-Klasse B: Empfehlung Konstruktionsbüro o. ä., Mindestempfehlung Call-Center Raumakustik-Klasse C: Mindestempfehlung Konstruktionsbüro o. ä.	30 dB(A) 35 dB(A) 40 dB(A)
DIN EN ISO 11690-1 (1996)	Konferenzraum Einzelbüros Großraumbüros	30–35 dB(A) 30–40 dB(A) 35–45 dB(A)
ASR A3.7 (Entwurf 01/2016)	Konferenzraum Einzelbüros Großraumbüros	35 dB(A) 40 dB(A) 45 dB(A)

Auszug aus den Begriffsbestimmungen der ASR A3.7, Entwurf 01/2016, Punkt 3.6: „**Hintergrundgeräusche** sind von außen – z. B. durch Verkehrs-, Produktionsgeräusche – und durch eingebaute technische Anlagen bedingte Geräusche im Raum, ohne die im Raum auftretenden Geräuschquellen (Maschinen, Geräte, Gespräche der Nachbarn)."

- Kontrolle/Bewältigung des Lärms,
- Einstellung zum Lärmverursacher,
- Vorhersagbarkeit des Schallereignisses,
- Tätigkeitsprofil des Mitarbeiters,

- Organisations- und Unternehmensstruktur, dabei Identifikation mit dem Unternehmen,
- Arbeitsbelastung, andere Umgebungsfaktoren wie Beleuchtung und thermische Behaglichkeit sowie die individuelle Lärmempfindlichkeit."

Der Entwurf der VDI 2569 02/2016 beschränkt sich – wie ebenfalls auf Seite 6 vermerkt – auf die Lärmbekämpfung durch bau- und raumakustische Maßnahmen; also auf die erwähnten ca. 30–40 % der Belästigungswirkung.

Es wird im Entwurf jedoch auch darauf hingewiesen, dass bei der Planung von Büroräumen die angeführten Humanfaktoren zumindest zu beachten sind. Den größten Teil der Belästigungswirkung von 60 bis 70 % führt der Entwurf der VDI 2569 02/2016 also auf die Human- und Gestaltungsfaktoren zurück (Abb. 2.21).

Hieraus kann geschlossen werden, dass eine erfolgreiche Raumakustik nur unter Berücksichtigung folgender Punkte zu erreichen ist:

30 bis 40 %:

- Erfüllung von technisch-akustischen Faktoren

60 bis 70 %:

- Einbeziehung der Gestaltungsfaktoren aus Abb. 2.6, Ergonomie, wie z. B. Beleuchtung und thermische Behaglichkeit
- Berücksichtigung des Sprechverhaltens in Verbindung mit der Telekommunikationstechnik
- Erarbeiten von Spielregeln in Eigenverantwortung durch die Nutzer (s. Kap. 1)
- Durchführung eines auf die Anforderungen ausgerichtetes Change Managements (s. Abschn. 1.1)
- Einbeziehung der Fachbereiche Human Resources (Personalabteilung)

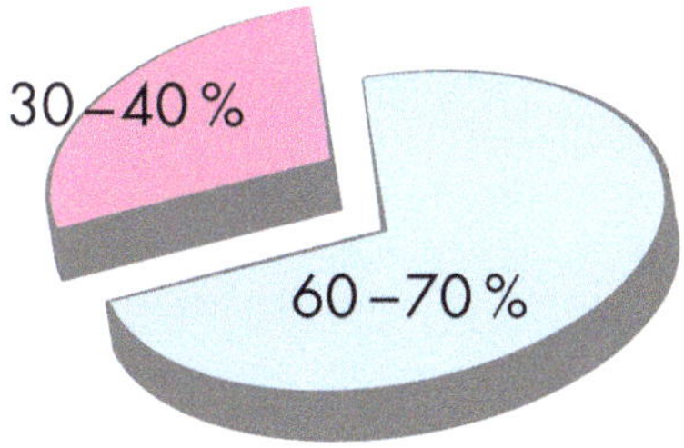

Abb. 2.21 Fazit: Über das Ziel hinaus geschossen!

2.4 Licht

Torsten Braun

2.4.1 Einführung in das Kapitel

Es dürfte außer Frage stehen: Das Tageslicht war vor dem Menschen da. Die Sonne ist unser Lebensspender. Ohne das Licht gäbe es uns nicht. Der Mensch hat sich im Licht entwickelt und nicht das Tageslicht mit den Menschen. Beim Kunstlicht ist das grundsätzlich anders. Kunstlicht, vom Menschen erdacht und für Menschen gemacht, ist auch noch im zweiten Jahrzehnt des 21. Jahrhunderts dabei, sich dem Menschen anzupassen. Das heißt in erster Linie seinen physiologischen und psychologischen Bedürfnissen, um in einer gegebenen Umwelt einer Person Handlungsfähigkeit zu ermöglichen.

Die Entwicklung des Kunstlichts hat mit der Nutzung der LED-Lichtquellen eine Beschleunigung des technischen und gestalterischen Einsatzes erfahren, was vor nur fünf Jahren keiner für möglich gehalten hat. Die Leuchtenindustrie und viele Lichttechniker hätten sich sicher eine langsamere Entwicklung gewünscht, aber zurzeit sind sie Getriebene von Nutzerwünschen, die die positiven Auswirkungen neuer Kunstlichttechnik begrüßen und einfordern.

Die Wahrnehmung von Licht auf das visuelle System der Augen zu beschränken, ist eine sehr vereinfachte Sichtweise. Nicht nur die Augen, sondern auch die Haut und die Haare verarbeiten Licht und Strahlung. Gutes Licht bedeutet nicht nur gute Sehleistung, es kann, richtig angewendet, unseren gesamten Organismus positiv beeinflussen. Tageslicht macht wach, das Schlafhormon Melatonin wird gehemmt. Sonnenlicht, also Strahlungslicht, setzt im Gehirn das „Glückshormon“ Serotonin frei und fördert die Vitaminproduktion, insbesondere des Vitamins D3.

Die Dunkelheit bedeutet weniger Licht, aber auch Entspannung und zur Ruhe kommen. Dunkelheit kann positiv erlebt werden, Finsternis nicht. In der Finsternis gelingt es uns nicht, Dinge zu sehen, die wir sehen wollen. Ursache sind in der Regel Blendungen von anderen Lichtquellen im Gesichtsfeld. In der ökologischen Umwelt kann das die Lichtverschmutzung durch nicht abgeschirmte Lichtquellen sein, im Büro ein Fenster ohne Blendschutz.

Die nachfolgenden Seiten dieses Abschnitts „Licht im Büro“ sollen helfen, grundsätzliche Zusammenhänge von Licht im Büro darzustellen und prinzipielle Entscheidung bei der Lichtplanung für Bürotätigkeiten zu begründen.

2.4.2 Licht und Menschen

Grundsätzlich ist beim Sehen zwischen physiologischen und psychologischen Prozessen zu unterscheiden. Ein weiteres Unterscheidungskriterium sind visuelle und nicht-visuelle und biologische Wirkungen von Licht auf den Menschen.

Letztere wurde bis vor wenigen Jahren nur vonseiten der Biologie und Medizin behandelt. Dies änderte sich zu Beginn dieses Jahrtausends, als im Auge auf unserer Netzhaut eine „dritter Fotorezeptor“ zweifelsfrei identifiziert wurde, dort also nicht nur Zäpfchen (Rezeptoren für das Farbsehen) und Stäbchen (Rezeptoren für das Hell-/Dunkelsehen) vorhanden sind. Dieser neu entdeckte Rezeptor steuert biologische Lichtwirkungen auf das Nervensystem und ist darüber hinaus für hormonelle Ausschüttungs- und Hemmungsprozesse verantwortlich. Auch „kein Licht“ ist von psychologischer und physiologischer Bedeutung!

Die umgebende Beleuchtung muss das Funktionieren des Sehapparates gewährleisten, also den physiologischen Prozess in Auge und Gehirn. Dies ist eine notwendige, wenn auch nicht hinreichende Bedingung von Licht und Handlungen, ob im Büro oder andernorts.

Das Auge ist in der Lage, bei jeder Tageslicht- und Nachtlichtsituation Sehleistungen zu erbringen. Das menschliche Auge hat die Fähigkeit, sich an vielfältige Beleuchtungsstärken anzupassen. Dabei reicht der Umfang der Adaptation von 0,1 Lux in einer sternenklaren Nacht bis hin zum Tageslicht, welches von 5000 bis 100.000 Lux erreicht. In den der visuellen Wahrnehmung näheren Leuchtdichtewert (cd/m²) umgerechnet, bedeutet dies, Oberflächen können in einem Leuchtdichtebereich bei perfekter Dunkeladaptation von 0,0015 cd/m² bis fast 1 Milliarde cd/m², der Leuchtdichte der Sonne, wahrnehmbar sein.

Lichtmenge, Oberflächenhelligkeit und Sehschärfe stehen in einer sich gegenseitig bedingenden Wechselwirkung (Abb. 2.22).

Nur dürfen die Helligkeitsunterschiede zu einem gegebenen Zeitpunkt im Gesichtsfeld nicht zu groß sein. Es drohen dann „Blendung“(Informationsverlust durch zu hohe

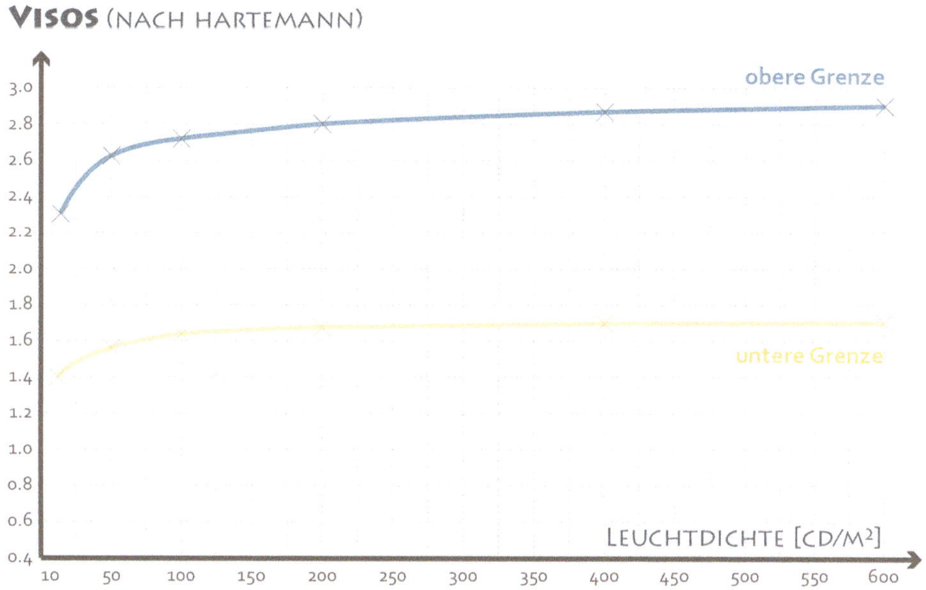

Abb. 2.22 Abhängigkeit der Sehschärfe von der Leuchtedichte, nach Hartmann (1970)

Leuchtdichten im Gesichtsfeld) und „Finsternis" (Nichtsichtbarkeit von Oberflächen im Gesichtsfeld). Bewegt man sich in räumlichen Umgebungen mit unterschiedlichen Helligkeitsniveaus, braucht das visuelle System Zeit, um sich an die jeweilige Situation anzupassen. Dieser Anpassungsprozess von Auge und visuellem System wird als Adaptationsprozess bezeichnet und kennzeichnet die Anpassung der Hellempfindung an die umgebende Helligkeit von Raum und dessen Materialoberflächen.

Neben der umgebenden Lichtmenge ist die Lichtfarbe grundlegend für die Wahrnehmungsqualität einer visuellen Umgebung, diese wird in Kelvin gemessen. Die Qualität der Farbwiedergabequalität ist bei der Lichtfarbe der wichtigste Aspekt.

Im Außenraum ist die Lichtfarbe und deren Veränderung in erster Linie bedingt durch den Sonnenstand, moduliert werden die meteorologischen Bedingungen zu einem gegebenen Zeitpunkt. Auch hier sind es fließende Prozesse der Veränderung, die in der Regel nicht bewusst wahrgenommen werden.

Nachfolgend exemplarisch unterschiedliche Farbtemperaturen zu verschiedenen Tageszeiten bzw. meteorologischen Bedingungen in Mitteleuropa (Abb. 2.23):

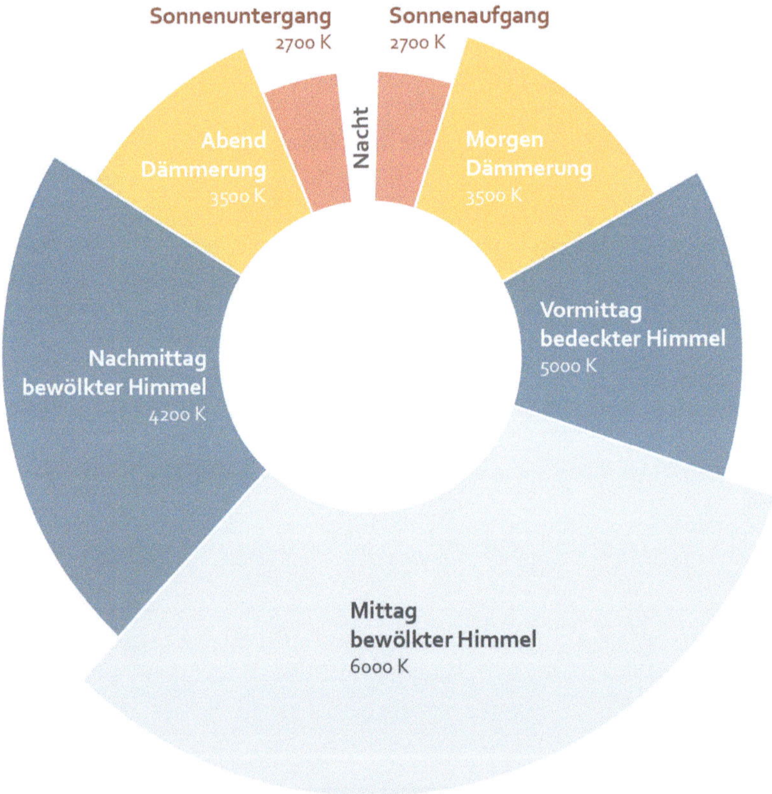

Abb. 2.23 Vorherrschende Farbtemperatur über den Tagverlauf

- Sonnenaufgang 3500 K
- Vormittag, bedeckter Himmel 5000 K
- Mittag, bewölkter Himmel 6000 K
- Nachmittag, bewölkter Himmel 4200 K
- Dämmerung 3500 K
- Sonnenuntergang 2700 K

Eine humane, an den Bedürfnissen des Menschen orientierte Belichtung des Raumes besteht also zumindest aus den Faktoren Lichtmenge und Lichtfarbe. Es ist zu vermuten, dass auch aktives (direktes Licht im Sinne von Strahlung, z. B. Sonnenstrahlung) und passives Licht (indirektes, reflektiertes Licht von Oberflächen) Komponenten von optimalem Licht sind.

Zeitgemäßes Licht in Büroumwelten besteht aus dem Zusammenwirken von visuellen, biologischen und psychologischen Beleuchtungsqualitäten. Nur für die Lichtmenge (Beleuchtungsstärke in Lux) gibt es einen „Stand der Technik", niedergeschrieben in DIN und Arbeitsstättengesetz. Für Lichtfarbe und Anteile von direktem und indirektem Licht gibt es zwar Expertenmeinungen und begründbare Annahmen, aber noch keinen durchgängig gültigen Forschungsstand. Erst seit wenigen Jahren gibt es, dank der LED, erst die technischen Möglichkeiten, die Lichtfarbe und die Strahlungsanteile einer Arbeitsplatzleuchte in einer Art und Weise zu gestalten, die technisch und gestalterisch in derzeitigen Büroumwelten umsetzbar ist.

Zurzeit hat sich der Begriff „Human Centric Lighting" (HCL) für Lichtplanungen etabliert, die neben den direkten visuellen Wirkungen auch die nicht-visuellen Auswirkungen von Licht berücksichtigen. Schon der Begriff stellt den Menschen in den Mittelpunkt der Planung, verbunden mit dem Anspruch einer interdisziplinären Vorgehensweise bei der Planung.

2.4.3 Der Planungsprozess

Wie bereits beschrieben, ist das Licht selbst unsichtbar. Wahrnehmbar sind nur die Eigenhelligkeit einer Lichtquelle und das von Oberflächen reflektierte Licht. Für das zwischen einer Lichtquelle und dem bestrahlten Objekt „auf dem Weg" befindliche Licht haben wir kein Sinnesorgan.

Seit Ende der 1990er Jahre wird das Tageslicht bei der Lichtplanung von Büroräumen in der Regel mittels Tageslichtberechnungsprogrammen berechnet. Ursache hierfür ist die zunehmende Verbreitung tageslichttechnischer Software für die Berechnung von Tageslichtmenge und Tageslichtverteilung. Dies geschah und geschieht in den allermeisten Fällen jedoch unter der Prämisse, Einsparpotenziale für die künstliche Beleuchtung durch Lichtregelungen und die damit verbundenen Reduzierungen des Kunstlichteinsatzes zu projektieren. Planungsansatz ist hier letztendlich, die Lichtmenge am Arbeitsplatz über den Tag konstant zu halten mit dem Ziel der Normerfüllung und Energieoptimierung. Die heutzutage bei Planungen geführten Diskussionen über circadiane Rhythmen der Arbeitnehmer und angepasste Tageslicht- und Kunstlichteinträge stellt einen grundsätzlichen Paradigmenwechsel dar. Begrüßenswert ist auch, dass Licht und Leistung nicht alleiniges Planungsziel sind, sondern dass Wohlfühlen und Leistungsbereitschaft am Arbeitsplatz immer mehr als Zieldefinitionen in den Fokus von Lichtplanungen in Richtung Lichtqualität rücken.

Noch gibt es für Lichtqualität keine Kennziffern, die Vorhersagequalität haben, und ob es diese geben wird, sei dahingestellt. Doch moderne Planungsprozesse sind gekennzeichnet durch das Streben, verschiedene Anforderungen der individuellen Nutzer an die Belichtung zu identifizieren und umzusetzen.

Bewährte lichttechnische Gütekriterien für Kunstlicht sind weiterhin gültig und zu beachten, diese sind:

- visueller Bezug nach Außen,
- ausreichendes Helligkeitsniveau von Arbeitsplatz, unmittelbarer Arbeitsplatzumgebung und Raum,
- optimale Kontrastwiedergabe durch sehr gute Farbwiedergabe aller eingesetzten Kunstlichtquellen,
- authentische Körper- und Oberflächenwiedergabe mittels realistischer Schattigkeit,
- Individualisierungsmöglichkeit des Lichtes am eigenen Arbeitsplatz.

Bei allen oben genannten Punkten handelt es sich um zeitlich stabile Faktoren. Diese Kriterien erfahren nun eine Ergänzung um die Voraussetzungen für gesundheitlich förderliches Licht, diese ist:

- das Erleben der Variation und Dynamik des Tageslichts am Arbeitsplatz.

In den letzten Jahren haben sich die Begriffe „Human Centric Lighting" (HCL) und „Active Light" etabliert. Ziel ist die Realisierung von Lichtumgebungen, die das Zusammenspiel von Licht mit der „inneren Uhr" des Arbeitnehmers berücksichtigen.

Das derzeitige Grundproblem ist, dass die visuellen und nicht-visuellen Wirkungen des Lichts nicht den gleichen Gesetzmäßigkeiten und Funktionen folgen (Abb. 2.24). Die Definition von lichttechnischen Größen bemisst sich an der Empfindlichkeit von Stäbchen und Zapfen, hier liegt der Mittelwert im Grünbereich bei 555 nm. Der für die nicht-visuelle Wirkung ist in den Blaubereich verschoben, hier liegt der Mittelwert bei 480 nm. Beide Funktionen überlappen sich nur zu einem geringeren Teil. Dies bedeutet, dass die in der Lichtplanung gebräuchlichste lichttechnische Größe, die Beleuchtungsstärke (Lux), für die Planung von nicht-visuellen Wirkungen von Licht zunächst einmal nicht von Nutzen ist.

Das Verhältnis dieser beiden Empfindlichkeitskurven ist zurzeit Forschungsgegenstand (Abb. 2.25). Eine Beleuchtungsstärke von 250 „melanopischen" Lux wird für eine aktivierende Wirkung des Lichts als ausreichend angesehen, dies entspricht bei einer

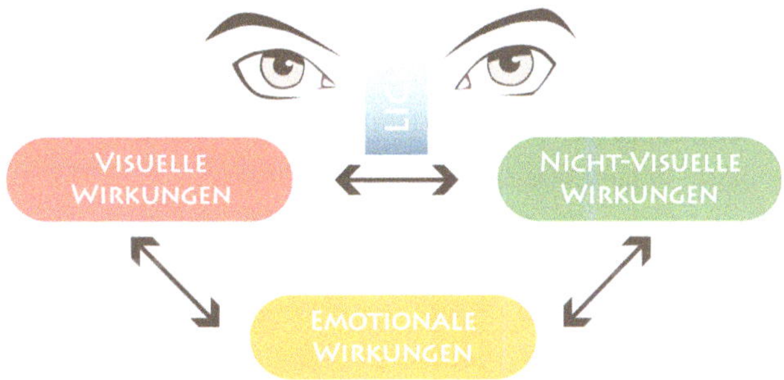

Abb. 2.24 Visuelle, emotionale und nicht-visuelle Wirkungen des Lichtes

Farbtemperatur von 4000 K (neutralweiß) einer photopischen Beleuchtungsstärke von 444 Lux am Auge. Da zurzeit noch keine Messgeräte für melanopisches Licht allgemein verfügbar sind, können Tabellen helfen, die melanopische Wirkung von verschiedenen Lichtarten zu bestimmen (vgl. Plischke 2015).

Analyse der Tageslichtbedingungen
Ohne eine differenzierte Analyse der Tageslichtverhältnisse an den Arbeitplätzen im Tagesverlauf und generalisierend über das Jahr ist die Konzeption von Arbeitplätzen mit individuell erlebter Aufenthaltsqualität nicht möglich.

Die elektromagnetische Strahlung ist aber entscheidend bei der Konzeption von Räumen und damit einhergehend von Lichtführungen. Louis Kahn bezeichnet diese optischen Anordnungen als den „Raum dazwischen, in dem das Licht ist" (Kahn 1991). Louis

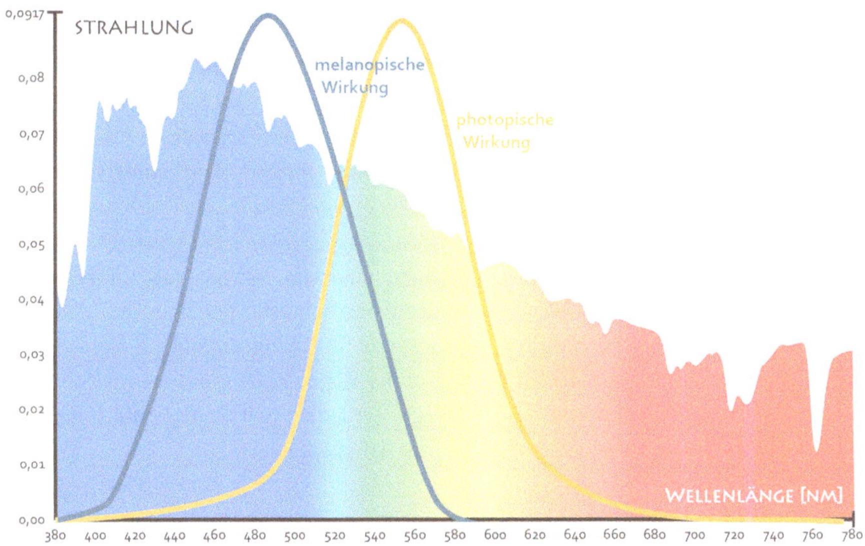

Abb. 2.25 Melanopisches und photopisches Wirkungsspektrum

Kahns Gedankengänge sind äußerst praktisch bei der Beschreibung und Konzeption von Licht und Lichtführung in Räumen. Er unterscheidet zwischen

- dem direkten Strahlungslicht einer Lichtquelle,
- dem ungerichteten Nordlicht
- und dem gebrochenen oder dem modulierten Licht.

Sobald der Mensch Objekt und Flächen bewusst wahrnimmt, kann man von gebrochenem oder moduliertem Licht sprechen. Das heißt, fällt ungerichtetes Tageslicht, also Licht ohne direkte Sonnenanteile, in einen Wohnraum mit einem normal großem Seitenfester, erscheint der Raum so erwartungskonform, dass der Mensch das Licht nicht bewusst bewertet, er sieht die Raumoberflächen und die im Raum befindlichen Gegenstände. Das Licht ist unbewertet, also unbewusst.

Wenn sich nun die Lichtsituation ändert und zusätzlich direktes Sonnenlicht durch dieses Fenster dringt, wird sich die Fenstergeometrie auf dem Boden und den Wänden des Raumes darstellen. Das Sonnenlicht wird „moduliert“ und führt zu einer bewussten Lichtwahrnehmung und der subjektiven Bewertung „dass draußen schönes Wetter ist“. Gleichzeitig entsteht ein Außenbezug.

Je kleiner nun in diesem Raum das Fenster wird, umso größer wird die psychologische Bedeutung dieser Tageslichtöffnung. Lichtmenge und psychologische Bedeutung von Licht im Raum sind nicht voneinander abhängig. Das gilt für Tageslicht- und auch für Kunstlichtsituationen. Hier planerisch zu gestalten, ist nicht leicht und nie intuitiv (Abb. 2.26 und 2.27).

Es ist möglich, Innenräume nur hell erscheinen zu lassen. Licht dominiert hier den Raumeindruck. Raumoberflächen werden zu Reflexionsflächen. Die subjektive Bedeutung von Einrichtungsgegenständen wird auf ihre Funktionalität beschränkt.

Diese Wechselwirkungen werden an einem Projektbeispiel in Abschn. 3.3 veranschaulicht.

Wie in den ersten Absätzen aufgezeigt, haben sich der Mensch und sein visuelles System im Tageslicht entwickelt. Das Tageslicht hat gegenüber dem Kunstlicht folgende Qualitäten:

- die vom Tageslicht erzeugten Lichtmengen sind am Arbeitsplatz in Fensternähe ungleich höher als normkonforme Werte des Kunstlichts am gleichen Ort,
- es hat wesentlich mehr kurzwellige, aktivierende Strahlungsanteile,
- tageslichtorientierte Arbeitszonen können in der Regel freier möbliert werden,
- fensternahe Arbeitsplätze sind in der Regel circadian wirksamer und haben daher bedeutsamere Zeitgeberreize als fensterferne Arbeitsplätze.

Die effektive Nutzung von Tageslicht sollte daher die Basis der circadianen Beleuchtung am Arbeitsplatz sein.

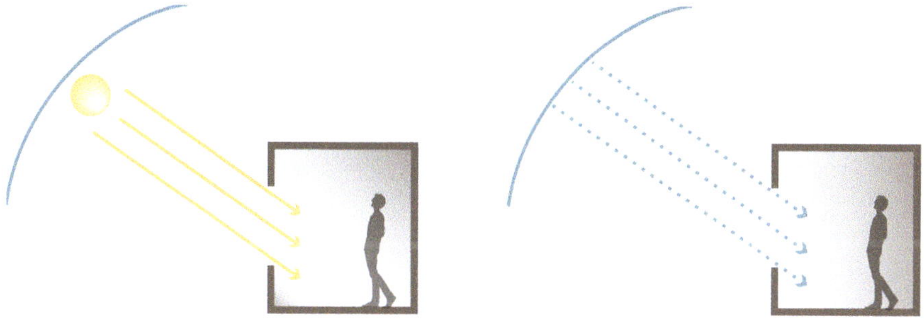

Abb. 2.26 Schematische Darstellung „direktes Licht“ und „Nordlicht“

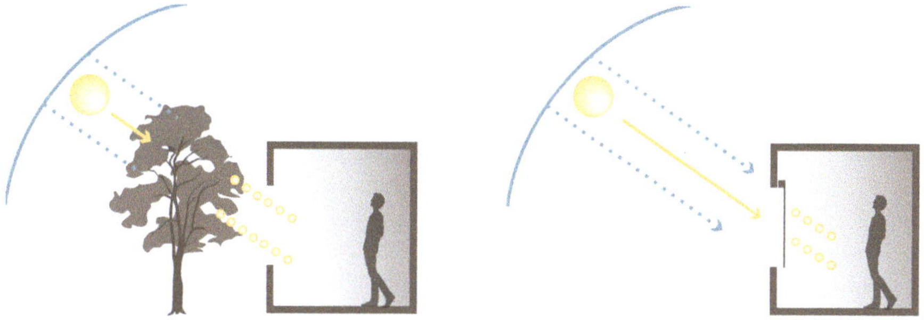

Abb. 2.27 Schematische Darstellung „gebrochenes Licht“

In konventionellen Büroräumen mit Seitenfenstern ist die Raumzone, in der das Tageslicht für die Bürotätigkeit ausreichend vorhanden ist, nicht breiter als 4–5 m (Abb. 2.28).

Das richtige Kunstlicht am Büroarbeitsplatz

Zurzeit hat fast jeder namhafte Leuchtenhersteller Lichtsysteme mit tageslichtabhängiger Lichtmengenregelung und Lichtfarbenwechsel entwickelt und so sein Portfolio um Leuchten mit biodynamischen Lichtmanagementfunktionen erweitert. Ob diese Leuchten dann die erstrebten psycho-/physiologischen Effekte erbringen, kann im konkreten Fall allerdings oft nur gemutmaßt werden.

Zeitgemäße Bürobeleuchtung sollte folgende Parameter berücksichtigen

- Lichtmenge/Lichtintensität
- Lichtrichtung
- Lichtfarbe
- Variabilität des Lichtes über die Zeit und deren Verlauf

Die normengeprägten, mittleren Beleuchtungsstärkewerte für die Kunstlichtplanung im Büro von 500 Lux auf der Nutzfläche und 300 Lux im unmittelbaren Umgebungsbereich sind nach dem derzeitigen Wissensstand für ein ernsthaft gemeintes Human Centric Lighting auf jeden Fall mengenmäßig nicht ausreichend.

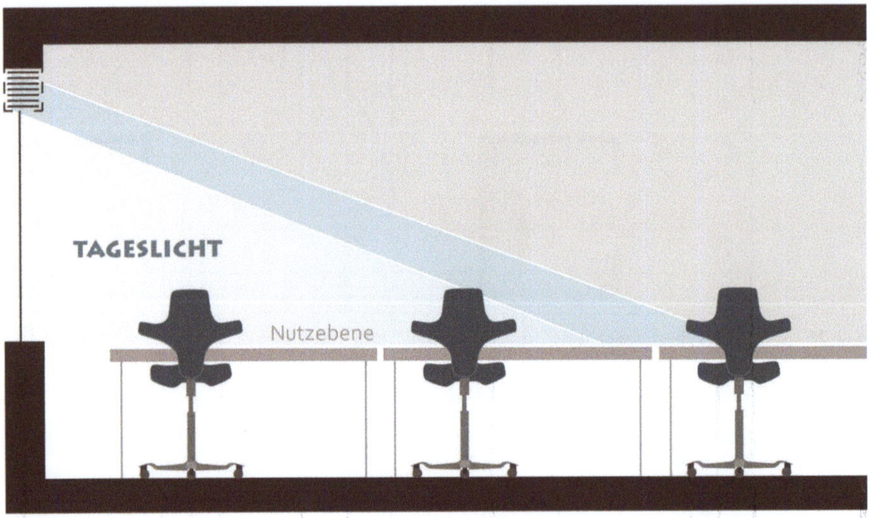

Abb. 2.28 Lichteinfall bei einem konventionellen Seitenfenster

Schon im Handbuch für Beleuchtung von 1975 wird ausgeführt, dass ältere Menschen (60 Jahre) mehr Licht benötigen als junge Menschen (20 Jahre). Sie können jedoch eine gegebene Sehaufgabe bei 900 Lux genauso gut ausführen wie 20 Jahre alte Personen. Explizit findet sich der Hinweis, „ein hohes Beleuchtungsniveau kann deshalb für alle Arbeitskräfte gleichwertige Arbeitsbedingungen schaffen." (Spieser und Herbst 1975, S. 37) Die physiologische Entwicklung des Auges ist durch einen mit dem Alter zunehmenden Lichtbedarf gekennzeichnet. Die Linse des Auges und die Hornhaut unterliegen einem Alterungsprozess. Es kommt zu einer Kontrastverminderung auf der Netzhaut. Dieser Prozess kann durch mehr Licht in hohem Maß kompensiert werden.

Abb. 2.29 zeigt die Abnahme des spektralen Transmissionsgrad des Auges. Insbesondere der Transmissionsgrad für blaues Licht nimmt mit zunehmendem Alter kontinuierlich ab. Dadurch werden auch die wahrgenommenen aktivierenden Anteile geringer.

Die wichtigste lichttechnische Grundgröße bei der Lichtplanung ist derzeit noch die Beleuchtungsstärke. Der aktuell gültige Normwert liegt für Büroarbeit bei 500 Lux auf der Schreibtischebene.

Noch in den 1970er Jahren waren 300 Lux im Büro üblich. Heutzutage ist der gültige Normwert für Büroarbeit gemäß EN 12464 im Tätigkeitsbereich mit 500 Lux und 300 Lux im unmittelbaren Umgebungsbereich festgelegt, siehe Abb. 2.30. Für vertikal orientierte Sehaufgaben werden mindestens 200 Lux gefordert.

Die Beleuchtungsstärke, das Produkt von Lichtmenge (Lumen) und Fläche (qm), ist für das Auge selbst nicht sichtbar, das Vorhandensein einer ausreichenden Strahlungsmenge ist aber notwendige Bedingung für eine Helligkeitswahrnehmung.

Die für die Bürotätigkeit geforderten 500 Lux sind, obwohl die Beleuchtungsstärke nicht sichtbar ist, nicht willkürlich gewählt oder das Ergebnis von Unkenntnis über wahrnehmungspsychologische Zusammenhänge (Abb. 2.31).

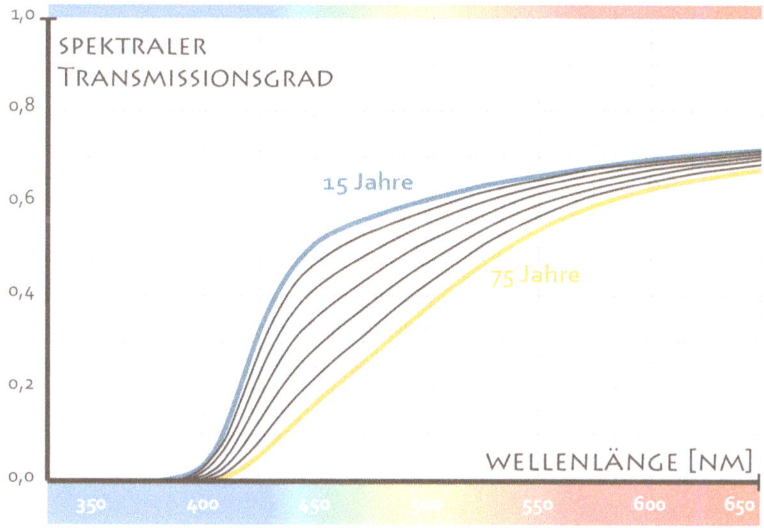

Abb. 2.29 Transmission der Augenlinse in verschiedenen Altersstufen

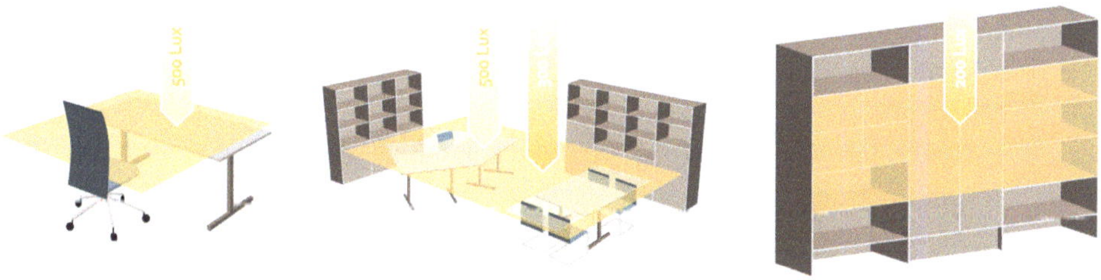

Abb. 2.30 Beleuchtungsstärken im Büro gemäß DIN 12464

Nach Abb. 2.31 ist bei einer Umgebungsbeleuchtungsstärke von 500 Lux bei gesunden Augen die volle Farbtüchtigkeit erreicht. Auch die notwendige Sehschärfe für das Lesen von Texten und Schreibhandlungen ist bei der dann gegebenen Leuchtdichte von ca. 150 cd/m² auf einem weißen Papier mit schwarzer Schrift erreicht, vorausgesetzt, die Personen sind normalsichtig und mittleren Alters. Die „500 Lux" waren auch stets ein Kompromiss von technischer Machbarkeit, Vermeidung von Blendung und insbesondere dem Energieeintrag in Arbeitsräumen. Es ist nicht der ideale Wert für eine ideale Ausleuchtung und die damit verbundene visuelle Helligkeit am Arbeitsplatz. Bei konventionellen Lichtsystemen mit Leuchtstofflampen werden ca. 4 W/m² pro 100 Lux in den Raum eingetragen. Bei Energieeinträgen von über 20 W/m² war es nur mit unverhältnismäßig großem Aufwand möglich, Arbeitsräume klimatechnisch zu konditionieren.

Hier liegt einer der größten Vorteile der LED-Technik. Bei einem spezifischen Anschlusswert von 4 W/m² pro 100 Lux sind beim Einsatz hocheffizienter LED-Lösungen heutzutage Beleuchtungsstärken auf Arbeitsflächen von 1000–1200 Lux möglich.

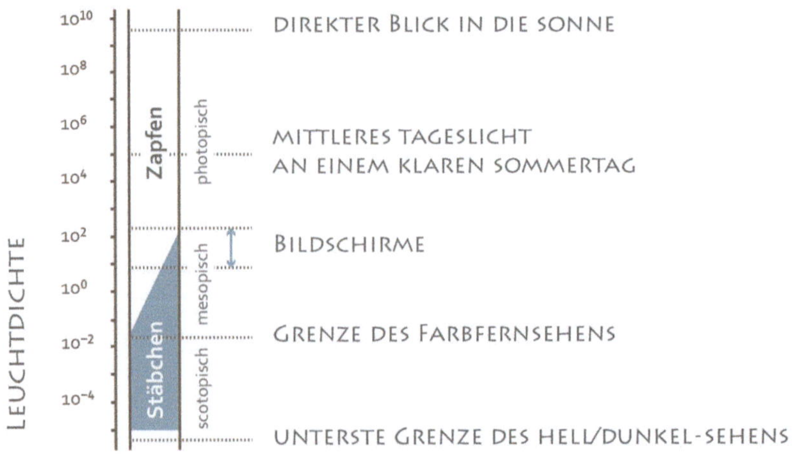

Abb. 2.31 Leuchtdichte-Empfindlichkeitsbereich des Auges

Anwendungsbeispiel
Gegeben ist ein Großraumbüro mit einem trapezförmigen Raumgrundriss. Die Fenster befinden sich an den Längsseiten des Raumes. Die Büroarbeitsplätze sind an den Fenstern orientiert. In der Mittelzone des Raumes befinden sich Arbeitszonen, die temporär genutzt werden, unter anderem Co-Working und Besprechungszonen für spontane Zusammenkünfte der Mitarbeiter untereinander. Außerdem befinden sich zwei Besprechungsräume in dieser Raumzone. Diese sind tageslichtorientiert mit Seitenfenstern versehen, aber räumlich vom Großraumbüro getrennt.

Abb. 2.32 zeigt die Tageslichtverteilung in diesem Großraumbüro. Die Größen der Fensterflächen sind normal und entsprechen der DIN 5034 „Tageslicht in Innenräumen". Trotzdem sind im Verhältnis zu den übrigen geschlossenen Raumflächen des Raumes die wahrgenommenen Fensterflächen im Gesichtsfeld eher klein. Hier besteht die Gefahr der Adaptationsblendung. Es ist unbedingt ein Blendschutz vor den Fenstern innenseitig zu platzieren, um die Fensterleuchtdichten den Innenraumleuchtdichten anzupassen.

Nur mit Tageslicht, also ohne zusätzliche Arbeitsplatzbeleuchtung, sind nur die unmittelbar am Fenster orientierten Arbeitsplätze versorgt. Schon ab einer Raumtiefe von 4 m wird das Tageslicht zu jeder Zeit vom Kunstlicht unterstützt werden müssen.

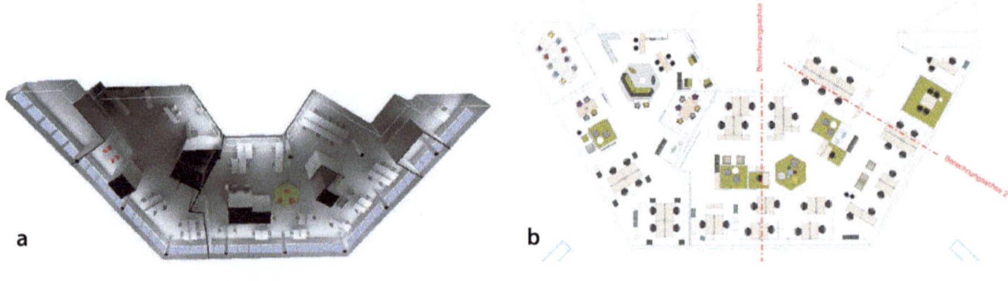

Abb. 2.32 Tageslichtverteilung im Beispielbüro

Erster Planungsansatz war zunächst, möglichst viele Arbeitsplätze in unmittelbarer Fensternähe zu platzieren.

Als Lichtsystem wurde eine Stehleuchte mit separat schalt- und dimmbaren Direkt- und Indirektanteilen ausgewählt.

Die Kernarbeitszeit beginnt um 7:00 Uhr und endet um 18:00 Uhr. Um 7:00 Uhr geht die künstliche Beleuchtung automatisch in Betrieb. Flächendeckend wird über den Indirektanteil der Stehleuchte und einer hellweißen Decke eine mittlere Beleuchtungsstärke von 300 Lux realisiert. Dieser Wert von 300 Lux wird zu keinem Zeitpunkt der Kernarbeitszeit unterschritten.

Ist der Arbeitnehmer an seinem Arbeitsplatz anwesend, liegt es in seinem Ermessen, den Direktanteil in Betrieb zu nehmen. Dieser Direktanteil kann 500 Lux auf der gesamten Arbeitsfläche erreichen.

Jede Stehleuchte ist mit Helligkeitsreglern ausgestattet, alle Stehleuchten kommunizieren in diesem Raum kabellos miteinander.

Die Farbtemperatur für Indirekt- und Direktanteil beträgt im Normalbetrieb 4000 K, neutralweiß. Die Farbwiedergabe (CRI) liegt über 90.

An zwei Perioden am Tag wird biodynamisches Licht eingesetzt – morgens zwischen 08:00 Uhr und 10:00 Uhr und nachmittags zwischen 13:00 Uhr und 14:00 Uhr. In diesen Phasen ändert sich die Lichtfarbe des Indirektanteils auf eine Farbtemperatur von 5500 K, tageslichtweiß. Die Beleuchtungsstärke seitens der Indirektbeleuchtung wird um 200 Lux angehoben. Nach 14:00 Uhr regelt sich die Farbtemperatur auf 4000 K zurück, die Beleuchtungsstärke der Allgemeinbeleuchtung kehrt auf den Ausgangswert von 300 Lux zurück (Abb. 2.33).

Sämtliche Lichtveränderungen müssen langsam und kontinuierlich stattfinden. Idealerweise geschieht die Regelung unmerklich und ohne bewusste Aufmerksamkeitszuwendung seitens der Arbeitnehmer.

Die im Zentrum des Großraumbüros befindlichen Co-Working und Besprechungszonen werden nutzungsspezifisch mit Licht differenziert. Das gilt sowohl für die Leuchtenauswahl als auch deren Lichtverteilungen. In den Besprechungszonen ist die Auswahl der Leuchten von der Anordnung der Möbilierung bedingt, die Lichtfarbe ist abhängig von den Oberflächenfarben der eingesetzten Materialien.

Besonderheit in der Kernzone ist eine hinterleuchtete Lichtwand, in diesem Fall mit einem Naturmotiv, bedruckt. Dieses Lichtelement ist in den Lichtzyklus der Stehleuchten an den Arbeitsplätzen eingebunden und hilft als Reizlicht bzw. Ersatzhelligkeit bei nicht vorhandenem Tageslicht, die Adaptationsfähigkeit unseres visuellen Systems aufrecht zu halten (Abb. 2.34).

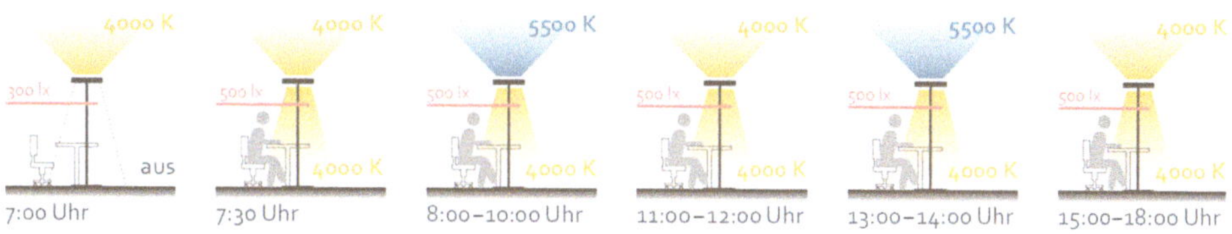

Abb. 2.33 Biodynamisch aktivierendes Licht im Tagesverlauf

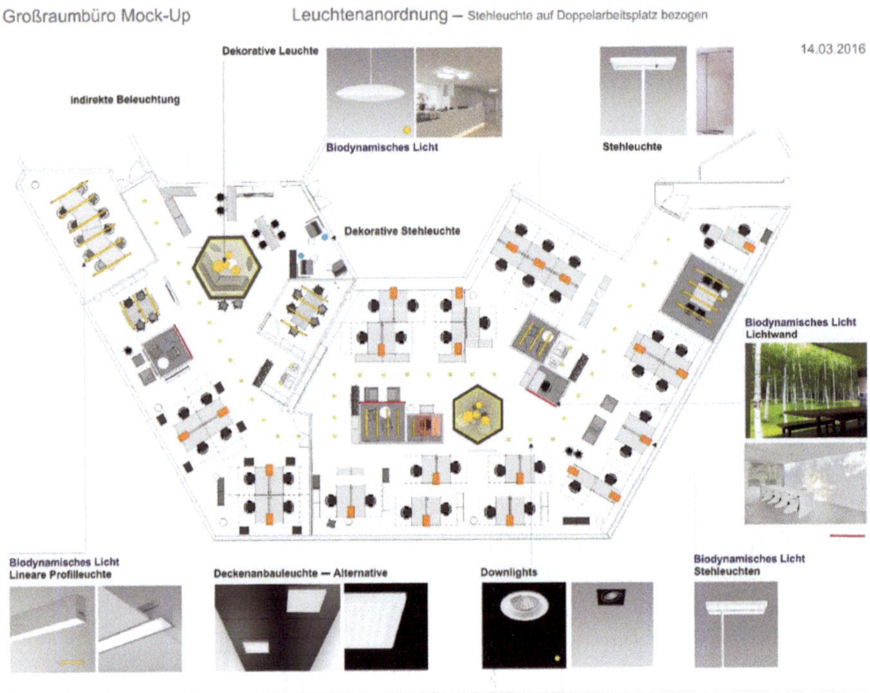

Abb. 2.34 Leuchtenauswahl im gesamten Großraumbüro

Literatur

Hartmann, E. (1970): Beleuchtung und Sehen am Arbeitsplatz. München: Goldmann.

Plischke, I. (2015): Die Verwandlung. Deutscher Kurz-Fernsehfilm, ausgestrahlt am 18.11.2015 im Bayerischen Rundfunk.

Kahn, L. I. (1991): In the Realm of Architecture. New York: Rizzoli.

Spieser, R., Herbst, C.-H. (1975): Handbuch für Beleuchtung. Essen: Girardet.

2.5 Leib – Essen und Stimmung

Christine Kohlert

„Man soll dem Leib etwas Gutes bieten, damit die Seele Lust hat, darin zu wohnen." (Teresa von Ávila). Ein Mensch mit einem gesunden Körper, fühlt sich wohl, hat eine bessere Stimmung und kann dadurch auch zufriedener und besser arbeiten. Ein gesunder Arbeitsplatz kann dazu vieles beitragen, denn nur ein gesunder Mitarbeiter ist motiviert und bringt Leistung. Viele Unternehmen stellen mittlerweile Wasser und warme Getränke, wie Kaffee und Tee, zur Verfügung, auch Obst, meist in Form von Äpfeln, wird angeboten. Aber was können Unternehmen dazu beitragen, Mitarbeiter zu einem gesundheitsbewussten Umgang mit dem eigenen Körper anzuregen?

2.5.1 Gesundes Essen

Gesundheitsbewusste Ernährung ist mittlerweile zu einem Gesellschaftsthema geworden und damit in aller Munde und ein beliebter Diskussionsstoff nicht nur im Freundeskreis, sondern auch in der Teeküche. In vielen Bereichen haben sich die Arbeitsbedingungen verändert. Die Mitarbeiter im Büro bewegen sich wenig und ernähren sich „convenient" und damit oft zu fett- und zuckerhaltig. Oder sie ernähren sich immer noch so wie die Generationen vor uns, die pro Tag viel mehr Energie verbrauchten. Resultat ist, dass die Hälfte der Deutschen übergewichtig ist. Jeder fünfte ist adipös, hat Herz-Kreislauf-Beschwerden und ist gefährdet, an Diabetes zu erkranken. Berufliche und private Anforderungen nehmen zu und damit eine dauerhafte Stressbelastung, die zu schweren gesundheitlichen Folgen führen kann – von Erschöpfungszuständen bis zum Burn-out. Eine gesunde Ernährung kann einen Beitrag leisten, dem entgegenzuwirken.

Mindestens acht Stunden täglich verbringen die meisten Erwachsenen unter der Woche an ihrem Arbeitsplatz. Gegessen wird in den Pausen, meist hektisch und oft auch wahllos. Gerade Menschen, die im Schichtdienst tätig sind, essen unregelmäßig und ernähren sich oft ungesund. Firmen können hier unterstützen. Beispielsweise kann man Veranstaltungen mit einem Ernährungsberater initiieren, gesundes Essen liefern lassen oder einen Schritt weiter gehen und gesunde und vielseitige Kost in der Kantine anbieten.

Eine Reihe von Startups geht neue Wege bei dem Versuch, im Büroalltag schnelle und gesunde Mahlzeiten anzubieten. Sie heißen beispielsweise littlelunch.de oder EatFirst. Jeder soll die Möglichkeit haben, in der Mittagspause frisches und gesundes Essen zu bekommen. Gesunde Ernährung und Convenience sollen dabei in Einklang gebracht werden, ohne Kochen, Stress und ohne Junkfood. Bei einigen Anbietern müssen die Gerichte noch erwärmt werden, andere arbeiten mit Restaurants zusammen und liefern die Speisen essfertig an.

Die Startups haben damit ein neues Segment geschaffen: Nicht weil es besonders kreativ ist, Essen auszuliefern, sondern weil sich der Fokus verschoben hat. In Zeiten, in denen bewusste Ernährung ein großes Thema ist, Stress und Beanspruchung im Job jedoch stetig wachsen, haben diese Startups eine Lücke erkannt. Dieses Prinzip steckt zwar in Deutschland noch in den Kinderschuhen und die abgedeckten Liefergebiete erstrecken sich vor allem auf die großen Städte und sind deshalb teilweise noch sehr begrenzt. Doch es ist ein interessantes Marktfeld und wird sich sicherlich weiter entwickeln.

Schon etwas besser etabliert ist gesundes Essen in der Kantine. Einige Kantinenbetreiber kochen mittlerweile schon nach der LOGI-Methode. LOGI steht für „Low Glycemic and Insulinemic Diet", was man auf Deutsch in etwa mit „Ernährungsmethode zur Förderung eines niedrigen Blutzucker- und Insulinwertes" übersetzen kann. Dadurch werden die Blutfettwerte gesenkt und der Bildung von Fettdepots wirkungsvoll vorgebeugt, der Heißhunger bleibt aus und man verliert Gewicht. Die Methode basiert auf den Erkenntnissen von Prof. Dr. med. David Ludwig, Endokrinologe an der Harvard Universitätsklinik in Boston (USA). In einem Fachaufsatz stellte er eine alternative Ernährungspyramide vor (Abb. 2.35), die dann durch Dr. Nicolai Worm im deutschen Sprachraum Verbreitung fand (Worm 2015; http://www.logi-aktuell.de/logi-methode/logi-pyramide).

Abb. 2.35 Die LOGI-Ernährung, nach Worm (2015), S. 59

Das Fundament der LOGI-Ernährung bilden Gemüse, Pilze, Salate und (zuckerarmes) Obst. Sie haben eine geringe Blutzuckerwirkung, sättigen aufgrund des hohen Volumens und ihres Ballaststoffgehaltes gut und liefen gleichzeitig eine Fülle an Vitaminen, Mineralien und sekundären Pflanzenstoffen. Ebenfalls auf Stufe 1 stehen gesunde Fette, denn sie liefern wichtige Nährstoffe (essenzielle Fettsäuren, fettlösliche Vitamine) und tragen ebenfalls zur Sättigung bei und sorgen zudem für bessere Blutfettwerte – und für viel Geschmack. Hochwertige Fette sind Olivenöl, Rapsöl, Walnussöl, Leinöl und Butter.

Auf der nächsten Stufe finden sich die eiweißhaltigen Lebensmittel, die ebenfalls eine geringe Blutzuckerwirkung haben und lange satt machen. Somit lassen sich die Lebensmittel der Basis mit Fleisch, Fisch, Eiern, Milch- und Milchprodukten oder Hülsenfrüchten und Nüssen ergänzen – gerne zu jeder Mahlzeit.

Auf den beiden letzten Stufen der Pyramide stehen die Lebensmittel mit starker oder sehr starker Blutzuckerwirkung, diese sollten sparsam verwendet werden.

Durch eine sehr gute und nicht von der Nahrungsmittelindustrie beeinflusste Studie wurden diese Prinzipien für eine gesunde Ernährung Mitte 2017 bestätigt (vgl. Dehghan et al. 2017).

Es muss nicht gleich LOGI-Kost in der Kantine sein, aber man kann schon mit etwas bewussteren Angeboten sehr viel zu einer gesünderen Ernährung beitragen. Bei Diamant Software in Bielefeld beispielsweise gibt es zwei vor Ort gekochte Speisen, bei denen auf vernünftige Ernährung geachtet wird. Das Unternehmen bezahlt die Mitarbeiter der Küche, die aus einem benachbarten Restaurant stammen, aber vor Ort im Unternehmen für ca. 100 Mitarbeiter kochen. Der Mitarbeiter zahlt die „Materialkosten", was einem Kostenbeitrag zwischen 3 und 4 Euro entspricht.

2.5.2 Essen als Gemeinschaft

Einen Schritt weiter gehen Unternehmen, die erkannt haben, dass Essen auch immer etwas mit Gemeinschaftsgefühl und Austausch zu tun hat. Deshalb gibt es beispielsweise in Skandinavien vielerorts im Unternehmen einen Bereich mit großen Tischen sowie einem Außenbereich, der in der Mittagszeit für die gemeinsame Mahlzeit genutzt wird, in der übrigen Zeit als Besprechungszone. Entweder wird vor Ort gekocht oder ein Lieferservice versorgt das Unternehmen mit frisch zubereitetem Essen, das alle gemeinsam einnehmen.

Noch etwas weiter geht das Projekt „The Kitchen" von Studio Olafur Eliasson in Berlin in einer umgebauten Brauerei am Prenzlauer Berg. Unter der Woche versammelt sich das Studioteam – Künstler, Architekten, Handwerker, Techniker, Kunsthistoriker und Archivare – zum gemeinsamen Mittagessen um die Tische. Auch Besucher sind herzlich eingeladen. Früher mussten alle mittags das Büro verlassen, wenn sie etwas Vernünftiges essen wollten. Erst die Umstellung auf gesundes, schmackhaftes Essen versammelt nun alle um einen Tisch. Dort kommt es zu Begegnungen und ungeplantem, aber erwünschtem Austausch aller im Büro Beschäftigten. Olafur erkannte das Potenzial, das gemeinsame Essen schafft eine Verbindung zwischen allen und dient letztlich der gegenseitigen Inspiration. Kochen heißt für Olafur Eliasson „andere umsorgen. Es ist eine so großzügige wie gastfreundliche Geste, verstärkt soziale Bindungen und ist Ausdruck von Ideen, bei denen es nicht nur um das Essen an sich geht, sondern auch um das Geben und Teilen" (Eliasson 2016, S. 12).

Es muss sicher nicht unbedingt jedes Mittagessen in einem größeren Unternehmen gemeinsam eingenommen werden, aber man kann durchaus überlegen, ob man nicht 1–2 Mal im Monat eine gesunde gemeinsame Mahlzeit einnimmt.

Diese Prinzip Essen machen sich auch Firmen wie Google und Co zunutze. Sie versorgen ihre Mitarbeiter mit sämtlichen Mahlzeiten, Snacks und Getränken und erreichen so auch eine hohe Anwesenheit und einen längeren Verbleib am Arbeitsplatz.

2.5.3 Activity Based Working

Neben der gesunden Ernährung geht es auch um Bewegung am Arbeitsplatz und wie man diese fördern kann. Der Wissensarbeiter verbringt heute sehr viel Zeit in einer sitzenden Position am Schreibtisch oder an anderen Orten. Dazu kommt oft eine ungesunde Haltung vor dem Computer, die wenig Veränderung zulässt. Viele Unternehmen unterstützen mittlerweile Steharbeitsplätze und beraten ihre Mitarbeiter des Öfteren, die Position zu wechseln.

„Viele Manager wissen, dass Arbeitskräfte in einem von Interaktion und Kommunikation mit Kollegen geprägten Umfeld bessere Leistungen erbringen, proaktiv sind und Ideen austauschen" (Meakins 2016). Microsoft hat unternehmensweit auf das Konzept des Activity Based Working (ABW) umgestellt.

Microsofts Ziel war eine radikale Umwandlung des Arbeitsumfelds. Das Unternehmen wollte ein lebendiges Beispiel für progressive und produktive Arbeitsplätze werden. Steven Miller, Business Group Director der Microsoft Office Division, erklärt in einem Interview: „Fakt ist, dass Menschen mit verschiedenen Geräten auf unterschiedliche Weise arbeiten. Wir wollten unseren Mitarbeitern die Möglichkeit geben, in einer leistungsfördernden Umgebung flexibler zu sein. Das aktivitätsbezogene Arbeiten hilft uns dabei, weil es die für Großunternehmen typischen Abteilungen auflöst". (ebd.)

Um ABW erfolgreich umsetzen zu können, müssen verschiedene Dinge gut zusammenspielen. Vertrauen steht dabei an erster Stelle. Ohne das gegenseitige Vertrauen funktioniert dieses Konzept, das auf einer optimalen Unternehmenskultur aufbaut, nicht. Man braucht motivierte Mitarbeiter und ein gut überlegtes Konzept und natürlich auch die passende Technologie.

ABW bedeutet in der Umsetzung, Mitarbeitern wechselnde Arbeitsumgebungen bereitzustellen, die je nach Aufgabe das richtige und unterstützende Umfeld bieten. Starre Raumstrukturen lösen sich auf, die Anforderungen richten sich nach den jeweiligen Tätigkeiten. Jeder wählt die für die Aufgabe und seine Bedürfnisse richtige Umgebung aus, die er auch mehrmals wieder wechseln kann. Dafür können ganz unterschiedliche Bereiche im Unternehmen genutzt werden, wie beispielsweise Mittelzonen, Gemeinschaftsbereiche, Work Cafés, Projekt- und Konferenzzonen, Rückzugsbereiche und Teamflächen.

Um auch die gesundheitlichen Aspekte weiter zu unterstützen kann man auch kleinere sportliche Aktivitäten einbauen. So gibt es mittlerweile Laufbänder, an denen man in geringerer Gangart am Computer arbeiten kann, bewegliche Stehpolster, um ein dynamisches Stehen zu ermöglichen, Trampoline, um zur Entspannung zu schwingen, oder ganz unterschiedliches Sitz- und Stehmobiliar, auf dem man balancieren und schwingen kann und so die Wirbelsäule entlastet.

Kernpunkt des ABW ist es, dem Mitarbeiter die Wahlmöglichkeit zu geben, wo und in welchem Umfeld er arbeiten möchte, und seine Position auch mehrmals täglich zu verändern, also zwischen Sitzen, Stehen und Bewegen abzuwechseln.

2.5.4 Hygiene am Arbeitsplatz

Überall dort, wo viele Menschen sich täglich begegnen, tummeln sich auch Viren und Bakterien. Das gilt ganz besonders für ein Büro, in dem Arbeitsplätze gewechselt werden. Deshalb sollte besonderer Wert auf Hygiene am Arbeitsplatz gelegt werden. Dabei reichen einfache Maßnahmen schon aus, um für mehr Sauberkeit und damit mehr Gesundheit am Arbeitsplatz zu sorgen.

Allgemeine Büroregeln sollten zum Wohle aller auch den Bereich der Hygiene umfassen. Folgende Vorgaben sind Beispiele, wie sie festgelegt werden könnten:

- Einmal in der Woche Tastatur, Telefonhörer und Computer-Maus mit einem fettlöslichen Reinigungsmittel säubern (in vielen Unternehmen sind diese Dinge auch persönlich einem Mitarbeiter zugeordnet).
- Die Arbeitsbereiche mehrmals täglich zu festen Zeiten lüften, um durch den Luftaustausch die Anzahl von Viren und Bakterien im Raum zu verringern.
- Den Kühlschrank regelmäßig mit heißem Wasser mit Reinigungszusatz auswischen.
- Abgelaufene Lebensmittel entsorgen.
- Regelmäßig Hände waschen und Desinfektionsmittel in den Waschräumen bereitstellen (für nicht-medizinisches Personal gilt: Händedesinfektion ist nach gründlichem Händewaschen nicht nötig; in bestimmten Situationen kann es das Händewaschen ersetzen – zum Beispiel in Situationen, wo der Gang zum Waschbecken als zu aufwändig empfunden wird).

Es muss allen klar sein: Hygiene ist eine Aufgabe für alle, über Zuständigkeiten hinaus. Regelmäßige Aufräumrunden für alle in spielerischer Form können da helfen. Letztendlich muss ein Gefühl entstehen, das besagt: „Das ist unser Büro – und wir alle sind für die Sauberkeit hier verantwortlich." So sind alle Kollegen gleichermaßen gefragt, auf die Hygiene am Arbeitsplatz zu achten, und alle profitieren davon am Ende.

2.5.5 Spielregeln (Raumgebrauch/Umgang mit Kollegen)

Von Corporate Identity ist viel die Rede und auch von Image-Pflege und Corporate Design. Bei allen Bemühungen um ein positives Erscheinungsbild sollte nicht vergessen werden: Ausstrahlung vollzieht sich von innen nach außen und die Einstellung der Mitarbeiter ist das wertvollste Kapital. Höfliches Verhalten im Umgang mit Kunden kann auf diese nur authentisch wirken, wenn auch hinter den Kulissen ein kooperativer Umgangston herrscht (s. Abschn. 10.4, Umgang zwischen Kollegen (Spielregeln)).

Ein Mangel an Kooperation, an Rücksicht und Voraussicht führt zu ineffektiver innerbetrieblicher Kommunikation, zu Informationsdefiziten, Motivationsverlust, Fehlern und Verlusten. Eine positive interne Kommunikation hingegen schafft ein angenehmes Arbeitsklima, fördert den Teamgeist und bildet eine solide Basis für den betrieblichen und menschlichen Erfolg.

Am Ende geht es aber auch darum, gewisse Regeln untereinander zu vereinbaren, wie man miteinander umgeht und wie man die unterschiedlichen Räume so nutzt, dass sich die anderen nicht gestört fühlen und jeder das Recht und die Möglichkeit hat, die unterschiedlichen Flächen zu nutzen.

Spielregeln, wie man sich am Arbeitsplatz verhält, welche Räume man wofür nutzt, sind sehr individuell für ein Unternehmen. Am besten entstehen sie abteilungsspezifisch gemeinsam in einem Workshop, oft eignet sich da auch ein Change-Prozess hervorragend.

Abb. 2.36 Camping verboten (Microsoft, Amsterdam, Foto Christine Kohlert)

Man kann dazu die Herausforderungen und Ängste der Mitarbeiter sehr gut in positive Sätze umformulieren und damit auch in spielerischer Form Regeln vorgeben. Ein lustiges und gutes Beispiel ist das Verbotsschild von Microsoft in den Niederlanden für die ständige Nutzung von Rückzugsräumen: „Camping verboten" (Abb. 2.36).

Hält sich jemand nicht an die Regel, so stellt man ihm lächelnd dieses Schild einfach ohne Kommentar hin. Niemand muss schimpfen oder sich rechtfertigen und lange Diskussionen oder gar ein Streit werden vermieden.

In einem Spielregelworkshop werden gemeinsam Regeln für das Verhalten und die Nutzung der Bereiche vereinbart. Daraus kann ein Poster entstehen, das man gut sichtbar aufhängt. Nach einiger Zeit wird ein weiterer Workshop veranstaltet, um die Regeln zu überprüfen und gegebenenfalls zu ergänzen und zu diskutieren, was sinnvoll und wichtig ist. Solche Regeln beziehen sich beispielsweise auf die Nutzung von Headsets, die Lautstärke beim Telefonieren und bei Gesprächen, aber auch die Dauer der Nutzung von Rückzugsräumen (s. auch Checkliste, Abschn. 10.1).

Letztendlich ist ein Büro eine Gemeinschaft von Menschen und wie im privaten Umfeld muss man mit unterschiedlichen Menschen täglich eine gewisse Zeit verbringen. Dies geschieht besser, wenn man sich auf andere einlässt und versucht, auch andere Meinungen zu verstehen und zuzulassen. Man tut sich selbst nichts Gutes, wenn man immer nur auf eigene Rechte pocht, man muss Probleme oder Unstimmigkeiten offen ansprechen und nach gemeinsamen Lösungen suchen, die für alle tragbar sind.

Literatur

http://www.logi-aktuell.de/logi-methode/logi-pyramide, Zugriff am 5.10.2017.

Dehghan, M. et al. (2017): Associations of fats and carbohydrate intake with cardiovascular disease and mortality in 18 countries from five continents (PURE): a prospective cohort study. *The*

Lancet, 390/10107, S. 2050–2062. Verfügbar unter: http://www.thelancet.com/journals/lancet/article/PIIS0140-6736(17)32252-3/abstract, Zugriff am 5.10.2017.
Eliasson, O. (2016): The Kitchen, Knesebeck: Phaidon Press.
Meakins, M. (2016): Activity Based Working – vom Büro zum aktivitätsbezogenen Arbeitsplatz, http://www.think-progress.com/de/effizienz-am-arbeitsplatz/activity-based-working-vom-buro-zum-aktivitatsbezogenen-arbeitsplatz/, 15.6.2016, Zugriff am ???.
Worm, N. (2015): LOGI-Methode. Glücklich und Schlank. 13., überarb., aktual. Auflage. Lünen: Systemed Verlag.

Farbe in Theorie und Praxis

3

Werner Seiferlein, Rudolf Kötter und Katrin Trautwein

3.1 Einführung in das Kapitel

Werner Seiferlein

Farbe und Beleuchtung üben eine Wechselwirkung miteinander aus. Die Farbigkeit eines Raumes hat vielfältige Rückwirkungen auf die Mitarbeiter. Unterschiedliche Beleuchtung und Farbgebung bewirken auch nachweisbar eine Verbesserung der Motivation, Konzentration und Leistungsfähigkeit.

Es erhebt sich jedoch die Frage ob alle Menschen im gleichen Sinne bunt sehen. Es besteht eine Wechselwirkung zwischen Sprache und Wahrnehmung.

Aus der Literatur sind folgende plakative Aussagen zu diesem Thema bekannt und sollen hier aufgeführt werden, nämlich:

- dass sich der Mitarbeiter in einem „blauen" Umfeld stärker auf die Aufgabe konzentrieren kann – das rote Umfeld neigt jedoch dazu, die Aufmerksamkeit von der Aufgabe abzuwenden (vgl. Stone und English 1998).

W. Seiferlein (✉)
Technologie Innovation Management, Frankfurt/Main, Deutschland
e-mail: werner.seiferlein@timoffice.de

R. Kötter
FAU, Erlangen-Nürnberg, Erlangen, Deutschland
e-mail: rudolf.koetter@fau.de

K. Trautwein
kt.COLOR AG, Uster, Schweiz
e-mail: trautwein@ktcolor.ch

W. Seiferlein, C. Kohlert (Hrsg.), *Die vernetzten gesundheitsrelevanten Faktoren für Bürogebäude*, https://doi.org/10.1007/978-3-658-20852-3_3

- dass Farben einen Einfluss auf das Kalt/Warm-Gefühl haben – in einem blaugrün gestrichenen Raum friert man schon bei 15 °C, in einem orangefarbenen hingegen erst ab 12 °C; dies spiegelt sich auch im Volksmund wider, wie die Adjektive „eisblau" und „feuerrot" eindrücklich bestätigen.
- dass mit warmen Farben oft Interesse, Kommunikation und Liebe, aber auch Macht und Aggression verbunden sind – auf den Betrachter wirken sie aktiv, erregend und belebend, kalte Farben hingegen vermitteln Distanz, Kühle einen Eindruck von Denken, Frische und Vernunft; die Wirkung kalter Farben wird oft auch als passiv, beruhigend, entspannend und erfrischend beschrieben (vgl. Nüchterlien und Richter 2008).
- dass bei Möbeln, Wänden und Fußböden warme Farben bevorzugt werden sollten und dass dunkle, drückende Farbtöne wie Schwarz, Braun und Grau generell aus dem Büro verbannt werden sollten.

Ist die Bestimmung der Farbe so einfach wie eben dargestellt? Um den Sinn und das Ziel, das im Umgang mit Farben erreicht werden soll, zu verstehen, muss man tiefer in das Thema einsteigen und recherchieren.

Was kann aus der Auswahl der Relation zu Fähigkeit und Wirkung der Farben festgehalten werden? Spannend wird das Ergebnis sein, das aus der Herkunft (Theorie) Ableitungen für die Zukunft (Praxis) formuliert.

Bedarf es vielleicht einer Vernetzung, indem die isolierten Einzelaussagen zu einem Farbkonzept geformt werden?

Genießt die Auswahl von Farben für Wand, Decken, Fußboden, Möbel u. a den gleichen Stellenwert wie etwa die Planung einer lufttechnischen Anlage? Bei der Planung einer lufttechnischen Anlage sind i. d. R. Spezialisten beschäftigt. Für die Auswahl der Farben, ohne auf Farbkonzepte zu reflektieren, sind es meist die hierarchisch höher stehenden Mitarbeiter, die sich berufen fühlen, die Farbwahl durchzuführen.

Aus diesem Grund soll in diesem Abschnitt das Thema „Farbe" tiefgängiger und gründlicher untersucht werden. Damit wird der Stellenwert zum Thema „Farbe" ins rechte Licht gerückt.

Um dem Ziel gerecht zu werden, wird das Thema Farbe sowohl philosophisch, d. h. theoretisch, als auch operativ, d. h. praktisch, behandelt. Größen wie Newton, Goethe u. a. haben sich mit dem Thema Farben auseinandergesetzt, wovon wir heute profitieren sollten. Wir werden sehen, dass sich in einigen Fällen Schnittstellen ergeben, die bei der Betrachtung der Theorie zur Praxis Ähnlichkeiten entwickeln. Exemplarisch soll für einen Betrachtungspunkt die sich ergebende Schnittstelle aufgezeigt werden:

Theorie (Kötter, Abschn. 3.2): „Die Rose ist Rot am Tag und in der Nacht", jedoch bestimmt das Umgebungslicht die für den Mensch sichtbare Farbe.

Praxis (Trautwein, Abschn. 3.3): Wie wir gesehen haben, ist Farbe die Wechselwirkung zwischen Licht und Oberflächen, die uns die Welt dank unserer ständigen Lichtenergieaufnahme sichtbar macht.

Schnittstellen dieser Art sind im Vergleich von Theorie und Praxis oft zu erkennen.

Bei diesem Thema ist klar, dass ohne Spezialisten die Planung genauso unprofessionell vonstatten gehen würde wie bei einer lufttechnischen Anlage.

Literatur

Nüchterlein, P., Richter, P. G. (2008): Raum und Farbe. In: Richter, P. G. (Hrsg.), Architekturpsychologie. Lengerich: Pabst, S. 209–231.

Stone, N. J., English, A. J. (1998): Task Type, Poster, and Workspace Color on Mood, Satisfaction, and Performance. *Journal of Environmental Psychology*, 18/2, S. 175–185.

3.2 Die Welt in Farbe als Herausforderung für Philosophie und Wissenschaft

Rudolf Kötter

3.2.1 Einleitung

Der Satz „Diese Rose ist rot" gilt seit alters her als Musterbeispiel für einen in jeder Hinsicht einfachen Aussagesatz. Wenn man die Kennzeichnung logisch auflöst, wird auch seine einfache Begründungsstruktur erkennbar: „Dieser Gegenstand ist eine Rose und dieser Gegenstand ist rot." Man überzeugt sich über seine Richtigkeit bzw. Falschheit durch schlichtes Hinsehen (rot) und Abrufen einiger ebenfalls durch schlichtes Hinsehen erfassbarer Merkmale, die den Gebrauch des Prädikators „Rose" festlegen.

Seit der Antike lässt uns die Vorstellung nicht mehr los, dass unser Wissen von der Welt in letzter Instanz aus solchen einfachen, hinsichtlich ihrer Gültigkeit jederzeit eindeutig überprüfbaren Sätzen aufgebaut sein muss. Die klassischen Empiristen der europäischen Aufklärung postulierten, dass sich jede Erfahrung ausschließlich aus Eindrücken zusammensetzt, die wir durch unsere Sinne von der Welt außer uns geliefert bekommen. Sicher, wir wissen, dass uns unsere Sinne gelegentlich täuschen können, wir wissen aber auch, dass man diese Täuschungen wiederum durch den geschickten Einsatz unserer Sinne entlarven, korrigieren und vermeiden kann. Die logischen Empiristen des 20. Jahrhunderts. haben dann diesem sinnlichen Fundament der Erfahrung ein sprachliches Pendant hinzugefügt: Der Protokollsatz, der den subjektiven sinnlichen Eindruck sprachlich fixiert, gilt als fundamental in dem Sinn, dass er weder aus theoretischen Überlegungen abgeleitet noch durch diese korrigiert werden kann (wichtige Texte zur Protokollsatzdebatte finden sich bei Schleichert (1975) oder Damböck (2013)).

Mit anderen Worten: Das Besondere der empirischen Erkenntnis zeigt sich in der Begrifflichkeit und Form der Sätze, mit denen sie ausgedrückt wird. Diese Überzeugung hat man in einem Sinnkriterium zusammengefasst:

1. Jeder sinnvolle Begriff bezieht sich entweder selbst auf unmittelbar beobachtbare Gegenstände oder er lässt sich mithilfe solcher Begriffe ausdrücken.
2. In letzter Instanz erfolgt die Begründung einer empirischen Behauptung immer unter Bezugnahme auf die Ergebnisse unmittelbarer Beobachtung.

Ich sehe hier und jetzt diese rote Rose (Protokollsatz) und darf deshalb behaupten: „Diese Rose ist rot". Nach diesem Muster sollten sich letztlich alle empirischen Urteile aufbauen lassen. Aber schon dieser auf den ersten Blick so harmlose Satz hat es in sich. Gerade an Aussagen über Farbphänomene lässt sich deutlich machen, dass die Hoffnung vergeblich ist, auf einfachem und geradem Weg zu sicherer und verlässlicher empirischer Erkenntnis zu kommen. „Farben regen zum Philosophieren an", hat Ludwig Wittgenstein gesagt (Wittgenstein 1984, S. 544). Und damit hat er zweifellos Recht gehabt, wie wir im Folgenden sehen werden.

3.2.2 Farben als Eigenschaften der Dinge

Der Übergang vom subjektiven Protokollsatz zum objektiven empirischen Urteil funktioniert nur unter Zuhilfenahme einer metaphysischen Prämisse: Es gibt eine reale Welt außerhalb von uns und deren Beschaffenheit hängt nicht davon ab, ob wir sie nun gerade in den Blick nehmen oder nicht. Auch wenn die Prämisse recht harmlos klingt, ist sie von fundamentaler Bedeutung, da nur unter ihrer Annahme der Schritt vom subjektiven Erleben zur objektiven Erfahrung möglich ist.

Nehmen wir einmal an, es wäre Nacht geworden und ich möchte zu Bett gehen. Nachdem ich in meinem Wohnzimmer das Licht gelöscht und mich auf den Weg ins Schlafzimmer gemacht habe, fällt mir ein, dass ich den Rosen auf dem Wohnzimmertisch unbedingt noch frisches Wasser geben muss. Im Sinne der genannten Prämisse darf ich selbstverständlich davon ausgehen, dass sie noch an ihrem Platz in ihrer Vase stehen werden. Aber sind sie auch noch rot? Das heißt, behält eine Rose im Dunkeln ihre Farbe und kann man diese wegen der Dunkelheit bloß nicht sehen, so wie man ihre artbestimmenden Merkmale wie Blütenstruktur, Blätter und Stacheln im Dunkeln nicht sehen (wohl aber fühlen) kann?

Es gibt Philosophen aus dem Lager der Analytischen Philosophie, die einen metaphysischen Physikalismus als Weltanschauung pflegen und genau das behaupten. Ihre Position wird mit „Farbrealismus" oder „Farbobjektivismus" bezeichnet (zum Stand der Diskussion siehe Thompson (1995) und Dorsch (2009)). In diesem Sinne stellt z. B. D. M. Armstrong fest, dass die Farbe f eines Objekts (1) unabhängig davon existiere, ob sie gerade wahrgenommen wird, und (2) nichts anderes sei, als das Lichtwellenbündel, das von seiner Oberfläche reflektiert wird („Reflektanz"). Dieses Lichtwellenbündel wird dann unter *normalen* Umständen von einem *normalsichtigen* Betrachter als Farbe f wahrgenommen (Armstrong 1969, S. 119 f.; etwas raffinierter Byrne und Hilbert 1997).

Nun weiß man, dass das „Rot" der Rose vom Farbstoff Cyanin herrührt, der in den Zellen ihrer Blütenblätter eingelagert ist. Dieser Farbstoff bleibt der Rose zweifellos erhalten, auch wenn es stockfinster wird. Den Nachweis dafür könnten Chemiker erbringen, zur Not auch im Dunkeln. Aber Cyanin ist als chemische Verbindung durch seine Molekularstruktur charakterisiert und „Farbe“ ist kein chemisches Strukturelement. Dass Cyanin rot erscheint, ist ein Sachverhalt, der sich dem Betrachter erst und nur bei Licht besehen darbietet. Die reduktionistische Idee, im Falle der Rose „rot sein“ mit „besitzt Cyanin“ gleichsetzten zu wollen, bringt uns also nicht entscheidend weiter. Hinzu kommt, dass es einerseits Fälle gibt, bei denen Gegenstände, die im physikalischen Sinne unterschiedliche Reflektanz aufweisen, beim Betrachter den gleichen Farbeindruck vermitteln (die sogenannten „Metamere“, vgl. Hardin (1986) und (2014)), andererseits Menschen unterschiedlicher ethnischer Herkunft die gleiche Reflektanz mit einem unterschiedlichen Farbeindruck verbinden. Und schließlich erweist sich die Verknüpfung von Farbeindrücken mit den physischen Eigenschaften von Oberflächen als unglücklich für die Behandlung von Phänomenen wie z. B. dem Regenbogen, dem Nordlicht oder den farbigen Schatten auf Schnee, die alle mit „Reflektanz“ im oben erläuterten Sinne nicht erklärt werden können. Diesen Einwänden begegnet der Farbobjektivist mit dem Hinweis auf die „normalen Umstände“ und den „normalsichtigen Betrachter“. Da es aber nicht in der Kompetenz des Philosophen liegt, festzustellen, was „normale Umstände“ und „normalsichtige Betrachter“ sind, bekennt der Farbobjektivist mit seiner Definition implizit seine Nichtzuständigkeit: Farbe ist kein Thema für die Philosophie, darum müssen sich andere kümmern.

Vom Standpunkt der Umgangssprache erscheint die Rede von „unsichtbaren Farben“ so widersinnig wie die von „unhörbaren Geräuschen“. Dies liegt nicht daran, dass es den Naturwissenschaften bislang noch nicht gelungen ist, solche Phänomene zu entdecken. Der Grund dafür liegt weder in den Wissenschaften noch in einer Farbenlehre, sondern in dem, was Wittgenstein die Logik des Wortgebrauchs nennt: Mit Farbprädikatoren bezeichnen wir Eigenschaften, die einen bestimmten Sinneseindruck vermitteln, und dieser stellt sich nun einmal nur bei Licht ein. So sind Farbwörter in ihrer sprachpragmatischen Funktion bestimmt und deshalb ist man versucht, apodiktisch festzuhalten: Wo kein Licht, da keine Farbe. Aber vorsichtig: So ganz von der Farbe abgeschnitten ist die Rose im Dunkeln doch nicht. Zwar sprechen wir der Rose nur im Licht die aktuale, d. h. unmittelbar durch sinnliche Wahrnehmung kontrollierbare Eigenschaft „rot“ zu, im Dunkeln sprechen wir ihr aber wenigstens die dispositionale Eigenschaft zu, bei Licht wieder rot *erscheinen zu können*. Farbprädikatoren besitzen also je nach äußeren Umständen einmal aktualen, ein anderes Mal dispostionalen Gehalt. Mit diesem Gedanken versuchen z. B. Jackson und Pargetter den Farbobjektivismus zu retten (vgl. Jackson und Pargetter 1997, S. 77).

3.2.3 Farben als Dispositionen der Dinge

Dispositionale Eigenschaften sind für uns nichts Besonderes, die Prädikatoren, mit denen sie bezeichnet werden, werden im Deutschen häufig durch die Silben „-lich“, „-bar“ oder „-keit“ charakterisiert. So wird die Disposition einer Glasvase, beim Aufschlagen auf den Boden zu zerbrechen, durch den Satz „diese Vase ist zerbrech*lich*“ zum Ausdruck gebracht; entsprechend sage ich von einem Stück Würfelzucker, es sei wasserlös*lich*. Ein Kupferkabel hat die Disposition, Strom zu leiten, wenn Spannung angelegt wird, wofür wir allerdings keinen eigenen Dispositionsausdruck haben. „Stromleitlich" gibt es im Deutschen nicht, wir müssen die Disposition etwas umständlicher ausdrücken; und auch dafür, dass die Rose im Dunkeln die Disposition besitzt, im Licht rot zu erscheinen, haben wir kein eigenes Wort.

Offensichtlich korrespondieren Zustände, in denen man einem Gegenstand eine aktuale Eigenschaft zuschreiben kann, zumindest gelegentlich mit anderen Zuständen, in denen genau diese Eigenschaft nur dispositional vorhanden ist. Nach dem Programm der logischen Empiristen ist aber eine Eigenschaft nur dann „wirklich vorhanden", wenn sie sich aktual aufweisen lässt. In diesem Sinne wären Dispositionsausdrücke nur dann empirisch sinnvoll, wenn man sie mittels Prädikatoren definieren könnte, die aktuale Eigenschaften bezeichnen. Es hat nicht an Versuchen gefehlt, dieser Forderung nachzukommen, allerdings ohne überzeugendes Ergebnis. Ich vermute, den meisten Lesern würde der folgende Vorschlag plausibel erscheinen:

> x besitzt im Dunkeln die Disposition ‚rot' genau dann, wenn gilt: Wenn x ins Licht gebracht würde, würde x rot erscheinen.

Hier taucht aber der Konjunktiv „würde" auf und das bedeutet, dass man das Feld der sogenannten „kontrafaktischen Implikationen" („kontrafaktischen Konditionale") betritt, das von so vielen logischen und sprachphilosophischen Fallstricken durchzogen ist, dass man gut beraten ist, sofort den Rückzug anzutreten.

Schon die Logischen Empiristen, allen voran Rudolf Carnap als einer ihrer Hauptvertreter, mussten zugeben, dass sie mit ihrem großartigen Programm an den einfachen und in der Sprache so weit verbreiteten Dispositionsausdrücken hängen geblieben sind. Natürlich haben die Philosophen deshalb die Analyse der Dispositionsausdrücke nicht aufgegeben. Bis heute sind sie Probiersteine für jeden erkenntnistheoretischen oder wissenschaftstheoretischen Entwurf geblieben. Aber wirklich überzeugende Vorschläge, wie sich Dispositionsausdrücke in das sprachphilosophische Inventar einordnen lassen können, gibt es bislang nicht. Vor kurzem ist ein Band erschienen, der einen Überblick über den gegenwärtigen Stand der Diskussion gibt (vgl. Vetter und Schmid 2014). Nach der Lektüre muss es als unbegreiflich erscheinen, dass schon kleine Kinder Dispositionsausdrücke ohne Schwierigkeiten zu gebrauchen wissen.

Ein Grund für die unbefriedigende Komplexität der Diskussion könnte darin liegen, dass Philosophen sich durch die Sprache haben verführen lassen: Ein Dispositionsausdruck steht im Satz an der Stelle des Prädikats und das suggeriert, dass damit eine *Eigenschaft* des Gegenstands bezeichnet wird. Also macht man sich auf der ontologischen Ebene daran, Eigenschaften zu postulieren, die sich zwar aktual nicht aufweisen lassen, die aber gleichwohl in irgendeiner Weise vorhanden sind und auf geheimnisvolle Weise fest sowohl mit aktualen Eigenschaften des Gegenstands als auch mit bestimmten Zuständen der Welt zusammenhängen. Dies führt zu einer „Ontologie der unbestimmten Möglichkeiten", wie ich es nennen möchte: Jedes aktuale Merkmal eines Gegenstandes war unter anderen Umständen und früheren Zeiten dispositional angelegt und birgt zugleich die Disposition zu unbestimmt vielen möglichen zukünftigen Aktualisierungen in sich. So ist die Glasvase auf dem Tisch die Aktualisierung einer Disposition, die ein Häufchen

Quarzsand vor dem Schmelzen und Formen in sich trug, zugleich trägt sie die Disposition zu zerbrechen oder zu schmelzen in sich. In jedem realen Moment sind alle möglichen Weltverläufe dispositional angelegt und welche der Dispositionen sich realisieren, bestimmen Naturgesetze mit ihren Anfangs- und Randbedingungen. Dies kann man glauben, allerdings sollte man nicht behaupten, damit ein erhellendes Licht auf unseren Gebrauch dispositionaler Ausdrücke geworfen zu haben.

Lässt man die Annahme, dass die Strukturen der Welt in den Strukturen der Sprache enthalten sind, fallen, dann kann man sich für die These öffnen, dass mit einem Dispositionsurteil gar kein ontologischer Sachverhalt festgestellt, sondern ein komplexer sprachpragmatischer Sachverhalt zum Ausdruck gebracht wird. Wie würde man denn im Alltag den Gebrauch eines Dispositionsausdrucks vermitteln? Angenommen, ich behaupte: „Diese Glasvase ist zerbrechlich". Dann muss ich zur Verteidigung dieser Behauptung zeigen:

1. Diese Vase *ist* tatsächlich aus Glas.
2. Ich und viele andere haben in der Vergangenheit die *Erfahrung* gemacht, dass Gegenstände aus Glas zerbrochen sind, wenn sie aus ausreichender Höhe auf einen harten Untergrund gefallen sind.
3. Ich und viele andere *erwarten* aufgrund von 1. und 2., dass diese Vase zerbrechen wird, wenn sie aus ausreichender Höhe auf einen harten Untergrund fallen wird.

Oder, um auf das Beispiel von oben zurückzukommen: Ich behaupte im dunklen Wohnzimmer, die Rosen haben die Disposition „rot", und meine damit, dass es sich tatsächlich um Rosen handele, die sich bislang im Licht immer rot gezeigt haben, weshalb zu erwarten sei, dass sie das wieder tun werden, wenn das Licht angeknipst wird.

Unter einem pragmatischen Blickwinkel betrachtet werden also in einem Dispositionsausdruck auf genial effiziente Weise aktuale *Feststellungen, Erfahrungen* und *Erwartungen* in einem Wort zusammengezogen. Will jemand die Behauptung von der Zerbrechlichkeit der Vase bezweifeln, so stehen ihm genau drei Gegenargumente zur Verfügung:

1. Diese Vase *ist nicht* aus Glas, sondern aus Plastik.

Oder:

2. Die Erfahrungen mit solchen Vasen sind *nicht eindeutig*: Manchmal sind derartige Gegenstände zerbrochen, manchmal nicht. Auf der Basis solcher gegensätzlichen Erfahrungen lassen sich keine konkreten Erwartungen stützen.

Oder:

3. Es sind überhaupt nur zwei Fälle beobachtet worden in denen solche Vasen zerbrochen sind, diese Erfahrungsbasis ist *quantitativ unzureichend*, um eine generelle Erwartung zu begründen.

Die Beispiele zeigen, dass die Erfahrungen, auf die man beim Gebrauch von Dispositionsausdrücken zurückgreifen muss, unterschiedlich sind. Es kann sich um Erfahrungen mit dem Gegenstand selbst handeln (so im Falle der Rose oder des Kupferdrahts), es kann sich aber auch um Erfahrungen mit anderen Gegenständen handeln, die aber der Art nach gleich sind zu dem fraglichen Gegenstand (so im Falle der Glasvase oder des Zuckerstücks). Sicher ist die Begründungsstrategie, die man verfolgen muss, um eine *Feststellung* „x ist p" zu rechtfertigen, verschieden von den Begründungsstrategien, die man verfolgen muss, um *Erfahrungen als ausreichend* und *Erwartungen als gerechtfertigt* auszuweisen, in keinem Fall aber hängt der Erfolg der Strategie von der Annahme eines metaphysischen Physikalismus ab. Ich denke deshalb, dass eine solche „Ent-Ontologisierung" der Debatte um das richtige Verständnis von Dispositionsausdrücken nur gut tun könnte.

Aber zurück zur roten Rose. Wir haben gesehen, dass der Umschlag von der Disposition in die Manifestation mit einem Wandel der äußeren Umstände korreliert. Man löscht das Licht – der Rose wird die „Disposition rot" zugeschrieben; man schaltet es wieder an – der Rose wird die aktuale Eigenschaft „rot" zugeschrieben. Das lässt sich beliebig wiederholen. Die Manifestation der Eigenschaft „rot" hängt aber noch von anderen äußeren Umständen ab. In dem überaus anregenden Buch von Kreißl und Krätz „Feuer und Flamme, Schall und Rauch" wird ein interessanter Versuch, „Rosenzauber" genannt, beschrieben:

Bringt man eine Rose in eine Atmosphäre mit einem hohen Anteil an Schwefeldioxid, so wird die Rose weiß gebleicht. Benetzt man dann die weiße Rose mit Salzsäure, bekommt sie ihre rote Farbe zurück. Und setzt man sie anschließend einer Behandlung mit Ammoniak aus, so wechselt sie die Farbe von rot nach blau (vgl. Kreißl und Krätz 1999, S. 220 ff.).

Welche Farbe die Rose also zeigt, hängt davon ab, in welcher Weise der in den Zellen der Rosenblätter gelöste Stoff Cyanin mit den genannten Chemikalien reagiert. Das heißt, die aktuale Eigenschaft der Rose, Cyanin zu enthalten, eröffnet die Dispositionen, je nach Umgebung farblos, rot oder blau zu erscheinen. Dass wir den Satz „Die Rose ist rot" für eine völlig triviale Aussage halten, beruht offensichtlich nur auf dem Umstand, dass unsere Atmosphäre „normalerweise" nicht von Schwefeldioxid, Salzsäure oder Ammoniak getränkt ist.

Man kann das Wechselspiel von Disposition und Manifestation aber noch ein wenig weiter treiben. Anfangs wurde gesagt: Wo kein Licht, da keine Farbe. Aber welche Farbe wir sehen, hängt manchmal davon ab, in welchem Licht uns ein Gegenstand erscheint. Auch hierzu kann man ein kleines Experiment durchführen. Man stellt zunächst bei weißem Licht eine rote Rose in eine grüne Vase vor einen weißen Hintergrund. Beleuchtet man jetzt dieses Arrangement mit grünem Licht, so wird man sehen, dass der Hintergrund und die Vase sowie Stängel und Blätter grün erscheinen, die Rosenblüte dagegen in einer undefinierbaren Farbe, jedenfalls nicht rot. Dann wechselt man das Licht und sieht sich das Ganze im roten Licht an. Jetzt bleibt die Blüte rot wie der Hintergrund, die ursprünglich grünen Elemente wechseln die Farbe von grün zu undefinierbar. Schließlich wechselt man zu blauem Licht. Da erscheint der Hintergrund blau, alles andere aber verliert seine ursprüngliche Farbe. Würde man das Experiment „Rosenzauber" unter verschiedenen Beleuchtungsszenarien durchführen, dann würden sich hier ebenfalls ganz andere Farbeffekte ergeben.

Das legt eine neue Idee nahe: Vielleicht sind Farben überhaupt keine genuinen Eigenschaften der Dinge, sondern Eigenschaften des Lichts. Das heißt, die Dinge haben keine Farben, das Licht lässt sie nur *farbig erscheinen*. Wobei dies wiederum Verschiedenes bedeuten kann:

Variante 1: Licht selbst ist ursprünglich ohne Farbe; durch den Kontakt mit Gegenstän den erfährt es eine Veränderung, die einen Farbeindruck bewirkt.

Oder

Variante 2: Weißes Licht setzt sich aus farbigen Lichtstrahlen zusammen und die Dinge haben die Disposition, Farben des Lichts zurückzustrahlen.

Oder

Variante 3: Weißes Licht setzt sich aus verschiedenen Komponenten zusammen, die die Disposition besitzen, beim Menschen Farbeindrücke hervorzurufen.

3.2.4 Farbe als aktuale Eigenschaft des Lichts oder als dessen Disposition?

Die erste Variante wird in der Wissenschaftsgeschichte unter dem Namen „Modifikationstheorie des Lichts" verhandelt und als ihr bekanntester Vertreter gilt René Descartes (vgl. Descartes 1637). Ich werde darauf nicht weiter eingehen, da die Vertreter dieser Theorie inzwischen ausgestorben sind. Mit den beiden anderen Varianten wird Isaac Newton in Verbindung gebracht (vgl. Newton (1671/72) und (1704)). Da seine Leistungen auf dem Gebiet der Optik zum Teil bis in die heutige Zeit nachwirken, möchte ich auf sein Verhältnis zur Farbe doch etwas näher eingehen (zur Geschichte der Farbentheorie siehe z. B. Lampert (2000) und (2008)).

Konträr zu Descartes, der an den Anfang seiner optischen Untersuchungen ein metaphysisches, empirisch nicht einholbares Modell von der eigentlichen Natur des Lichts gestellt hat, weigerte sich Newton, die Frage nach der wahren Natur des Lichts zu beantworten. Nicht, weil ihm dazu nichts eingefallen wäre, sondern weil er diese Frage für empirisch unzugänglich und damit „unphysikalisch" hielt. Newton postulierte im Gegensatz zu Descartes, dass das weiße Licht aus endlich vielen unterschiedlichen Komponenten, den „Lichtstrahlen", bestehe. Was diese Lichtstrahlen sind, wird nicht gesagt, wohl aber, wie sie sich *repräsentieren* lassen – nämlich durch eine physikalische Größe, den „Brechungswinkel", wobei die Werte dieser Größe die Unterschiedlichkeit der Lichtstrahlen in eindeutiger Weise bestimmen sollen. Das heißt, der Ausdruck „Lichtstrahl" wird indirekt definiert über das *messbare Verhalten der Größe „Brechungswinkel“*. In seiner 1. Definition der „Optik“ stellt Newton zunächst fest:

> Den kleinsten Teil des Lichts, der getrennt vom restlichen Licht aufgefangen oder ausgesendet werden kann oder der etwas tut oder erleidet, was der Rest des Lichts nicht tut oder erleidet, nenne ich Lichtstrahl. (Newton 1704, S. 5)

Das klingt zunächst ein wenig kryptisch. Was „tut oder erleidet“ denn ein Lichtstrahl? Die Antwort wird im Wesentlichen schon im Titel der Optik gegeben. Hier heißt es „Optik oder Abhandlung über Spiegelungen, Brechungen, Beugungen und Farben des Lichts“. Das heißt, der Lichtstrahl wird gespiegelt, gebrochen und gebeugt, wobei die Brechbarkeit (Refangibilität) eine besondere Rolle spielt: Lichtstrahlen lassen sich voneinander dadurch unterscheiden, dass sie im Kontakt mit einem transparenten Medium in unterschiedlicher Weise gebrochen werden. In diesem Sinne hat man z. B. einen „Lichtstrahl“ technisch gut realisiert, wenn das Licht nach dem Durchgang durch ein Prisma beim Auftreffen auf einen Schirm nicht zu einem Spektrum aufgefächert wird, sondern in einem Punkt landet und der Gang des Lichts zumindest näherungsweise als eine Linie mit einem Brechungswinkel dargestellt werden kann. In der 2. Definition wird der Lichtstrahl dann als physikalisches Objekt durch eine Disposition bestimmt:

> Die Brechbarkeit der Lichtstrahlen ist ihre Disposition, beim Übergang von einem transparenten Körper oder Medium zu einem anderen gebrochen oder abgelenkt zu werden. (ebd.)

Diese dispositionale Redeweise lässt sich in dem oben skizzierten Sinne ganz gut rekonstruieren: Man hat ausreichende experimentelle Erfahrungen gemacht und diese stützen die Erwartung, dass Lichtstrahlen unter gleichen geeigneten Bedingungen das gleiche Brechungsverhalten zeigen werden. Allein der feststellende Teil, der in der dispositionalen Rede implizit enthalten ist, macht etwas Kopfschmerzen. Bei unseren früheren Beispielen Rose, Glas, Zucker und Kupferkabel konnten die Feststellungen „dies ist eine Rose“, „dies ist Zucker“ usw. über die Kontrolle aktual vorliegender Merkmale gesichert werden. Wie sieht es aber beim „Licht“ aus? „Licht“ wird bei Newton bestimmt als das, was sich unter bestimmten Umständen in bestimmter Weise verhält. Die Liste der Umstände und Verhaltensweisen ist dabei offen und wird allein im Rahmen einer Theorie, der Optik, festgelegt. Ein so charakterisierter Begriff wird „theoretischer“ Begriff genannt und die Art der Charakterisierung ist typisch für die Physik und für andere Wissenschaften. Gerne hätten die Zeitgenossen von Newton (und nicht nur diese) an dieser Stelle eine Auskunft zur Frage gehabt, was denn Licht „wirklich“ sei. Aber dazu stellt Newton schon im ersten Satz seiner „Optik“ kategorisch fest:

> Es ist nicht meine Absicht, in diesem Buche die Eigenschaften des Lichts durch Hypothesen zu erklären, sondern nur, sie anzugeben und durch Rechnung und Experiment zu bestätigen. (ebd.)

Mit anderen Worten: Licht und Lichtstrahlen sind theoretische Entitäten, die ihre Existenz zunächst nur im Rahmen der physikalischen Optik besitzen: Licht ist das, was sich physikalisch wie Licht verhält. Wie theoretische Begriffe näher zu bestimmen sind, ist ein wichtiges Thema der Wissenschaftstheorie, auf das ich hier nicht näher eingehen kann.

Für die Ausmessung der verschiedenen Brechungswinkel, über die die verschiedenen Komponenten des Lichts fixiert sind, ist von zentraler Bedeutung, dass das Spektrum, welches sich nach dem Durchgang eines weißen Lichtbündels durch ein Prisma ergibt, ein farbiges Bild ergibt. Dabei gibt es eine fixe Korrelation: Lichtstrahlen mit gleichem Brechungswinkel zeigen immer die gleiche Farbe. Diese Korrelation erleichtert die empirische Messarbeit ungeheuerlich und suggeriert zugleich eine neue Hypothese, die Newton gerne zugeschrieben wird: „Weißes Sonnenlicht ist eine Mischung aus verschiedenfarbigen Lichtstrahlen". (so z. B. bei Müller 2015, S. 80)

In der Tat gibt es bei Newton Stellen in seiner ersten Abhandlung zur Optik aus dem Jahre 1672, die sich in diesem Sinne lesen lassen. Hier heißt es:

> Die Farben sind keine erworbenen Eigenschaften (Qualifications) des Lichts, die sie, wie allgemein angenommen, durch Brechung oder Reflexion an natürlichen Körpern erhalten haben, sondern eigentümliche und genuine Eigenschaften, die bei verschiedenen Strahlen verschieden sind. (Newton 1671/72, S. 27)

Hier wendet sich Newton also gegen die Variante 1 und gibt sich als Vertreter der Variante 2 zu erkennen. Aber in den folgenden Jahrzehnten schärfte sich seine methodologische Einstellung und in seiner Optik aus dem Jahre 1704 stellt er dazu unmissverständlich in einer „Definition" fest:

> Das homogene Licht und die Lichtstrahlen, die rot erscheinen oder vielmehr welche Gegenstände rot erscheinen lassen, nenne ich rötend [im Original steht hier der Kunstausdruck ‚rubrifick'] oder rot-erzeugend; solche Lichtstrahlen, die die Gegenstände gelb, grün, blau und violett erscheinen lassen, nenne ich gelb-erzeugend, grün-erzeugend, blau-erzeugend, violett-erzeugend usw. Und wenn ich einmal von farbigen oder gefärbten Lichtstrahlen spreche, so ist dies nicht im wissenschaftlichen oder strengen Sinn zu verstehen, sondern umgangssprachlich gemeint, entsprechend den Vorstellungen, die sich das gewöhnliche Volk machen würde, wenn sie all die Experimente sehen würden. Denn streng genommen sind die Strahlen nicht gefärbt. In ihnen liegt lediglich eine Macht oder Disposition, die Empfindung dieser oder jener Farbe zu erregen. (Newton 1704, S. 80)

Newton ist Physiker und die Physik beschäftigt sich mit der Welt nur insoweit, als sich diese durch physikalische Größen repräsentieren lässt. Solche Größen sind z. B. Länge, Zeit, Masse, Ladung, Brechungswinkel oder Wellenlänge. „Farbe" ist jedenfalls *keine* physikalische Größe und so muss die Physik zwar nicht farblos, aber farbenfrei bleiben, d. h., der Newton der späteren Jahre ist ein Vertreter der dritten Variante (ahnlich heute Campbell (1969); Überblick über den „Dispositionalismus" bei Harvey (2000)).

Im Sinne dieser Variante ist es lediglich ein glücklicher Umstand, dass wir die Fähigkeit besitzen, Farben zu sehen; dies hilft in der Optik enorm. Aber dadurch wird die Farbe nicht zum Teil der Optik. Auf der anderen Seite kann die Optik viel dazu beitragen, die physikalischen Umstände zu klären, unter denen sich bei uns bestimmte Farbeindrücke einstellen. Goethe hatte immer gefordert, dass sich die Physik dieser Aufgabe stärker annehmen sollte, ich werde noch darauf zurückkommen. Und es gibt ein wunderbares Buch von Marcel Minnaert, das zeigt, wie diese Aufgabe umgesetzt werden kann (vgl. Minnaert 1992). Aber trotzdem bleibt es dabei, dass zunächst einmal nicht mehr als eine Korrelation zwischen physikalischen Sachverhalten auf der einen Seite und Farbeindrücken im unserem Kopf auf der anderen Seite festgestellt werden kann.

3.2.5 Farbensehen als Disposition des Menschen

Damit sind wir schließlich bei der Frage angelangt, was denn eigentlich in unserem Kopf geschehen muss, damit wir Farbeindrücke haben. Schon in der Schule lernt man heute, dass sich das Licht in der Tat aus verschiedenen Komponenten zusammensetzt, die als elektromagnetische Wellen in einem bestimmten Wellenbereich aufgefasst werden. Licht ist der sichtbare Ausschnitt aus dem weiten Spektrum elektromagnetischer Wellen. Das Licht wird durch die Augenlinse auf die Netzhaut geführt, wo es auf unterschiedliche Photorezeptoren trifft. Da sind zunächst die sog. Stäbchenzellen, die mehr am Rand der Netzhaut sitzen, äußerst lichtempfindlich sind und uns das Sehen in dunkler Dämmerung bzw. im Dunkeln ermöglichen; Stäbchenzellen erlauben aber keine Farbeindrücke. Neben den Stäbchenzellen gibt es dann die sog. Zapfenzellen, die das Farbensehen ermöglichen. Sie sitzen im Zentrum der Netzhaut (Sehgrube, fovea centralis) und lassen sich nach ihrer besonderen Empfindlichkeit für Licht bestimmter Wellenlänge in drei Gruppen einteilen: Der S-Typ reagiert besonders auf Licht im kurzwelligen Bereich (mit einem Empfindlichkeitsmaximum bei 455 nm, „blau“), der M-Typ ist für Licht mittlerer Längenwelle empfindlich („grün“, 535 nm) und der L-Typ reagiert vor allem auf langwelliges Licht („rot“, 570 nm). Die Rezeptoren sind aber nicht scharf auf bestimmte Wellenlängen eingestellt, sondern haben einen großen Überlappungsbereich. Das Licht löst an den Rezeptoren chemische Reaktionen aus, für die jetzt aber nicht die Wellenlänge, sondern die mit ihr verbundene Energie (die in den Photonen steckt) verantwortlich ist. Die chemischen Prozesse werden wieder in elektrische Impulse umgewandelt, welche dann die Grundlage der weiteren Verarbeitung im Gehirn bilden.

Dieses Bild war lange Zeit Grundlage eines reduktionistischen Verständnisses vom Farbensehen: Aus dem (fast) kontinuierlichen Lichtspektrum werden drei farbspezifische Wellenbänder gefiltert und aus diesen wird wie in der Drei-Farben-Technik des Fernsehens die Vielfalt der Farbeindrücke synthetisiert. „Farbe“ gilt in diesem Bild als die durch elektromagnetische Schwingungen im sichtbaren Bereich ausgelöste Empfindung.

Aber so einfach liegen die Dinge nicht. Denn kaum haben die Rezeptoren ihre Transformationsarbeit geleistet, fangen die tieferen Regionen der Retina und das Gehirn an, diese Signale nach eigenen Regeln zu verarbeiten. Das beginnt damit, dass die Nervenzellen, die die Signale von der Netzhaut ableiten, diese neu gruppieren und zwar in die vier Komponenten Rot – Grün und Blau – Gelb, wobei die Komponenten Rot – Grün und

Blau – Gelb keine farblichen Übergänge erlauben. Das heißt, für das Gehirn gilt eine Vier-Farben-Theorie der Farberzeugung, obwohl es für die Farbe „Gelb" an den Zapfenzellen gar keinen Rezeptor gibt.

Eine zweite wichtige und eigene Gehirnleistung ist die Aufrechterhaltung der Farbkonstanz. Wäre das einfache reduktionistische Bild richtig, müssten wir unsere Umgebung eigentlich in einem ständig wechselnden Farbkleid sehen, da sich die relativen Wellenlängenanteile des Sonnenlichts im Tagesverlauf ändern. Das geschieht aber nicht. Obwohl unsere Photorezeptoren in unterschiedlichem Maße angesprochen werden, beharrt das Gehirn darauf, immer den gleichen Farbeindruck zu erhalten.

Diese Fähigkeit des Menschen hat den amerikanischen Physiker und Unternehmer Edwin Land stark beschäftigt und zu einer Reihe von verblüffenden Experimenten angeregt. Alle diese Experimente laufen auf ein Ergebnis hinaus: Eine Fläche behält ihren Farbeindruck, auch wenn sie mit Licht in unterschiedlicher spektraler Zusammensetzung beleuchtet wird. Einzige Bedingung: Die farbige Fläche ist eingebettet in eine farbige Umgebung. Das kann man nur so verstehen, dass das Gehirn offensichtlich nicht nur die Verteilung der Wellenlängen des Lichts erfasst, sondern darüber hinaus auch noch die Lichtreflexivität der Fläche (denn diese bleibt bei unterschiedlicher Belichtung erhalten). Diese wird dann in Relation gestellt zu der Reflexivität der umgebenden Flächen. Bleibt das Relationsverhältnis in der Zeit gleich, dann auch der Farbeindruck, auch wenn sich die Beleuchtungsverhältnisse gravierend geändert haben (einen knappen Überblick zur Physiologie des Sehens geben Solomon und Lennie (2007)).

Hat damit der große Physiker James Clark Maxwell recht, der vor über 140 Jahre Farbe für eine rein subjektive Wahrnehmung hielt und deshalb forderte: „Die Wissenschaft der Farbe muss als reines Thema der Gehirnforschung angesehen werden." („The science of colour must therefore be regarded as essentially a mental science.") (Maxwell 1871, S. 13) Nein, auch diese Behauptung geht zu weit. Vielmehr legen die bisherigen Betrachtungen den Schluss nahe, dass man dem Phänomen „Farbe" nicht durch ein einfaches „entweder objektivistisch oder subjektivistisch" gerecht werden kann. Die Farbe eines Gegenstandes ist weder eine Eigenschaft des Gegenstands noch eine Eigenschaft des Lichts noch ein einfacher Sinneseindruck. Die „Farbe" ist eine Art Index, in dem unser Gehirn eine ganze Reihe von physikalischen und physiologischen Daten *zu einer visuellen Größe zusammenfasst*. Diese Fähigkeit zur Indizierung der Umwelt haben wir Menschen mit vielen Tieren gemein, auch wenn diese Fähigkeit sehr unterschiedlich ausgeprägt ist (Fische können ihren Farbensinn unterschiedlichen Wassertiefen anpassen, Bienen können das Farbensehen ausschalten, wenn sie schnell fliegen, um ihr Gehirn von der ansonsten erforderlichen Datenverarbeitung zu entlasten). Es sieht so aus, als würde der Mensch mithilfe der Farbeindrücke seinen Wahrnehmungs- und Erfahrungsraum im vorsprachlichen Bereich auf ähnliche Weise gliedern, wie er es im sprachlichen Bereich dann mithilfe der Prädikatoren leistet. In beiden Fällen sind die Unterscheidungsleistungen von der Außenwelt angeregt, aber nicht aufgezwungen. Und es sind vor allem die sprachlichen Fähigkeiten des Menschen, die es ihm erlauben, die Leistungen seines visuellen Unterscheidungsvermögens zu *reflektieren* und u. U. zu *relativieren*.

3.2.6 Von der Philosophie zur Phänomenologie der Farbe

Menschen nehmen Farben also nicht nur einfach wahr, sie schreiben ihnen aktiv symbolische Bedeutung zu, verbinden mit ihnen Assoziationen, wodurch mittelbar psychische Wirkungen erzeugt werden, stellen Farben technisch her, setzen sie künstlerisch ein und bewerten den Umgang mit ihnen nach ästhetischen Gesichtspunkten. Darauf wird im Abschn. 3.3 näher eingegangen. Zwar hat sich Wittgenstein diesen lebensnahen Fragen in seiner für ihn typischen kursorischen Weise angenommen (Wittgenstein 1984), aber die zeitgenössische Analytische Philosophie hat seinen Faden nicht weitergesponnen. Man besteht darauf, dass erkenntnistheoretisch gesehen ein Farbeindruck lediglich das Ergebnis passiver Wahrnehmung sei und verneint die Frage nach der Eigenständigkeit dieser Wahrnehmung durch ein Bekenntnis zu einem metaphysischen Physikalismus. Fatal ist nur, dass Philosophen weder dieses Bekenntnis selbst praktisch einlösen noch Beispiele für eine gelungene Reduktion von im weitesten Sinne mentalen Phänomenen auf physikalische Ereignisse anführen können. So bleibt es bei einem trotzigen und argumentationsfreien „Hier stehe ich und will nicht anders".

Einem praktischen, technischen wie künstlerischen Umgang viel näher als zeitgenössische Philosophie steht in ihrem programmatischen Ansatz die heute ansonsten wenig geschätzte Farbenlehre Goethes, auf die ich abschließend noch kurz eingehen möchte. Goethe hat in seiner Farbenlehre programmatisch zum Ausdruck gebracht, dass man sich dem Phänomen „Farbe" in seinen vielfältigen physischen, psychischen, kulturellen und ästhetischen Aspekten nur dann erfolgreich annähern kann, wenn man das im interdisziplinären Verbund tut. Goethes Farbenlehre ist der Versuch einer systematischen Erfassung von Farbphänomenen, die uns im Alltag in unterschiedlichen Kontexten begegnen. Die Erklärung dieser Farbphänomene wird dann den Wissenschaften (Physiologie, Chemie, Physik, Psychologie, Kulturwissenschaften) zugewiesen, die in diesen Kontexten beheimatet sind (vgl. Goethe 1808). Es ist also konsequent, wenn Goethe eine strenge Dichotomie in „entweder ist Farbe objektiv und damit Physik oder sie ist subjektiv und damit Physiologie" als unfruchtbar ablehnte. Er stand damit im Gegensatz zu vielen Zeitgenossen, die gewohnt waren, in Dichotomien zu denken und die deshalb seinen Überlegungen mit Unverständnis begegneten.

Damit sie aber einer wissenschaftlichen Behandlung zugänglich sind, müssen die Phänomene aus ihrer alltagsweltlichen Umgebung herausgelöst und „in die Kammer" (heute würde man sagen „ins Labor") übertragen werden, wo sie dann unter kontrollierten Bedingungen studiert werden können. Diese Übertragung geschieht durch den „Versuch", so wie Goethe dies in seinem Aufsatz „Der Versuch als Vermittler von Objekt und Subjekt" beschrieben hat (vgl. Goethe 1823). Der „Versuch" ist – modern gesprochen – eine Realsimulation, an der durch Variation verschiedener Parameter Effekte erzeugt und studiert werden können, er ist aber kein Experiment. Goethe war ausdrücklich bereit, die Erklärungsansprüche der Phänomene an die Fachwissenschaften abzutreten, als seine Leistung beanspruchte er lediglich, die Phänomene selbst in systematischer Weise zusammengetragen zu haben (eine phänomenologische Analyse der Farberscheinungen im Goetheschen

Sinne findet man heute z. B. bei Nussbaumer (2008)). Das alles wird in der Einleitung zum didaktischen Teil der Farbenlehre klar und deutlich ausgedrückt. Nur hinsichtlich der Newtonschen Optik hatte er bekanntlich seine Bedenken, da er Newton fälschlicherweise ontologische Prämissen unterstellte, welche ihm diese Theorie für eine Erklärung der Phänomene ungeeignet erscheinen ließen (diese heftige, in der Sache aber unzutreffende Kritik hat viele bis heute davon abgehalten, sich näher mit dem Programm der Farbenlehre zu beschäftigen, obwohl die Auseinandersetzung mit Newton eigentlich für die Farbenlehre als Ganzes irrelevant ist; siehe dazu im Einzelnen Kötter (1989)).

Für den praktischen und technischen Umgang mit der Farbe hält Goethe einen philosophischen Rigorismus für wenig hilfreich. Nicht die Frage, *was* die Farbe ist, sei entscheidend, sondern *wie* sie erscheint. „Denn es bleibt uns auch hier nichts übrig, als zu wiederholen, die Farbe sei die gesetzmäßige Natur in Bezug auf den Sinn des Auges. Auch hier müssen wir annehmen, dass jemand den Sinn habe, dass jemand die Einwirkung der Natur auf diesen Sinn kenne; denn mit dem Blinden lässt sich nicht von der Farbe reden" (Goethe 1808, S. 324). Eigentlich folgen heute alle, die sich praktisch mit Farbe beschäftigen, sei es in Technik, Gestaltung oder Kunst, der interdisziplinären Programmatik Goethes, auch wenn sie sich dieser historischen Wurzeln in der Regel nicht bewusst sind. Abschn. 3.3 zeigt dies treffend.

Fazit

Wir haben gesehen, dass die Versuche, der Farbe einen eindeutigen ontologischen Status entweder als physikalische oder mentale Entität zuzuweisen, zu keinen überzeugenden Ergebnissen geführt haben. „Farbe" ist ein Phänomen, dem man sich am besten auf unterschiedlichen lebensweltlichen und wissenschaftlichen Wegen annähert, und jeder dieser Zugänge weist seine ganz eigenen philosophischen Probleme auf, die zu ihrer Lösung denn auch der spezifischen erkenntnistheoretischen, sprachphilosophischen oder wissenschaftstheoretischen Reflexion bedürfen. Den philosophischen „general problem solver" wird es jedenfalls für den Problemkomplex „Farbe" nicht geben.

Literatur

Armstrong, D. M. (1969): Colour-Realism and the Argument from Microscope. In: Brown, R., Rollins, C. D. (Hrsg.), Contemporary Philosophy in Australia. London, S. 119–131.

Byrne, A., Hilbert, D. R. (1997): Colors and Reflectances. In: Byrne, A., Hilbert, D. R. (Hrsg.), Readings on Colors, vol. 1: The Philosophy of Color. Cambridge (Mass.), S. 263–288.

Campbell, K. (1969): Colours. In: Brown, R., Rollins, C. D. (Hrsg.), Contemporary Philosophy in Australia. London, S. 132–157.

Damböck, C. (2013): Deutscher Empirismus – Studien zur Philosophie im deutschsprachigen Raum 1830–1930. Springer.

Descartes, R. (1637): Discours de la Methode pour bien conduire sa raison, & chercher la verité dans les sciences. Leiden (dt: Entwurf der Methode. Mit der Dioptrik, den Meteoren und der Geometrie. Hrsg. von Chr. Wohlers. Hamburg 2015).

Dorsch, F. (2009): Die Natur der Farben. Frankfurt/M.

Goethe, J. W. (1808): Zur Farbenlehre. Didaktischer Teil. In: Goethes Werke HA, Bd. 13. München 1981, S. 314–523.
Goethe, J. W. (1823): Der Versuch als Vermittler von Objekt und Subjekt. In: Goethes Werke HA, Bd. 13. München 1981, S. 10–20.
Hardin, C. L. (1986): Color for Philosophers. Unweaving the Rainbow. Indianapolis.
Hardin, C. L. (2014): Color Qualities and the Physical World. In: Wright, E. L. (Hrsg.), The Case for Qualia. Cambridge (Mass.), S. 143–154.
Harvey, J. (2000): Colour-Dispositionalism and Its Recent Critics. *Philosophy and Phenomenological Research* 61, S. 137–153.
Jackson, F., Pargetter, R. (1997): An Objectivist's Guide To Subjectivism. In: Byrne, A., Hilbert, D. R. (Hrsg.), Readings on Colors, vol. 1: The Philosophy of Color. Cambridge (Mass.), S. 67–80.
Kötter, R. (1989): Newton und Goethe zur Farbenlehre. *Deutsche Zeitschrift für Philosophie*, 46, S. 585–600.
Kreißl, F. R., Krätz, O. (1999): Feuer und Flamme, Schall und Rauch. Weinheim.
Lampert, T. (2000): Zur Wissenschaftstheorie der Farbenlehre. Aufgaben, Texte, Lösungen. Bern.
Lampert, T. (2008): Newton vs. Goethe: Farben aus Sicht der Wissenschaftstheorie und Wissenschaftsgeschichte. In: Bieri, H., Zwahlen, S. M. (Hrsg.), „Trinkt, o Augen, was die Wimper hält, … ". Farbe und Farben in Wissenschaft und Kunst. Bern, S. 259–284.
Maxwell, J. C . (1871): On Colour. *Nature* (4th May), S. 13
Minnaert, M. (1992): Licht und Farbe in der Natur. Basel.
Newton, I. (1671/72): A New Theory about Light and Colours. In: Phil. Trans. No. 80, S. 3075–3087 (dt.: Newtons Theorie der Prismenfarben (hrsg. J. A. Lohne, B. Sticker), München 1969).
Newton, I. (1704): Opticks: Or, a Treatise of the Reflexions, Refraction, Inflexions and Colours of Light, London 1704, 21717, 31721, 41730 (dt.: Optik oder Abhandlung über Spiegelungen, Brechungen, Beugungen und Farben des Lichts. (hrsg. W. Abendroth), Leipzig 1898, Frankfurt/M 1996).
Nussbaumer, I. (2008). Zur Farbenlehre. Entdeckung der unordentlichen Spektren. Wien.
Schleichert, H. (1975): Logischer Empirismus – der Wiener Kreis. Paderborn: Wilhelm Fink.
Solomon, S. G., Lennie, P. (2007): The machinery of colour vision. *Nature Review Neuroscience* 8, S. 276–286.
Thompson, E. (1995): Colour Vision. A study in cognitive science and the philosophy of perception. London, New York.
Vetter, B., Schmid, St. (Hrsg.) (2014): Dispositionen. Texte aus der zeitgenössischen Debatte. Frankfurt/M.
Wittgenstein, L. (1984): Bemerkungen über die Farbe. In: Werkausgabe, Bd. 8., Frankfurt/M, S. 7–112.

3.3 Farbkonzepte für Arbeitsplätze

Katrin Trautwein

Welchen Beitrag leistet Farbe bei der Einrichtung von menschenwürdigen, funktionellen Arbeitsplätzen? Im Folgenden wird die Bedeutung von Farbe für Mensch und Raum definiert, anschließend ein Verfahren für die Farbgestaltung vorgestellt, das zu physiologisch entlastenden, psychologisch wohltuenden Farbkonzepten führt.

3.3.1 Kühlt Rosarot heiße Gemüter?

Vor einigen Jahren haben Gefängnisse im deutschsprachigen Raum Zellen für emotional erhitzte Häftlinge mit „Cool Down Pink“ gestrichen. Sie haben sich dabei auf eine Untersuchung bezogen, die angeblich beweise, dass dieses Rosarot eine beruhigende Wirkung habe. Wird das Büro der Zukunft pink sein? Vermutlich nicht – Häftlinge haben den Anstrich als Demütigung empfunden, und die in den Medien zitierten positiven Erfahrungen erwiesen sich als anekdotische Erzählungen. Die rosaroten Zellen wurden inzwischen mehrheitlich wieder weiß gemalt und anderen Branchen blieb der rosarote Umweg erspart.

Das „neutrale“ weiße Büro hat seit Jahren Hochkonjunktur. Ist das die beste Lösung? Der weiße Anstrich ist für viele ein sicherer Hafen und der Mangel an fundierten Aussagen über Farbwirkungen, die einer kritischen Prüfung standhalten, kann die Tendenz zu Weiß nicht entkräften. Die oft zitierte Gleichsetzung von Weiß mit Klarheit und Reinheit, aber auch Kostengründe scheinen für die weiße Bürowelt zu sprechen. Dennoch gibt es objektive Argumente, die gegen weiße und für kontrastreichere Arbeitswelten sprechen.

3.3.2 Wozu brauchen wir Farbe?

Was bringt Farbe den Menschen und Räumen (Abb. 3.1 und 3.2)? Le Corbusier zitierte Fernand Léger und schrieb dazu: „Der Mensch benötigt Farbe zum Leben; sie ist ein Element ebenso notwendig wie Wasser und Feuer.“ (Le Corbusier, zitiert nach Rüegg 2015) Was dachte er sich dabei? Ohne Wasser verdursten wir. Ohne Feuer erfrieren wir. Ohne Farbe?

Unser Sehsinn hat sich darauf spezialisiert, einen als „Licht“ bezeichneten Bereich der Sonnenenergie als Farbe an Oberflächen wahrzunehmen. Dieses unglaublich raffinierte

Abb. 3.1 Besprechungsraum mit weichen Grau-in-Grau-Kontrasten; Charles-Édouard Jeanneret-Gris (Le Corbusier), 1912, Farben entsprechen den Originalfarben

Abb. 3.2 Ein Büro mit RAL 9010 an den Wänden und harten Hell-Dunkel-Kontrasten

Zusammenspiel von Licht, Oberflächen und Wahrnehmung ist das, was „Farbe" ist. Was beim Farbensehen geschieht, ist ein Wunderwerk der Evolution:

1. Licht trifft auf ein Objekt, als Beispiel dient eine Rosenblüte.
2. Die Pigmente und die Oberflächenstruktur des Objekts verändern das Licht sowohl in seiner Ausrichtung als auch in seiner Zusammensetzung.
3. Sehzellen im Auge nehmen das veränderte Licht auf.
4. Nerven leiten die Information weiter.
5. Eine Kaskade von chemischen Signalen wird in verschiedenen Regionen des Gehirns ausgelöst.
6. Wir sehen im Garten in einiger Entfernung eine Landschaft mit roter Rose.

Wir nehmen die rote Rose wahr, zusammen mit dem grünen Gras, dem Himmel und zahlreichen runden Glanzperlen. Die Glanzperlen nehmen wir morgens als Tautropfen, mittags als Regentropfen wahr. Später betreten wir den Garten erneut. Die Rose ist nun fast braun und die Wiese dunkelgrau, wir werten das Bild aber als rote Rose auf grünem Gras in der Dämmerung aus. Diese unglaublich präzise Objekterkennung, die sich von einzelnen Rosen und Grashalmen bis hin zu komplexen Landschaften oder Gebäudefolgen erstreckt, ist möglich, weil wir Licht auf Oberflächen als Farbe sehen und Verschiebungen im Licht- und Farbspektrum als Informationsquelle nutzen können. Das Farbensehen liefert uns in Intervallen von etwa 13 Millisekunden (vgl. Potter et al. 2014) Informationen, die Objekte, Hintergründe, Witterungsbedingungen, Tageszeiten und vieles mehr für uns sichtbar machen.

Ohne Farbe? Ohne Farbe verlieren wir unsere visuelle Orientierung in Raum und Zeit (Abb. 3.3 und 3.4) (Trautwein 2014, S. 105).

Bunte und unbunte Farbunterschiede sehen zu können, ermöglicht uns die visuelle Identifikation von Gegenständen, Gefahren und Situationen (vgl. Gegenfurtner und Kiper 2003).

Abb. 3.3 Ein Bild mit nur unbunten Hell-Dunkel-Kontrasten

Abb. 3.4 Dasselbe Bild mit bunten und unbunten Hell-Dunkel-Kontrasten

3.3.3 Sehen heißt Farbunterschiede sehen

Die Liste von Informationen, die wir als Farbeffekte an Oberflächen wahrnehmen, ist imposant: Orte, Landschaften, Formen, Farben, Räume, Vorder- und Hintergründe, Objekte und Kontexte, Schatten, Bewegungen und Geschwindigkeiten, Tiefen und Entfernungen, Materialien, Atmosphären, Tages- und Jahreszeiten (vgl. Chirimuuta 2015). Zur Veranschaulichung kann das Schneebild Abb. 3.5 dienen. Die Landschaft ist einfach als Schatten eines Baums auf der Neuschneedecke zu erkennen. Im Vorbewusstsein hat ein Informationsabgleich zwischen optischen Reizen und Erfahrungsbildern stattgefunden und wir wissen außerdem, dass es Winter ist und der Himmel strahlend blau. Die Schattenlängen verraten uns, dass bald Schluss mit dem Skivergnügen ist. Lust- und Unlustgefühle verbinden sich mit diesem (und mit jedem anderen bewusst oder unbewusst wahrgenommenen) Bild. Dabei ist nicht der Blauton oder sonst eine Farbe für die Emotionen entscheidend, sondern die Gesamtkomposition und wie wir sie instinktiv deuten.

Zur Verdeutlichung der Aussage, dass es nicht auf die Erkennung einzelner Farben, sondern auf die emotionale Auswertung der Gesamtsituation ankommt: Wir erkennen alle sofort eine Erdbeere und ob sie grünlich-rot und unreif, tiefrot und reif oder purpurrot und überreif ist. Dabei wirkt purpurrot nicht generell, sondern nur in diesem Zusammenhang unappetitlich. Als Farbkonzeptmacher kann der Hebel bei dieser instinktiven

Abb. 3.5 Snow Shadows – jeder erkennt die Sachlage sofort, obwohl jeder das Blau anders sieht

Reaktion auf den visuellen Gesamtzusammenhang angesetzt werden. Die Arbeitsräume der Zukunft werden nicht weiß, rosa oder blau sein, sie werden wohltuende Landschaften bilden.

3.3.4 Die Gestaltung wohltuender Farblandschaften

Wie gestaltet man eine Arbeitsumgebung, die unmittelbare Lust- und nicht Unlustgefühle anspricht? Beim Betreten eines Raumes kommt bei uns im Vorbewusstsein ein Feuerwerk von Sinneseindrücken an. Eine komplizierte Informationsvielfalt wird gesiebt und eine biologische Reaktion ausgelöst, die zustande kommt, lange bevor wir zurücktreten und uns überlegen, was wir vom Raum halten sollen. Bleiben oder fliehen, lachen oder weinen, handeln oder verharren, Lust oder Unlust empfinden – darüber denken wir nicht nach, das läuft bei uns unbewusst ab (vgl. Robinson und Pallasmaa 2015, S. 20; Gladwell 2005; Gordon 2015, S. 11). Wie sieht ein Arbeitsraum aus, der positive emotionale Erfahrungsbilder anspricht und gegen eine physiologische Ermüdung oder Langeweile wirkt? Die Forschungsergebnisse der letzten Jahre lassen sich als Hinweise darauf deuten, dass die Erfüllung folgender Bedingungen zu Räumen führt, die eine Einladung zum Verweilen aussprechen (Abb. 3.6):

1. Der Raum bietet Orientierung. Das bedeutet, dass wichtige Objekte im Raum gut zu erkennen und unwichtige unaufdringlich gestaltet sind.
2. Die Farbkontraste und die Schatten im Raum sind weich. Die Farben verändern sich im Tagesverlauf subtil mit dem Licht. Diese Materialeigenschaften stellen emotionale Verbindungen zu den harmonischen Farben der Natur her.
3. Der Raum steht in Einklang mit dem visuell gesunden Menschenverstand. Die Bodenfarbe kann erdig oder steinig, aber nicht himmelblau, meeresblau oder grell rosarot sein. Rot erscheint überhaupt sparsam, Gelb ist weder am Boden noch an verschatteten Flächen einzusetzen, es darf nicht alles weiß sein usw. Die systematische Besprechung dieser Regeln sprengt den Rahmen dieses Beitrags. Für Informationen dazu kann auf Fachseminare verwiesen werden, die sich diesen Themen widmen.

Abb. 3.6 Die himmelblaue Wand scheint zurückzuweichen; was der Wand gut tut, würde am Boden irritieren; himmelblaue Bodenfarben verstoßen gegen den visuell gesunden Menschenverstand

3.3.5 Das weiße Büro als Problemfall

Was geschieht physiologisch beim Betreten eines strahlend weißen Raums? Stellen Sie sich einen hell ausgeleuchteten Raum mit weißen Wänden, Decken, Fensterrahmen und Vorhängen vor (Abb. 3.2). Sie betreten den Raum und sehen zuerst die weißen Wände. Weißes will gesehen werden. Unser Sehsinn nimmt sowohl helle Farben als auch deutliche Farbkontraste am schnellsten wahr. Wohl darum verführt Weiß so viele Architekten – sie vermuten, dass weiße Formen besonders klar und deutlich wirken. Weiße Umgebungen haben aber faktisch zwei entscheidende Nachteile. Der erste ist, dass sich unsere Sehschlitze aufgrund der dominanten Helligkeit zusammenziehen. Die Lichtzufuhr wird verringert, damit es nicht zur Sättigung der Sehzellen kommt. Das hat zur Folge, dass dunklere Gegenstände, wie Einrichtungen, Bücher, Bildschirme und Büronachbarn, undeutlicher und dunkler wirken (Abb. 3.7).

Der zweite Nachteil hängt mit der fehlenden Abwechslung zusammen. Jede monochrome Umgebung erschwert uns die Orientierung, wobei die monochrom weiße Umgebung aufgrund ihrer Helligkeit unsere Wahrnehmung doppelt bemüht. Helligkeit und Kontraste ziehen unsere Blicke auf sich, aber Gleichfarbigkeit gleicht Unterschiede aus. Es wird schwerer, zu erkennen, was im Sehfeld wichtig und was unwichtig ist. Im Beispiel

Abb. 3.7 Zwei gleiche gelbe Felder; das gelbe Feld im weißen Umfeld ist schwer zu sehen, im hellgrauen Umfeld deutlich zu erkennen

Abb. 3.8 Die großflächig eingesetzte Hintergrundfarbe darf hell sein, sie soll die Rauminhalte aber nicht überstrahlen; hier sorgt die Farbe KT 200.143 Ombre naturelle pâle für unaufdringliche Hintergründe; die Rauminhalte werden zum Blickfang, nicht die Wände

(Abb. 3.2) sind die Wände als Blickfang des Raums gestaltet! Im ganz weißen Raum verlangt jede weiße Fläche unsere sofortige Aufmerksamkeit. Das ist so anstrengend wie monotone Musik, die zu laut ist.

Gemäßigte weiße oder gar hellgraue Umgebungen sind physiologisch freundlicher als klinisch weiße. Die Sehschlitze bleiben geöffnet, die Gegenstände im Raum wirken deutlich und farbschön, und die Rauminhalte müssen nicht mit den Wänden um Aufmerksamkeit kämpfen. Gleichzeitig darf die Umgebung aber nicht monochrom hellgrau sein, das wäre auch zu undifferenziert. Es kommt auf die Gestaltung der Kontraste an (Abb. 3.8).

3.3.6 Drei Stufen zum perfekten Farbkonzept

Farbe so einzusetzen, dass sie eine wohltuende Atmosphäre kreiert und die Formensprache der Architektur verdeutlicht, ist ein dreistufiger Prozess. Zunächst werden eine helle Grundfarbe und eine dazu passende dunkle Schattenfarbe festgelegt, um die gewünschte Atmosphäre zu erzeugen (Abb. 3.9). Im zweiten Schritt werden helle und dunkle Flächen im Raum angeordnet, um seine Tiefenwirkung zu verstärken, die Bewegungsrichtung des Raumnutzers vorzugeben und Oberflächen und Formen in der Hierarchie ihrer Bedeutung zu differenzieren (Abb. 3.10). Zuletzt werden Kontraste durch dynamische, daher satte, bunte Farben verstärkt und Räume individualisiert, mit einer roten Wand beispielsweise oder einer blauen Nische (Abb. 3.11). Im Folgenden soll sich, da diese von größter Bedeutung für die atmosphärische Qualität des Raums ist, auf die Wahl der hellen Grundfarbe und der passenden dunklen Farbe konzentriert werden.

Weiße Flächen können leuchtend oder stumpf, einladend oder zurückweisend sein. Zwei Eigenschaften bestimmen die Wirkung von Farben im Zusammenhang mit Licht und Form: zum einen ihr Remissionsspektrum – der Bereich, in dem Lichtwellenlängen von Farbpigmenten aufgenommen oder abgewiesen werden –, zum anderen die Art, wie nicht absorbiertes beziehungsweise remittiertes Licht zurückgewiesen wird. Remittiertes Licht wird

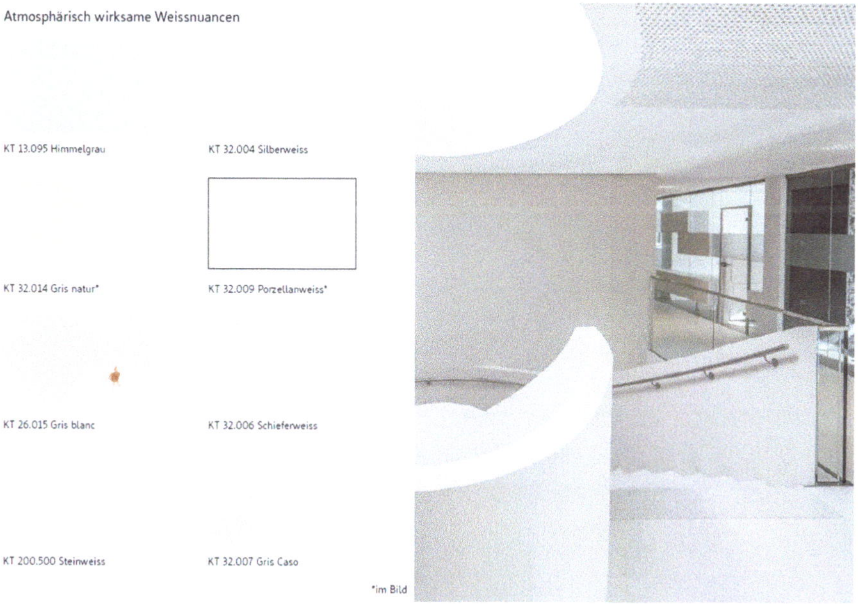

Abb. 3.9 Arbeitsschritt 1 – Atmosphäre: die helle Farbe wählen, sie prägt die Atmosphäre im Raum; KT 32.014 Gris natur und KT 32.009 Porzellanweiss

entweder von Oberflächen gespiegelt oder gestreut. Da weiße Farben wenig Licht absorbieren, ist die Art der Remission, Spiegelung oder Streuung, für die Wirkung weißer Architektur entscheidend. Lichtspiegelnde Oberflächen funkeln und leuchten, lichtstreuende scheinen hingegen flach und nicht greifbar. Der Unterschied zwischen Spiegelung und Streuung entspricht jenem zwischen dem Glitzern frischen Pulverschnees und der flachen Wirkung verdichteter Schneelagen. Die von kristallinen Partikeln ausgehende Reflektion des Neuschnees erzeugt lebhafte, die von zertretenen Partikeln hervorgerufene Streuung diffuse graue Schatten. Das heute am häufigsten eingesetzte Weißpigment, Titanweiß, wird am Ende seines Herstellvorgangs auf eine definierte Partikelgröße mikronisiert. Durch den Mahlvorgang zu Partikeln, deren Größe im Idealfall zwischen 0,2 und 0,3 Mikrometern liegt, werden kleine, homogene Pigmentteilchen erzeugt, die die Deckfähigkeit einer Farbe erhöhen, aber funkelnde Spiegeleffekte eliminieren. Titanweiß und seine Verwandten wie Nickeltitangelb und andere Mischphasenoxidpigmente streuen deshalb das Licht von ihren Oberflächen und wirken aufdringlich. Im Gegensatz dazu zeigen Naturpigmente wie Kreide, Kalk, Marmor, Kaolin und Umbratöne aufgrund ihrer kristallinen Struktur Spiegeleffekte. Ein Weiß aus reiner Champagnerkreide reflektiert und modifiziert Licht auf eine ganz andere Weise als Titanweiß. Licht dringt in die Farbschichten des natürlichen Kalkgesteins ein und wird aus verschiedenen Tiefen zurückgeworfen. Die Oberfläche weist die für Farben aus natürlichen Pigmenten typische taktile Weichheit und Leuchtkraft auf. Im architektonisch wichtigen Weiß- und Pastellbereich gewinnt man Tiefe mit dem Verzicht auf Titandioxid, in anderen Farbtonbereichen mit dem Einsatz von Farben aus mehrheitlich natürlichen Pigmenten. Sie

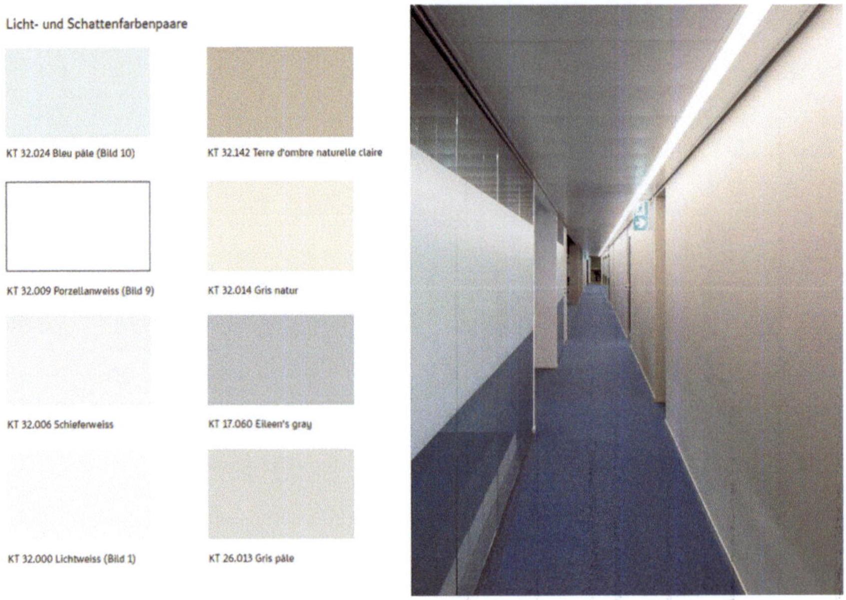

Abb. 3.10 Arbeitsschritt 2 – Differenzieren: die Farbe zur hellen Hauptfarbe wählen für Flächen, die sich der Aufmerksamkeit entziehen sollen

Abb. 3.11 Arbeitsschritt 3 – Farbakzente setzen: die Räume individualisieren und aufkeimende Gefühle von Beliebigkeit verhindern; KT 43.7 Vert vif (links) und KT 03.001 Ultramarinblau Y3 (rechts)

werten die Architektur auf und verbessern ihre Umweltbilanz. Anders ausgedrückt entsteht das typische Licht im Raum erst durch die Lichteinwirkung auf alle Oberflächen, und ein natürliches Raumlicht kommt nur durch natürliche Pigmente zustande.

Nachdem eine helle Farbe gewählt wurde, wird eine natürliche „Schattenfarbe" gewählt, die dazu passend ist. Welche Flächen sollen den dunkleren Ton tragen? Drei Fragen helfen bei der Entscheidung: Wo soll der Eindruck von Raumtiefe verstärkt werden? Entlang welcher Achsen verlaufen die Bewegungen durch den Raum? Was ist unschön und soll vor Blicken verborgen werden? Ein enger Raum wirkt weiter, wenn die beschattete Wand dunkler, die im Licht stehende heller gestrichen wird. Durch diese Differenzierung tritt die helle Wand deutlich in Erscheinung, während die dunkle wenig Aufmerksamkeit auf sich zieht und sogar zurückzuweichen scheint. Je stärker dieser Kontrast gestaltet wird, desto dramatischer wirkt der Effekt.

Die Bewegung durch komplizierte Raumsituationen lässt sich mittels des Effekts steuern, dass helle Flächen schneller als dunkle wahrgenommen werden. Die rasche physiologische Reaktion auf Helligkeitskontraste gibt dem Gestalter die Möglichkeit, Oberflächen oder Raumteile unterschiedlich zu betonen. Beim Gang durch architektonische Ensembles fühlen wir uns von Fensteröffnungen, im Licht stehenden Flächen und hellen Räumen angezogen. Dunkle Flächen und Räume hingegen nehmen wir erst auf den zweiten Blick wahr. Mithilfe dieser Flächendifferenzierung lässt sich von niedrigen Decken, allzu engen Durchgängen oder weiteren unschönen Bauteilen ablenken. Indem die Wände eines Treppenaufgangs in Schattentönen gehalten und Besprechungsräume in der oberen Etage hell strahlen gelassen werden, führt man die Gäste die Treppe hinauf ins Licht. Gelingt das, werden sich diese ebenso natürlich von den erleuchteten Besprechungsräumen angezogen fühlen wie Spaziergänger in einer Winternacht vom warmen Schein der Fenster.

Wie dunkel darf das Dunkel sein? Meist werden Räume, in denen man sich tagsüber aufhält, insgesamt hell gestrichen. Helligkeitsunterschiede von mindestens 15 % sorgen für eine Differenzierung, die Farbkonzepte verständlich macht. In diesem Zusammenhang sei erneut darauf hingewiesen, dass Menschen und Kunstwerke frischer vor Wänden in gedämpften Tönen wirken.

Wie entwirft man Räume, die zum Arbeiten einladen? Das war die Frage zu Beginn des Abschnitts. „Beauty speaks like an oracle", sagte Luis Barragán in einer Rede, die er 1980 anlässlich der Entgegennahme des Pritzker-Preises hielt (Barragán 1980). In dieser beschrieb er die Konzepte Stille, Abgeschiedenheit, Gelassenheit, Freude und Naturverbundenheit als Leitideen seiner poetischen Architektur. Pigmentierte Farben, die die Wechselwirkungen zwischen Licht und Volumen feinfühlig unterstützen, bieten für die Gestaltung architektonischer Ensembles im Sinne von Barragán eine geeignete Methode, denn durch differenziert eingesetzte helle, dunkle und bunte Farben entstehen Räume, in denen sich die Kreativität frei entfalten kann.

Zusammenfassung

Wie wir gesehen haben, ist Farbe die Wechselwirkung zwischen Licht und Oberflächen, die uns die Welt dank unserer ständigen Lichtenergieaufnahme sichtbar macht. Die Ausstattung unserer Umgebung mit Farben ist physiologisch und psychologisch von großer Bedeutung – die Atmosphäre, Formen, Bewegungen und mehr werden erst durch Farbdifferenzen sichtbar. So nehmen die Farbpigmente im Raum etwas vom

Licht auf und erzeugen mit dem verbleibenden die Atmosphäre. Die Häufigkeit und die Heftigkeit der Farbkontraste richtet unsere Aufmerksamkeit auf das, was uns unbewusst wichtig erscheint. Unsere emotionalen Reaktionen verknüpfen sich mit spontanen Seherlebnissen (vgl. Cuykendall und Hoffman 2008), wobei aggressive Farblandschaften unsere Wahrnehmung mehr beanspruchen als harmonische. Sie sind auf die Dauer ermüdend, weil sie zu kontrastreich, kontrastarm oder zu bunt sind und von unserer Naturerfahrung abweichen, die durch sanfte Farbeffekte gekennzeichnet ist. Die Farben der Natur wandeln sich im Tageslichtverlauf ständig und wirken dadurch lebendig.

Eine natürliche atmosphärische Wirkung in den Raum zu bringen, ist die vornehmste Aufgabe des Farbgestalters. Gute Farbkonzepte sind gekonnt gestaltete Farblandschaften, die auf das Licht abgestimmt, physiologisch nicht ermüdend und psychologisch anregend sind. Materiell und konzeptuell berufen sie sich auf die Farben und Farbbilder der Natur, die uns evolutionär geprägt haben (vgl. Lamb 2016; Cuykendall und Hoffman 2008). Die materielle Umsetzung des Farbkonzepts erfolgt mit natürlichen Farbnuancen und mehr noch mit natürlichen Farben und Materialien. Der Einsatz von künstlich pigmentierten Farben ist ein optisches Täuschungsmanöver, das dem Menschen im Raum eine visuelle Dissonanz aufzwingt und die Empfindung von Naturverbundenheit unterdrückt.

Gute Farbkonzepte bieten überzeugende Antworten auf drei Fragen. Erstens, wie ist die Atmosphäre? Dabei ist die Wahl der hellen Hauptfarbe von grundlegender Bedeutung. Zweitens, was ist in diesem Raum wichtig? Die Blicke werden zum Hellen geführt; Hell-Dunkel-Kontraste gliedern die Architektur. Drittens, fühle ich mich hier wohl? Mit Einfühlungsvermögen gesetzte dynamische Farbakzente vermitteln Menschen das Gefühl, dass sie nicht beliebig und austauschbar sind. Die Checkliste in Abschn. 10.1 fasst die wichtigsten praktischen Überlegungen zusammen, die zur guten Farbenwahl führen. Für praktische Anleitungen und weitere Informationen zum hier beschriebenen Gestaltungsansatz kann auf Fachseminare verwiesen werden, die das Thema vertiefen (vgl. Trautwein 2017).

Literatur

Barragán, L. (1980): The Pritzker Architecture Prize 1980 Laureate Acceptance Speech, http://www.pritzkerprize.com/sites/default/files/file_fields/field_files_inline/1980_Acceptance_Speech.pdf, Zugriff am 28.3.2014.

Chirimuuta, M. (2015): Outside Color: Perpetual Science and the Puzzle of Color in Philosophy. Cambridge, Mass.: MIT Press.

Cuykendall, S. B., Hoffman, D. D. (2008): From Color to Emotion. Ideas and Explorations. Irvine, CA: University of Irvine Press.

Gegenfurtner, K. R., Kiper, D. C. (2003): Color vision. *Annual Review of Neuroscience* 2003, 26, S. 181–206.

Gladwell, M. (2005): Blink. The Power of Thinking without Thinking. London: Penguin Books.

Gordon, G. (2015): Interior Lighting for Designers. 5. Aufl. Hoboken, NJ: John Wiley & Sons.

Lamb, T. D. (2016): Why Rods and Cones? *Eye*, 2016, 30, S. 179–185.

Potter, M. C., Wyble, B., Hagmann, C. E., McCourt, E. S. (2014): Detecting Meaning in Rapid Pictures. *Attention, Perception, & Psychophysics*, 76/2, S. 270–279.

Rüegg, Arthur (2015): Polychromie architecturale. Le Corbusiers Farbenklaviaturen von 1931 und 1959. Basel: Birkhäuser.

Robinson, S., Pallasmaa, J. (Hrsg.) (2015): Mind in Architecture. Neuroscience, Embodiment, and the Future of Design. Cambridge, MA: The MIT Press.

Trautwein, K. (2014): Schwarz – Black. Zürich: Lars Müller Verlag, Uster: kt.COLOR AG.

Trautwein, K. (2017): Farbkonzepte mit Licht- und Schattenfarben. Seminarinhalte und Termine auf www.ktcolor.ch. Uster, Schweiz.

4 Adäquate Büroeinrichtung

Birgit Fuchs, Thomas Kuk und David Wiechmann

4.1 Einführung

4.1.1 Das Büro und seine Bedeutung

Die Einrichtung eines Büros ist der letzte Schritt in einer langen Prozesskette. Trotzdem ist es der Schritt, der dem Faktor Mensch am nächsten und für das Wohlbefinden und die Motivation von Mitarbeitern entscheidend ist. Die Ausstattung spiegelt die Seele eines Unternehmens wider, ist wichtiger Teil der Corporate Identity und damit der Außenwirkung. Die räumliche Anordnung in Unternehmungen spiegelt die organisatorische Hierarchie und die Abteilungszugehörigkeit wider.

Bei der Planung geht es grundsätzlich darum, Funktion und Emotion zielführend zu verbinden. Das heißt, ein Arbeitsplatz muss den Anforderungen an eine bestimmte Aufgabe Rechnung tragen und gleichzeitig den individuellen Bedürfnissen seines Nutzers gerecht werden.

B. Fuchs (✉)
Vitra GmbH, Weil am Rhein, Deutschland
email: bfuchs@steelcase.com

T. Kuk
Spielmann Officehouse GmbH, Kronberg, Deutschland
email: thomas.kuk@designfunktion.com

D. Wiechmann
Kinnarps GmbH, Worms, Deutschland
email: David.Wiechmann@kinnarps.de

W. Seiferlein, C. Kohlert (Hrsg.), *Die vernetzten gesundheitsrelevanten Faktoren für Bürogebäude*, https://doi.org/10.1007/978-3-658-20852-3_4

4.1.2 Die Themen im Büro der Gegenwart

Im Laufe der Zeit hat das Büro viele Entwicklungen durchlaufen, die von immer wieder neuen Erkenntnissen der Arbeitswissenschaft geprägt waren. Ziel war es dabei immer, ein Höchstmaß an Effizienz sicherzustellen. Sowohl im Sinne von Produktivität und Zusammenarbeit, aber selbstverständlich auch im Hinblick auf Kostenstrukturen.

4.1.3 Die vielen Facetten des Open Space

Das klassische Einzelzimmer gilt inzwischen als Privileg aus vergangenen Tagen und hat als Modell weitestgehend ausgedient. Trotzdem wünschen sich erstaunlicherweise noch immer viele Menschen ein eigenes Büro – ganz im Gegensatz zur landläufigen Vorstellung vom coolen Werber, der mit Laptop in der Creative-Zone der Agentur oder am Strand arbeitet.

Die Hälfte der Generation Y und mehr als 65 Prozent der Generation X (zwischen 1964 und 1980 geboren) wünschen sich einen festen Platz im Büro. Sie wollen ihren eigenen Schreibtisch und am liebsten möchten sie auch über die Gestaltung ihres Büros mitentscheiden können. Nur rund fünf Prozent aller Befragten können sich vorstellen, morgens erstmal abzufragen, ob für sie überhaupt ein Schreibtisch im Büro frei ist und wo. Das hat eine Studie von Savills und CCL ergeben (Savills, CCL 2016).

Bei Open-Space-Konzepten ist deshalb zu bedenken, dass Arbeit sehr viel komplexer und vielschichtiger geworden ist. Auch dieses Konzept muss also unterschiedlichen Anforderungen gerecht werden. Ein Mix aus bedarfsgerechten Möglichkeiten ist der Schlüssel: von Bereichen für ruhiges, konzentriertes Arbeiten bis hin zu kommunikationsfördernden Inseln für Kreativität. Ruhezonen und Think Tanks sind ebenfalls in die Planungen einzubeziehen.

Fließende Grenzen schaffen mit Räumen, die zwischen Arbeit und Entspannung nahtlos übergehen – es sollte ein angenehmes Umfeld geschaffen werden, wobei die Mitarbeiter sich eingeladen fühlen, entspannt Neues zu denken.

4.1.4 Mitbestimmung bei der Arbeitsplatzgestaltung

Im Gegensatz zu früher wird heute auf individuelle Bedürfnisse und das Wohlbefinden von Mitarbeitern mehr Wert gelegt. Akustik, Licht, Textilien oder auch Farben sind nur einige Faktoren. Mitarbeiterbefragungen liefern Erkenntnisse zu Arbeitsabläufen, Vorlieben und Gewohnheiten. Sie werden in Anforderungsprofile für neue Arbeitsplätze übertragen. Mock-ups ermöglichen der Belegschaft, ein Raumkonzept zu testen und mit zu entscheiden, ob sie in einem solchen Umfeld arbeiten möchten.

Gleichzeitig ergibt sich ein Bild in Bezug auf den Bedarf an dauerhaft festen Arbeitsplätzen. Viele Unternehmen halten nicht mehr für jeden Mitarbeiter einen Arbeitsplatz vor und jeder muss sich einen freien Platz suchen.

4.1.5 Generationen in einem Unternehmen

Von den Baby Boomern (geboren in den 1960er/1970er Jahren) über die Generationen X und Y bis hin zur Generation Z, geboren ab etwa 1995, arbeiten heute oft vier Generationen gleichzeitig in einem Unternehmen. Dies spielt für Arbeitswelten ebenfalls eine wichtige Rolle und schlägt sich auch im „Grünbuch Arbeiten 4.0 – Arbeit weiter denken“ des Bundesministeriums für Arbeit und Soziales nieder. Dort heißt es u. a.: „Zentrale Ziele für eine alters- und alternsgerechte Arbeit sind die Gestaltung guter und motivierender Arbeitsbedingungen […] sowie der Schutz und die Förderung der Gesundheit der Beschäftigten“ (Bundesministerium für Arbeit und Soziales 2016, S. 26).

Das bedeutet, dass der Baby Boomer, aufgewachsen mit Schreibmaschine und Aktenordnern, sich ebenso wiederfinden muss wie der Digital Native, der seine Ablage in der Cloud hat und Konferenzen nur noch virtuell abhält.

4.1.6 Beschäftigte als begehrtes Gut

Die sich verändernde demografische Struktur der Bevölkerung und die Entwicklung zur vernetzten, hochmobilen Wissensgesellschaft werden in den kommenden Jahren den deutschen Arbeitsmarkt prägen. Engagierte Wissensarbeiter werden begehrter und zugleich knapper sein als in der Vergangenheit. Lange Zeit ging es in Firmen nur um Kapital, nun wird auch der Faktor Arbeit zu einer Ressource, um die geworben werden muss. Der sogenannte „War for Talents“ sorgt dafür, dass bei der Wahl einer Beschäftigung nicht nur der Job an sich stimmen muss, sondern auch das Umfeld. Und das beinhaltet auch einen attraktiven Arbeitsplatz.

4.1.7 Die Zukunft des Büros

Die bereits erwähnte Studie von Savills und CCL aus dem Jahr 2016 hat ergeben, dass Arbeitnehmer keine konkreten Vorstellungen vom Büro der Zukunft haben. Es ist ähnlich wie im berühmten Zitat des Autobauers Henry Ford: „Wenn ich die Menschen gefragt hätte, was sie wollen, dann hätten sie gesagt schnellere Pferde.“ Auch zukünftig ist davon auszugehen, dass Branchen und Arbeitsweisen das Bürolayout beeinflussen und dass es viele Ansätze für unterschiedliche Raumkonzepte gibt.

Am Ende wird es von allem ein bisschen sein: Arbeiten im Unternehmen fördert die Bindung an den Arbeitgeber und den Umgang mit den Kollegen, schließt aber das Home Office im Bedarfsfall nicht aus. Raumkonzepte passen sich flexibel dem jeweiligen Bedürfnis an. So wird der Arbeitsplatzbereich mal eben zur Kreativ-Zone, auch unter der Nutzung von Stilwelten, erzeugen von Garagenspirit (Rokoko, Biedermeier, Stuck oder auch puristisch; gemütlich in speziellen Bereichen), Einzelarbeit wird in fließendem Übergang zur Arbeit in Teams, der Kantinenbereich verwandelt sich bei Bedarf in zusätzliche Arbeitsplätze. Das stellt auch besondere Anforderungen an Büroeinrichtungen. Sie müssen mobil, umnutzbar und multifunktional sein, um den künftigen Anforderungen gerecht zu werden.

Arbeitsumfelder der Zukunft bieten nicht mehr nur reine Funktion, sondern auch Erlebnis – etwa in Form von unterschiedlichen Materialien oder optischen Eindrücken. Die Mega-Trends wie Gesundheit und Wohlbefinden werden sich auch am Arbeitsplatz manifestieren und gehen über ergonomisches Sitzen oder höhenverstellbare Tische hinaus. Raumklima, Beleuchtung und Akustik gewinnen an Bedeutung (4 × L: Licht, Luft, Lärm und Leib).

4.2 Ergonomische Büromöbel für den Arbeitsplatz

4.2.1 Arbeitsplatz oder Arbeitsort?

Das dynamische Umfeld eines Büros animiert den Mitarbeiter dazu, in unterschiedlichen Körperhaltungen zu arbeiten und sich innerhalb des Büros zu bewegen. Bewegung wird auf selbstverständliche Weise in die Büroetikette integriert. Die Ergonomie bildet dabei die methodische Grundlage in allen Bereichen der Einrichtung von Arbeitswelten. Sie bezieht sich auf die klassischen Faktoren, wie Körperhaltung, Bewegung, Raumklima, Licht und Akustik, nimmt darüber hinaus aber mit den Aspekten Ästhetik und Atmosphäre auch das subjektive Wohlbefinden der Mitarbeiter ernst.

Die rasante Veränderung der Arbeitswelt hat einen riesigen Paradigmenwechsel in Bezug auf Arbeitsort, Verweildauer und Art der Aufgabe zur Folge. Dabei ist es sicher gut, wenn sich auch die ergonomische Bewertung von Arbeitsplätzen und deren Umsetzung anpassen.

Die Gestaltung des persönlichen Arbeitsplatzes und die Möbelausstattung definieren sich sehr stark an der Tätigkeit des Einzelnen. Man unterscheidet dabei den stationären Arbeitsplatz, der meist aus PC, Tisch, und Stuhl besteht, auch *territoriales Arbeiten* genannt, vom Arbeitsplatz, der den Mitarbeitern insgesamt zur Verfügung steht, dem *non-territorialen Arbeiten*. Daraus ergibt sich auch ein ganz neuer Aspekt aus Sicht der Gefährdungsbeurteilung („Durch die Beurteilung der Arbeitsbedingungen sind alle Gefährdungen und Belastungen, die die Gesundheit der Beschäftigten negativ beeinflussen können, zu ermitteln. Dabei sind alle Belastungen – die körperlichen, visuellen und psychischen – zu berücksichtigen.“, Deutsche Gesetzliche Unfallversicherung e. V. 2015, S. 17), in dem Konferenz- und Projekträume sowie Lounges wie ein Arbeitsplatz genutzt werden und der eigentliche Bildschirmarbeitsplatz einen geringeren Platz, im wörtlichen Sinne, einnimmt. Die Wahl des territorialen oder non-territorialen Arbeitsplatzes ergibt sich konsequenterweise aus der Aufgabe des Einzelnen. Hier unterscheidet man im Grundsatz *residents*, die Ortsansässigen, von den *mobile workers*, den mobilen Wissensarbeitern.

Regeln zur ergonomischen Bürogestaltung sind durch die Europäischen Normen gesetzlich vorgeschrieben und werden in Deutschland durch die Berufsgenossenschaften in ihrer Anwendung überprüft. Die gesetzlichen Mindestanforderungen sowie die darüber hinausgehenden ergonomischen Empfehlungen werden beispielsweise in der Information der Deutschen Gesetzlichen Unfallversicherung 215–410 der Verwaltungs-Berufsgenossenschaft für jeden Anwender verständlich und nachvollziehbar aufgezeigt (Deutsche Gesetzliche Unfallversicherung e. V. (DGUV) 2015).

In diesem Kapitel soll herausgearbeitet werden, wie ergonomische Büromöbel und die Gestaltung im Raum einen wichtigen Beitrag zum physischen Wohlbefinden der Mitarbeiter im Büro leisten können („bei der Verhältnisprävention geht es um Gesundheitsvorbeugung im Hinblick auf die Arbeitsplatzgestaltung, der Arbeitsstätte, die Arbeitsmittel und die sonstige Arbeitsumwelt […]", aus: https://www.arbeitssicherheit.de/service/lexikon/artikel/verhaeltnispraevention.html), aber auch, wie Mitarbeiter durch ihr Verhalten im Arbeitsumfeld und die sachgerechte Nutzung der Arbeitsmittel einen Beitrag zur Gesunderhaltung leisten können („Verhaltensprävention betrifft die Prävention im Hinblick auf das Verhalten des Einzelnen bei und im Zusammenhang mit der Arbeit. Ziel der Verhaltensprävention ist die am individuellen Menschen selbst ansetzende Vermeidung und Minimierung bestimmter gesundheitsriskanter Verhaltensweisen und psychischer Belastungen […]", aus: https://www.arbeitssicherheit.de/service/lexikon/artikel/verhaltenspraevention.html). Dabei steht weniger die dogmatische Umsetzung von Recht und Gesetz im Vordergrund, sondern vielmehr die Beachtung gesundheitsfördernder Maßnahmen zur Motivation und Gesunderhaltung des Menschen.

Wohlbefinden der Mitarbeiter kann erreicht werden, wenn die Faktoren wie Farbkonzepte für Möbel und andere Objekte wie Teppiche, Wände usw. auch aus einem Konzept stammen.

4.2.2 Der territoriale Arbeitsplatz – Minimale Bewegung auf engstem Raum

Mitarbeiter, die aufgrund ihrer Tätigkeit an ihren Arbeitsplatz gebunden sind, benötigen im eigenen Interesse eine sinnvolle Strategie, wie sie für ihren Körper und ihre Konzentration für Abwechslung sorgen können. Dies gelingt durch häufigen Wechsel von Sitzen, Stehen und Bewegen (Abb. 4.1).

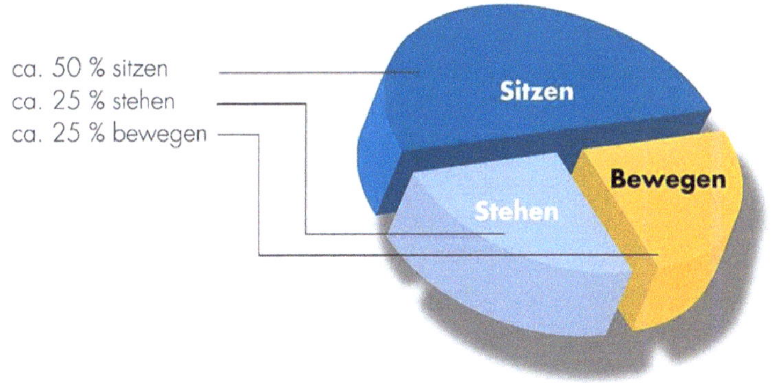

Abb. 4.1 Sitzen, Stehen und Bewegen

Zusätzliche Wege zum Drucker, zum Papierkorb, zur Kaffeemaschine und das Gespräch mit Kollegen können Körper und Geist wieder auf die Sprünge helfen. Und Pausen bewirken manchmal mehr Effizienz, als man denkt. Während der Arbeit am PC können sinnvoll gestaltete Büromöbel ihren Dienst tun. Das sind zum Beispiel der bewegungsfördernde Stuhl und ein Steh-Sitz-Arbeitsplatz mit höhenverstellbarem Tisch oder ein Tisch mit zusätzlichem Stehpult.

Wer sich nicht bewegt, befindet sich in einem Teufelskreis, denn langes monotones Sitzen führt zu verminderter Blutzirkulation, wodurch die Muskulatur mit weniger Sauerstoff versorgt wird. Dies führt nach einiger Zeit zu Muskelverhärtung, Verspannungen und Schmerzen. Wer Schmerzen hat, neigt zur Schonhaltung, deren einseitige Belastung letztlich wieder zu Muskelverhärtungen und schließlich zu Muskelschwund führen kann. Die Muskulatur belastet dadurch die Wirbelsäule und darüber hinaus Bandscheiben, Sehnen und Bänder.

Die verminderte Blutzirkulation führt aber auch zu Müdigkeit und verminderter Konzentrationsfähigkeit, sodass die Arbeit langsamer verrichtet wird und die Fehlerhäufigkeit zunimmt (vgl. Tsunetsugu et al. (2007): visuelle Stimulation von Räumen mit verschiedenen Holz-Quantitäten – in 45 % der Räume wurde ein deutlicher Rückgang beim diastolischen Blutdruck und eine deutliche Steigerung beim Puls beobachtet; dieser Raum tendiert dazu, die höchste Punktzahl im subjektiven komfortablen Gefühl zu haben). Was ist also bei der Einrichtung des territorialen Arbeitsplatzes zu beachten?

4.2.3 Der gute Bürostuhl

Die Aufgabe des Bürostuhls ist es, den Körper optimal zu stützen und den Mitarbeiter in seinem natürlichen Bewegungsablauf bei der Arbeit zu führen. Der Stuhl muss dafür sorgen, dass keine Fehlhaltung eingenommen wird, und er soll langes monotones Sitzen vermeiden.

Maßgebliche Kriterien für die Entwicklung eines Bürostuhles sind die drei wesentlichen Disziplinen: Anatomie (der menschliche Körper), Anthropometrie (die Maße des Körpers) und Biomechanik (der natürliche Bewegungsablauf).

Die fünf wichtigsten Kriterien eines guten Bürostuhls

Funktion/Ergonomie Der Bürostuhl sollte eine harmonisch abgestimmte Synchronmechanik besitzen. Das bedeutet, dass sich Sitz und Rückenlehne im gleichen Verhältnis wie der Körper nach vorn und hinten bewegen. Der Mitarbeiter hat dadurch in jeder Sitzposition Kontakt zur Rückenlehne (Abb. 4.2).

Die individuelle Einstellung des Gegendrucks der Rückenlehne gewährleistet die beste Stützung des Rückens. Eine gute Mechanik ermöglicht dabei das entspannte Sitzen in jeder beliebigen Sitzposition für jeden Menschen, optimal angepasst an seine Größe und sein Gewicht (in der Ergonomie sind Größe und Gewicht des Menschen durch die EN genormt. Man spricht hier vom 5./95. Perzentil, d. h., dass die 5 % kleinsten und

Abb. 4.2 Bürostuhl: Synchronmechanik

leichtesten, sowie die 5 % größten und schwersten in Europa lebenden Menschen die Ausnahme von der Regel bilden; zur optimalen Anpassung sollte hier eine Sonderausstattung oder -anfertigung gewählt werden).

Spätestens seit der Studie der Universität Ulm von Prof. Wilke et al. (1999) wird das Sitzen in einer entspannten zurückgelehnten Position empfohlen, weil so der Druck auf die Bandscheiben reduziert und die Muskulatur entlastet wird.

- Der Rücken wird in seiner natürlichen Haltung gestützt und trotzdem erfolgt durch die Bewegung des Oberkörpers die Sauerstoffversorgung der Muskulatur und die Ernährung der Bandscheiben im Lendenwirbelbereich. Durch die gute Blutzirkulation bleibt die Konzentration länger erhalten.

Rückenlehne Die Ausformung im Lendenwirbelbereich muss eine großflächige Unterstützung des unteren Rückens ohne Druckpunkte gewährleisten. Durch die Höhenverstellung der Lumbalstütze kann eine individuelle Positionierung erreicht werden (Abb. 4.3).

- Die Wirbelsäule bleibt in ihrer natürlichen Position gestützt, beispielsweise ein Rundrücken wird vermieden. Dadurch werden die Bandscheiben gleichmäßig belastet und sie erhalten länger ihre Elastizität und Funktion.

Sitz Ein anatomisch geformter Sitz sorgt dafür, dass der Nutzer so positioniert ist, dass er komfortabel aufrecht sitzen kann und automatisch Kontakt zur Rückenlehne einnimmt. Der Sitz muss über eine weiche, abgerundete Sitzvorderkante verfügen, wodurch Druckstellen in den Beugeseiten der Beine vermieden werden.

Abb. 4.3 Bürostuhl: Rückenlehne

- Ohne Druck auf die Gesäßmuskulatur kann der Mensch länger aufrecht sitzen. Ohne Druck an der Unterseite der Oberschenkel kann das Blut in den Beinen gut zirkulieren und verursacht keine Beschwerden.

Polstertechnik Das Polster eines Drehstuhls hat die Aufgabe, die Anatomie des Körpers nachzuempfinden und die Druckpunkte auszugleichen. Es ist atmungsaktiv und kann somit die Feuchtigkeit aufnehmen und ebenso schnell wieder an die Umgebung abgeben. Aus diesem Grund darf auch der Bezug nicht mit dem Polster verklebt sein.

- Dies erhöht erheblich den Sitzkomfort und gewährleistet konzentriertes Arbeiten.

Armlehnen Die Armlehnen bilden eine wichtige Funktion, damit die Schultern optimal unterstützt werden und die Hals- und Nackenmuskulatur entspannt ist. Sie müssen dafür mindestens in der Höhe, besser noch in Höhe, Breite und Tiefe, einstellbar sein, um die individuelle Abstützung sicherzustellen (Abb. 4.4).

- Die Entlastung der Schultern vermeidet Verspannungen und Schmerzen in der Hals- und Nackenmuskulatur.

Der Einsatz des Bürostuhls

Aus der sehr komplexen Konstruktion des Bürostuhls lassen sich für den Einsatz am Arbeitsplatz drei wesentliche Konsequenzen ableiten:

Abb. 4.4 Bürostuhl: Armlehnen

- Ohne Einweisung und Erklärung geht es nicht.
- Die Einstellung des Stuhls muss für den Nutzer einfach, intuitiv und nachvollziehbar gestaltet sein.
- Je nach Einsatzort und -dauer (territorial oder non-territorial) sollte auch einmal bewusst auf Funktion verzichtet werden, um Fehleinstellungen zu vermeiden.

Zum Wohle der physischen Gesundheit des Mitarbeiters steht das Produktdesign immer im Dienst der Funktion. Dann ist es gut. Ergonomie bildet deshalb nicht den Gegensatz zu Design, sondern beeinflusst diese Disziplin in hohem Maße. So sagte die Künstlerin und Designerin Ray Eames: „Was die Leute schön finden, ändert sich, aber was einmal gut funktioniert, funktioniert immer gut" (Eames 1981).

Hat der Mensch seinen persönlichen Bürostuhl individuell auf seine Körpermaße und seine Bedürfnisse eingestellt, so muss er sich nun dem Verhältnis zum Tisch und seinen Arbeitsmitteln auf dem Tisch widmen.

4.2.4 Der Tisch

Der Arbeitstisch soll je nach Aufgabe des Benutzers ausreichend Arbeitsfläche bieten, sodass die Arbeitsmittel den Anforderungen entsprechend individuell angeordnet werden können. Die Mindestgröße liegt bei 160 × 80 cm oder 1,28 m². Die Tischtiefe von 80 cm hat sich seit Einführung von Flachbildschirmen durchgesetzt. Die Höhe der Arbeitsfläche muss mindestens 68 cm betragen, um genügend Beinfreiheit zu gewährleisten. Bei nicht höhenverstellbaren Platten ist 72 cm die Norm.

Wie beim Drehstuhl ist auch beim Tisch die eingestellte Höhe ein wesentlicher Faktor, der beim langen Sitzen am Arbeitsplatz Beschwerden hervorrufen kann (Abb. 4.5).

- Ist der Tisch zu niedrig, sitzt der Mensch häufig mit Rundrücken auf dem Stuhl. Zusätzlich überdehnt er den Hals, um den Blick zum Bildschirm zu behalten. Er kann damit die Bandscheiben im Lendenwirbel- und im Halsbereich schädigen.
- Ist der Tisch zu hoch, sitzt der Mensch ständig mit hochgezogenen Schultern am Tisch, um die Tastatur und Maus bedienen zu können. Die Folge sind Verspannungen und starke Schmerzen im Schulter- und Nackenbereich.

Die Beinfreiheit wird einerseits durch die Mindesthöhe des Tisches gewährleistet, andererseits aber auch durch die grundsätzliche Unterkonstruktion. Die Tischoberfläche darf nicht spiegeln und muss frei von Reflexionen sein. Dies ist abhängig vom Material, der Oberflächenstruktur und der Farbe. Glas- und Metalltische sind zum Beispiel zum dauerhaften Arbeiten völlig ungeeignet. Das Gleiche gilt für sehr glatte, aber auch für sehr dunkle oder sehr helle sowie grellbunte Oberflächen.

Ein Arbeitstisch mit einer hellen weißen Glanzoberfläche kommt einem schneebedeckten Gletscher im Sonnenlicht gleich.

Aus diesem Grund gibt es heutzutage für den Arbeitsbereich spezielle Oberflächen, um Reflexionen und Spiegelungen zu vermeiden. Durch eine raue Oberflächenstruktur und durch leicht abgedunkelte Weißtöne können zum Beispiel auch weiße Tischplatten eingesetzt werden.

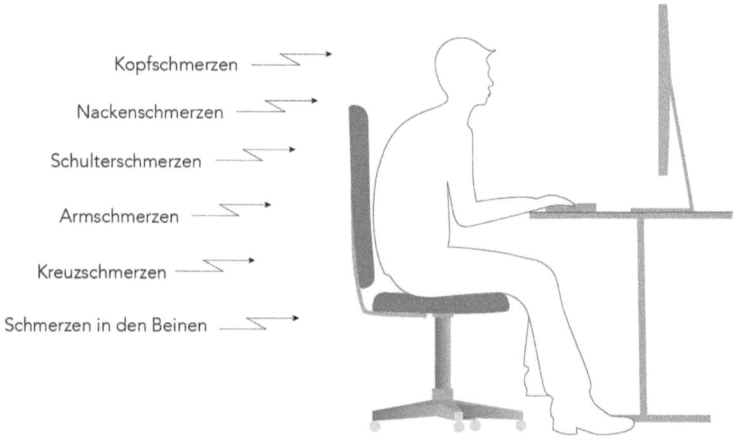

Abb. 4.5 Tisch zu hoch, keine Abstützung der Ellenbogen, Tastatur zu weit vom Körper entfernt

Wenn zu helle, lichtstreuende Flächen wie etwa Vorlage oder Arbeitstisch im Gesichtsfeld auf die Augen treffen, spricht man von *indirekter Blendung*. Hierbei wird das Adaptationsvermögen der Augen ständig überfordert. Der Bildschirm ist relativ lichtschwach und kontrastarm. Die Augen passen sich aber bei der Arbeit nicht dem lichtschwachen Bildschirm an, sondern der lichtstarken Fläche, zum Beispiel der blendenden Arbeitsfläche. Infolgedessen werden die Augen ständig zur Hell-Dunkel-Adaptation gezwungen, was zur Überlastung der Augen führt mit Ermüdungserscheinungen wie Augenbrennen und Tränen.

Alles in allem gilt hier: Monotones Sitzen schädigt die Gesundheit.

Die Bereitstellung eines höhenverstellbaren Tischs bis Stehhöhe oder auch ein Stehpult würde dem bildschirmorientierten Beschäftigten Abwechslung von Sitzen und Stehen ermöglichen. Dabei versteht sich von selbst, dass auch langes Stehen zu vermeiden ist. Der Wechsel zwischen Sitzen und Stehen erweckt Körper und Geist.

4.2.5 Bildschirm, Tastatur und Maus

Über die Anordnung der Arbeitsmittel gibt es genaue Empfehlungen, um Zwangshaltungen zu vermeiden – doch jeder arbeitet anders. Zur Vereinfachung reicht meist schon eine einzige Grundregel aus: Häufig benutze Arbeitsmittel sollten nah am Körper sein (Abb. 4.6). Somit werden unnatürliche Streckbewegungen vermieden. Der Körper bleibt aufrecht in seinem Lot und wird dadurch entlastet. Selbst in zurückgelehnter Position können Tastatur und Maus noch entspannt bedient werden. Ellenbogen können dabei auf den Armlehnen aufliegen.

Der Monitor sollte genau vor einem stehen mit dem Abstand von etwa einer Armlänge (bis zum Handgelenk) (Abb. 4.7). Dies ermöglicht eine ermüdungsfreie Körperhaltung. Ein leicht gesenkter Blick zum Bildschirm gewährt die optimale Sehbedingung und vermeidet Nackenverspannung. Ist der Bildschirm zu weit weg oder die Schrift zu klein, tendiert man dazu, sich nach vorn zu beugen. Die unnatürliche Haltung verursacht übermäßig hohen Druck auf die Hals- und Nackenmuskulatur (Deutsche Gesetzliche Unfallversicherung e. V. (DGUV) 2015). Um unangenehme Blendung für die Augen zu vermeiden, sollte

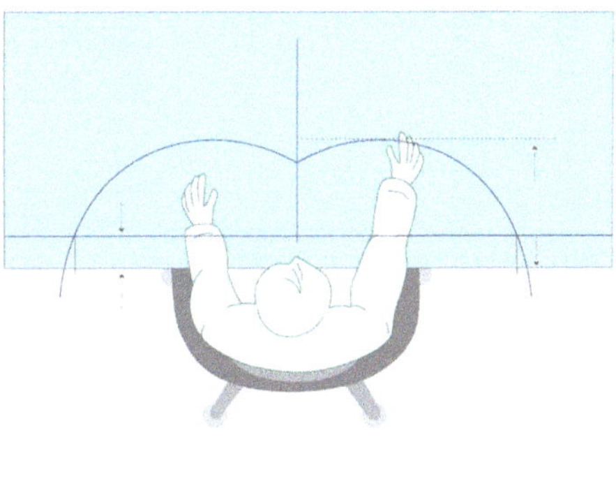

Abb. 4.6 Der Greifraum am Arbeitstisch

Abb. 4.7 Der Abstand zu Tastatur und Monitor

der Bildschirm weder in Blickrichtung zum Fenster noch in entgegengesetzter Richtung angeordnet sein. Daher ist die Positionierung des Tisches und des Bildschirms immer im 90°-Winkel zum Fenster erforderlich.

Die körpernahe Anordnung der Arbeitsmittel und die Empfehlung des Bildschirmabstands erfordern auch, dass die Tastatur frei beweglich ist. Ein Abstand von ca. 10–15 cm zur Tischvorderkante ist dabei notwendig, damit die Handballen bequem aufgelegt werden können. Ebenso ermöglicht die flach aufliegende Tastatur eine natürliche Haltung der Handgelenke. Wie bei der Tischplatte ist auch bei der Tastatur eine helle Variante mit dunkler Beschriftung zu wählen. Diese Positivdarstellung, dunkle Schrift auf hellem Grund, sorgt nachweislich für bessere Lesbarkeit und vermeidet für die Augen zudem störende Kontraste zum Bildschirm und zur Tischplatte (ebd.).

Seit langem ist das RSI-Syndrom ein in der Medizin bekanntes Krankheitsbild. RSI bedeutet Repetetive Strain Injury (Verletzung durch wiederkehrende Belastung). Dabei handelt es sich um Beschwerden im Hals- und Schulterbereich sowie Arm- und Handbeschwerden, die durch häufig sich wiederholende Tätigkeiten auftreten. Gerade bei langer monotoner Arbeit mit der Tastatur und Computermaus tritt das RSI-Syndrom häufig auf, das sich durch Beschwerden in der Halswirbelsäule, im Arm bis hin zu spezifischen Erkrankungen wie Sehnenscheidenentzündung oder Karpaltunnelsyndrom erstrecken kann.

Die richtige Auswahl und Handhabung der Maus muss deshalb im Detail individuell genau geprüft werden:

- Passt sich die Maus der Hand in Größe und Form an?
- Liegt die Hand entspannt auf?
- Lassen sich Maustasten und Trackball bedienen, ohne dass die Finger verkrampfen?
- Lässt sie sich präzise und ohne große Radien auf dem Tisch bewegen (Werner et al. 2012, S. 64)?

Treten Schmerzen im Schulterbereich auf, so könnte die vertikale Maus eine Alternative sein. Sie ermöglicht eine entspannte und natürliche Handhaltung im Gegensatz zur klassischen Maus.

Dies ergibt sich aus der Annahme, „dass die Arme, wenn man sie im Stehen locker neben dem Körper baumeln lässt, nach innen zum Körper zeigen. Legt man die Unterarme nun in dieser gleichen lockeren Haltung auf den Tisch, so zeigen auch die Handflächen zueinander – die Hand liegt vertikal auf dem Tisch." (ebd., S. 66)

Alles in allem erfordert die ergonomische Anwendung der Arbeitsmittel ein hohes Maß an Wissen, Interesse und Engagement der Nutzer, um sich an ihrem Arbeitsplatz so zu verhalten, dass es ihrer Gesundheit guttut. Deshalb ist vielleicht die Gestaltung einer gesundheitsfördernden Umgebung motivierender als die Belehrung über angemessenes Verhalten.

4.3 Das Büro der Optionen – Activity Based Working

Es gibt kaum ein Unternehmen, das für alle Mitarbeiter die gleiche Arbeitsform beanspruchen kann. Ohnehin verändert sich die Büroarbeitswelt zunehmend und viele Arbeitgeber reagieren auf die Chancen der Digitalisierung und die Herausforderungen des demografischen Wandels mit flexiblen Organisationsstrukturen und neuen Raumkonzepten. Von diesen erhoffen sie sich zunächst eine verbesserte interne Kommunikation und mehr Zusammenarbeit. Darüber hinaus sollen diese sogenannten Multispaces oft ein attraktiveres Arbeitsumfeld mit signifikanten Flächenreduzierungen verbinden. Auf diesen Schnittstellen bewegt sich der Ansatz des Activity Based Working.

4.3.1 Activity Based Working – Herkunft und Erläuterung

Der Begriff Activity Based Working wurde 1995 in dem Buch „Demise of the office" des niederländischen Unternehmensberaters Erik Veldhoen geprägt (Veldhoen 1995). Er bezeichnet ursprünglich ein konkretes Konzept der Arbeitsorganisation und Organisationsstruktur. Inzwischen wird der Begriff sehr oft im Zusammenhang mit einer speziellen Form der Bürogestaltung genannt, die den Beschäftigten für ihre jeweilige Aufgabe oder Tätigkeit den optimalen Arbeitsplatz zur Verfügung stellt.

Activity Based Working in der Büroeinrichtung basiert auf dem Grundgedanken, dass jede Tätigkeit ein optimales Gestaltungsumfeld erfordert, das nicht ohne weiteres durch den klassischen Arbeitsplatz im Rahmen einer wie auch immer gearteten Büroform gewährleistet ist. Denn innerhalb eines Arbeitstags erledigen die Mitarbeiterinnen und Mitarbeiter im Büro eine Vielzahl von unterschiedlichen „Aktivitäten": E-Mails schreiben, telefonieren, informelle Meetings, geplante Besprechungen, Projektsitzungen, Recherche, Pausen sowie einige mehr.

Darüber hinaus werden diese Tätigkeiten entweder allein oder in Kollaboration mit anderen Kolleginnen und Kollegen erbracht – und sie bedürfen unterschiedlicher Grade der Konzentration. Letztgenannter Aspekt ist hierbei stark von den einzelnen Persönlichkeiten abhängig. Deshalb bietet der Arbeitgeber eine Vielzahl von unterschiedlichen Arbeitsorten im Büro an, die für die am häufigsten auftretenden Tätigkeiten im Unternehmen das jeweils am meisten leistungsunterstützende Umfeld darstellen.

Activity Based Working dient insofern zur Steigerung der Leistungsfähigkeit und der Kreativität der Mitarbeiterinnen und Mitarbeiter und kann hierbei mit einem attraktiven und imagefördernden Arbeitsumfeld verbunden werden. Außerdem können unter bestimmten Umständen Flächen reduziert und damit Kosten eingespart werden. Activity Based Working geht in der Umsetzung häufig mit folgenden Faktoren einher:

- Reduktion oder komplette Abschaffung persönlich zugewiesener Arbeitsplätze
- Bereitstellung von weniger klassischen Arbeitsplätzen im Vergleich zur Mitarbeiterzahl
- Bereitstellung von deutlich mehr Arbeitsorten (Lounges, Projekträume, Think Tanks, Touchdown-Arbeitsplätze an Benches etc.) im Vergleich zur Mitarbeiterzahl
- Einführung oder Etablierung des papierlosen oder papierreduzierten Büros
- Einführung oder Etablierung flexibler Arbeitszeit- und Entlohnungsmodelle

4.3.2 Activity Based Working – Einrichtungsaspekte

Die Einrichtung eines Activity Based Office zeichnet sich durch seine Vielfältigkeit aus. Die einzelnen Arbeitsorte bedürfen einer jeweils spezifischen Auswahl von Möbeltypen und – bezogen auf das gesamte Erscheinungsbild des Arbeitsumfelds und ggfs. unter Berücksichtigung eines individuellen Corporate Designs – eines angemessenen Farbkonzepts (s. Kap. 3).

Beispiele für Arbeitsorte in Activity Based Workspaces und hierfür geeignete Möbeltypen sowie weitere Ausstattungsbedarfe:

- Klassische Arbeitsplatzbereiche: Steh-Sitz-Tisch, elektrisch höhenverstellbar mit Display zur Höhenangabe, um die Einstellung zu vereinfachen; Screens zur Hemmung der Schallausbreitung sowie zur Schallabsorption und als Schutz vor visuellen Störungen; ergonomischer Bürodrehstuhl mit intuitiv zu bedienenden Einstellungsoptionen; Docking Station; Tastatur; Maus; Monitorhalter; (2) Bildschirm(e).
- Kurzzeit-Arbeitsplätze (Touchdown-Arbeitsplätze): elektrifizierte Benchlösung für bis zu maximal 8 Personen mit akustisch wirksamen Screens und ggfs. Wireless Charging; ergonomische Bürodrehstühle mit intuitiv zu bedienenden Einstellungsoptionen.
- Räume für isolierte und vertrauliche oder konzentrierte Tätigkeiten einzeln oder in Gruppen: Raum-in-Raum-Systeme (Think Tanks) mit individueller Licht- und Klimatisierungsregelung, funktional der überwiegenden Nutzung angemessenes Mobiliar

(hier werden oft mehrere Optionen in unterschiedlichen Ausstattungsvarianten zur Verfügung gestellt).

- Workshop-Räume: flexible Tische, klappbar und/oder auf Rollen sowie per Plug and Play elektrifizierbar; flexible Stühle (geringes Gewicht, auf Rollen); Smartboards oder Whiteboards; Aufbewahrungsmöglichkeiten für Workshop-Materialien.
- Kreativ- oder Projektflächen: Tisch in Stehhöhe; Stehbänke oder Stehhilfen; Smartboard/Monitor mit Wireless Connectivity; Whiteboard.
- Empfang/Homebase: Anlaufelement mit vollwertigem Arbeitsplatz; Sofa; Sessel; Beistelltische; Aufbewahrungsfächer (Locker) mit Schlüssel oder Chip verschließbar; Getränke-/Kaffeebezugsmöglichkeit; bspw. in Skandinavien werden darüber hinaus in weitläufigen Activity Based Workspaces Monitore platziert, die den Aufenthaltsort einzelner Mitarbeiter anzeigen, um die Auffindbarkeit und Orientierung zu erleichtern. Nutzen der Schließfächer als Briefkasten.
- Cafeteria/Bistro: Abwechslungsreiche, attraktive Bestuhlung auf Gastronomieniveau; unterschiedliche Tischvarianten (verschiedene Höhen und jeweilige Anzahl der Sitzplätze).
- Zur Zonierung werden verwendet: akustisch wirksame Raumteilermodule (Screens); Schränke zur Aufbewahrung verbleibender Unterlagen; umbautes Mobiliar mit hohen Rücken- und Seitenverkleidungen (z. B. Alkoven); Pflanzen.

4.3.3 Umsetzungsbeispiel

Planung: Vitra (Abb. 4.8 und 4.9)

Legende

Klassische Arbeitsbereiche

Bildschirmarbeitsplätze

Projekt- und Team-Bench

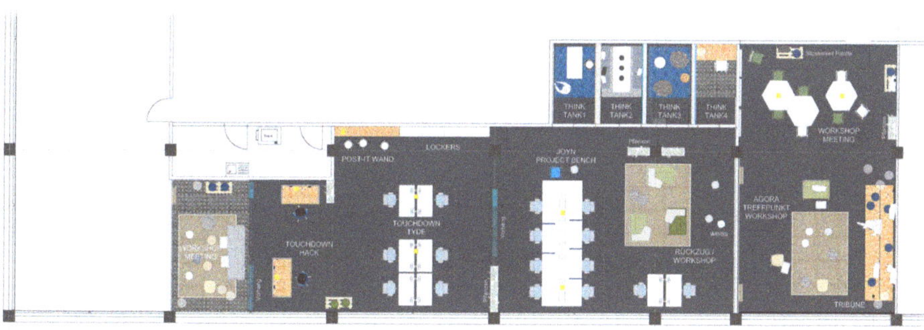

Abb. 4.8 Activity Based Working, Grundriss

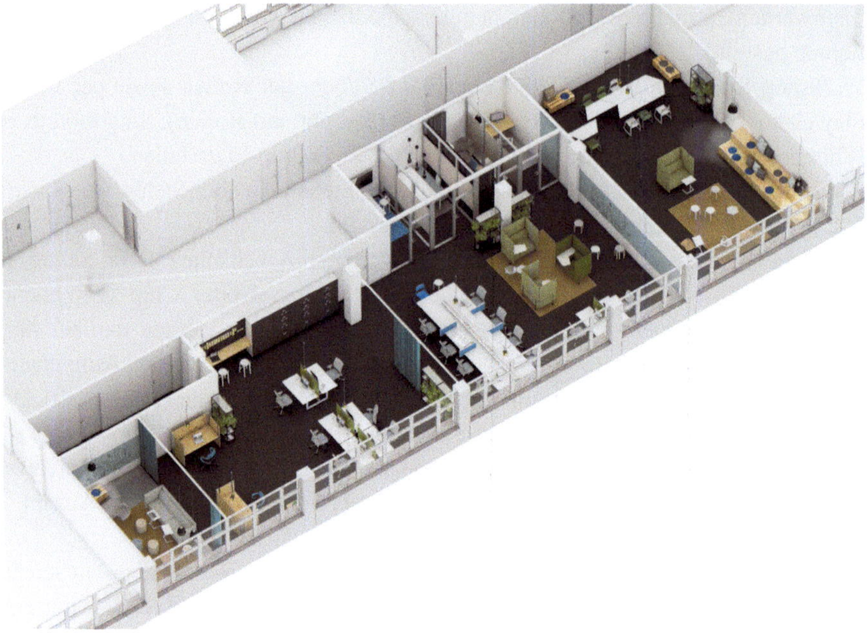

Abb. 4.9 Activity Based Working

Rückzug

Think Tank 1: The Blue: Meeting mit Projektions- und Schreibfläche

Think Tank 2: The Diner: Gespräche am Tisch, ohne technische Ausstattung

Think Tank 3: The Cosy: das entspannte Gespräch

Think Tank 4: The Cool: das konzentrierte Arbeiten am PC allein oder zu zweit

Touchdown Arbeitsplätze, temporär

Kreativ- und Projektflächen

Post-it- Wand

Workshop Meeting 2×

Persönlicher Stauraum: Lockers

Die Garage

Touchdown-Arbeitsplätze, temporär

Agora: Treffpunkt und Workshop

4.3.4 Activity Based Working (ABW) – Gesundheitsrelevante Faktoren

Das konkret auf die Anforderungen und Tätigkeitsprofile zugeschnittene Activity Based Office („the ABW approach not only encourage people to move around, it can be good for social and collaborative aspects of work“, Dowdy 2016, S. 5) scheint sich nach langjährigen Erfahrungen vor allem in den Niederlanden sowie im skandinavischen Raum inzwischen auch in Deutschland zu etablieren. Vor dem Hintergrund der prognostizierten Veränderungen in der Büroarbeitswelt, viele sprechen sogar von einer Disruption, sehen zahlreiche Experten darin die Grundlage für die Bürogestaltung der Zukunft.

Gleichzeitig arbeiten laut einer Studie des Job-Portals Indeed vom März 2017 mit 1049 Befragten über 85 Prozent der Deutschen in Zellenbüros und mehr als 80 Prozent sind mit diesem Zustand sehr zufrieden (Indeed Blog 2017). Neben der enormen Herausforderungen für Führungskräfte, Beschäftigte und ganze Organisationen, die dieser Veränderungsprozess mit sich bringen wird (von den in diesem Kontext auftretenden psychischen Belastungen ganz zu schweigen), erfordert Activity Based Working im Büro eine neue Bewertung des Arbeitsplatzes im Sinne des Gesundheitsschutzes.

Die individuelle Gefährdungsbeurteilung wird dabei zum regulierenden Faktor. Da die Arbeitsstättenverordnung keine Anwendung auf einzelne Arbeitsorte innerhalb des Multispace findet, wird eine individuelle Betrachtung der jeweiligen Arbeitsumgebung notwendig, die der Gesetzgeber in Form der Gefährdungsbeurteilung vorsieht. Zwar ist die neue Arbeitsstättenverordnung im Bereich der Büroarbeit noch deutlicher geworden: Jeder Mitarbeiter hat das Recht auf einen vollständig ausgestatteten Bildschirmarbeitsplatz, unabhängig von der Dauer des Arbeitens. Aber das bedeutet nicht zwangsläufig, dass für 20 Mitarbeiter auch 20 Tische vorhanden sein müssen.

In Activity Based Workspaces werden die Möbel von mehreren Personen genutzt. Deshalb müssen sie den individuellen körperlichen Anforderungen aller Nutzer entsprechen, die Funktionen müssen vereinfacht und die Einstellungsoptionen, z. B. bei Bürodrehstühlen, intuitiver gestaltet werden. Die Unterweisung in die unterschiedlichen zur Verfügung stehenden Arbeitsmittel wird daher komplexer und sollte regelmäßig nachgehalten werden.

Unstrittig bietet Activity Based Working Abwechslung für Körper und Geist durch die unzähligen Optionen für unterschiedliche Körperhaltungen und es hält die Mitarbeiter in Bewegung. Die Dynamik im Raum ergibt sich aus der Art der Tätigkeitsfelder. Der Wechsel zwischen den Arbeitszonen führt in jedem Fall automatisch zu einem positiven Effekt für Muskulatur und Bandscheiben.

Problematisch ist weiterhin die Arbeit der sogenannten Nomaden an mobilen Geräten wie Laptop oder Tablet. Auch wenn der Ort häufig gewechselt wird, ändert sich die Dauer der Arbeit am Laptop meist nicht. Bildschirmabstand und -einstellbarkeit, flexible Tastaturen, ergonomische Sitzhaltung sind de facto nicht vorhanden, die unnatürliche Kopfhaltung bei Tablet-Nutzung kann nach längerer Zeit Schmerzen an der Nackenmuskulatur hervorrufen oder sogar die Bandscheiben der Halswirbelsäule schädigen. Dem Arbeitgeber bleibt in diesem Fall die Möglichkeit der Unterweisung, in diesem Zusammenhang ist auch das Gesundheitsbewusstsein der jeweiligen Führungskräfte gefragt.

Unterschiedliche Beleuchtung und Farbgebung (s. Kap. 3) bewirken auch nachweisbar eine Verbesserung der Motivation, Konzentration und Leistungsfähigkeit. Nicht zuletzt führen unterschiedliche Blickrichtungen und -abstände auch zur Schonung der Augen und des Sehvermögens.

Es ist geprüft, dass die visuelle Verbindung mit der Natur das mentale Engagement und die Aufmerksamkeit verbessern kann. Ebenso können der Blutdruck und der Herzschlag reduziert werden. Des Weiteren verbessert es die positiv geschlagene Einstellung und das allgemeine Glücklichsein der Mitarbeiter (vgl. Biedermann et al. 2006).

4.4 Pflanzen

Pflanzen im Büro werden von den Büro-Nutzern zwar oft lediglich als Design-Element begriffen, doch tatsächlich bewirken sie weit mehr als erwartet wird. Aus der Literatur geht hervor, dass ein grünes Arbeitsumfeld dauerhaft angenehmer und gesünder für Arbeitnehmer ist und förderlich für die Konzentration – und damit auch produktiver für das Unternehmen. Die bloße Anreicherung eines ehemals spartanischen Raumes mit Pflanzen diente in der Tat dazu, die Produktivität und Leistungsfähigkeit um 15 % zu steigern (Nieuwenhuis et al. 2014).

Demnach fühlen sich die Büroangestellten ausgeschlafener und gesünder, wenn sie sich in der Nähe von Pflanzen oder Fenstern mit Ausblick auf Grün befinden (Khan et al. 2005; Fjeld et al. 1998; Kaplan 1993). Dies bestätigt auch das Ergebnis einer Studie, in der Patienten, die Blick aus dem Fenster auf laubbedeckte Bäume hatten, durchschnittlich einen Tag schneller gesund wurden, bedeutend weniger Schmerzmittel benötigten und weniger postoperative Komplikationen hatten als Patienten mit Blick auf eine Steinwand (Ulrich 1993).

Experimente von Fraunhofer konnten eine These erfüllen, dass fensterlose Büros durch bedeutend mehr Pflanzen im Zimmer und mit freier Sicht auf die Pflanzen ein allgemeines Wohlbefinden der Mitarbeiter auslöst.

Pflanzen können einen fehlenden Ausblick nach draußen kompensieren.

Eine weitere Studie fand heraus, dass das Betrachten abstrakter Kunst den Stresslevel um 13 Prozent erhöhte, während Naturbilder dieses um 3 bis 44 Prozent verminderten (Salingaros 2012). Die Teilnehmer eines sogenannten Lese-Span-Tests steigerten ihre Leistung von Test zu Test und verbesserten ebenso ihre Aufmerksamkeitskapazität, während dies nicht für Mitarbeiter galt, die keine Pflanzen im Büro hatten (Raanaas et al. 2010).

Pflanzen oder begrünte Wände weisen folgende positiven Eigenschaften auf (vgl. Hahn 2007):

- Optimierung der Luftfeuchtigkeit
- Verbesserung der Raumakustik
- Schadstoff-Reduktion

Zu klären bleibt lediglich die Frage, wer sich um die Pflege der Begrünung im Büro kümmert. Hier bietet sich in erster Linie ein entsprechender Dienstleister an.

Zu guter Letzt leistet neben Beleuchtung, Farbgebung und Pflanzengestaltung besonders die Akustik einen entscheidenden Beitrag zur Gesunderhaltung der Mitarbeiter. Im Kontext der ergonomischen Büromöbel soll daher nachfolgend der Blick auf akustisch wirksames Mobiliar gerichtet werden.

4.5 Akustisch wirksames Mobiliar

Normen für die raumakustischen Planung von Mehrpersonenbüros können der DIN 18041 und der VDI 2569 entnommen werden und werden in Abschn. 2.3 behandelt. Zusätzliche schallabsorbierende Flächen und die intelligente Positionierung akustisch wirksamer Möbel können zwar die Raumakustik (Wand, Decke, Boden) nicht ersetzen, jedoch eine bedeutende Reduzierung des Geräuschpegels erreichen.

Diese Reduzierung kann einerseits durch Schallbrechung erfolgen: Glatte Möbelflächen begünstigen die Schallreflexion und werfen das Geräusch praktisch in den Raum zurück. Eine gelochte Fläche stört die Reflexion. Ein Teil des Schalls dringt einfach in den Schrank ein und verschwindet, der andere Teil bricht an den Kanten der Lochung, verändert dadurch seine Richtung und schwächt ab.

Andererseits schlucken dickere, weiche und offenporige Materialien den Schall und vermindern dadurch die Schallenergie. Hier spricht man von Schallabsorption.

Beispiele für akustisch wirksames Mobiliar Ein durch Thermodruck verdichtetes Polyestervlies bietet großflächig als Kabelwanne eine wirksame Fläche zur Dämpfung von Umgebungsgeräuschen (Abb. 4.10).

Screens, bestehend aus verpresstem, durchgefärbtem Polyestervlies oder gefüllt mit weichem schallabsorbierendem Material, können zusätzlichen Akustikschutz bieten (Abb. 4.11).

Abb. 4.10 Kabelwanne

Abb. 4.11 Screens

Raum-in-Raum-Systeme oder Sofas mit hohen abgesteppten und wattierten Paneelen tragen zur visuellen und akustischen Abschirmung bei und vermitteln so ein Gefühl von Geborgenheit, Ruhe und Rückzug (Abb. 4.12). Die Akustikprüfung „Äquivalente Schallabsorptionsfläche A im Hallraum nach DIN EN ISO 354 – Abschirmwirkung in Anlehnung an VDI 3760" ist empfehlenswert.

Lochmuster-Fronten sowie perforierte Rollladen brechen den Schall und bieten dadurch wirksamen Akustikschutz im Raum (Abb. 4.13).

Nach der Arbeitsstättenverordnung sind im Büro bei überwiegend geistigen Tätigkeiten ≤ 55 dB(A) vorgeschrieben. Bei allen anderen Bürotätigkeiten, die durch eine mittlere Komplexität und zeitliche Beschränkung gekennzeichnet sind, ≤ 70 dB(A) (Deutsche Gesetzliche Unfallversicherung e. V. (DGUV) 2015). Durch den Einsatz geeigneter Materialien und Oberflächenstrukturen lässt sich somit der Schalldruckpegel im Raum spürbar vermindern. Die Mitarbeiter empfinden insgesamt eine ruhige und angenehme Atmosphäre, wodurch sie auch selbst in der Konsequenz leiser und gedämpfter sprechen. Darüber hinaus schaffen akustisch wirksame Loungemöbel ruhige Rückzugszonen, die dem Einzelnen die Möglichkeit zum konzentrierten Arbeiten geben oder einem kleinen Team die Möglichkeit zur Besprechung bieten, ohne das Umfeld zu stören. Insgesamt entsteht eine hohe Aufenthaltsqualität im Raum, die sich auf das Wohlbefinden der Mitarbeiter positiv auswirkt.

Abb. 4.12 Alkoven

Die Gesundheit der Mitarbeiterinnen und Mitarbeiter wird aufgrund der technologischen und demografischen Entwicklung und deren Auswirkungen – von einer Zunahme hoch komplexer Tätigkeitsprofile über den Fachkräftemangel bis hin zur voraussichtlichen Verlängerung der Lebensarbeitszeit – zu einem immer wichtigeren Faktor bei der Organisation und Einrichtung von Büros. Dabei spielt die Ergonomie weiterhin eine zentrale Rolle, wobei der klassische Ergonomiebegriff rund um den Leib ganzheitlich auf weitere Disziplinen wie etwa Licht, Luft und Lärm erweitert wird. Noch wichtiger ist es jedoch, die Organisationsstruktur sowie die Unternehmens- und Führungskultur an die sich stetig

Abb. 4.13 Aufbewahrung

verändernden Anforderungen anzupassen. Der Raum und eine adäquate Büroeinrichtung können diese Prozesse unterstützen und auf diese Weise zum physischen und psychischen Wohlbefinden beitragen.

Fazit

Die zukünftigen Büroeinrichtungen werden die zukünftigen Arbeits- und Organisationsstrukturen abbilden. Wilhelm Bauer, Leiter des Fraunhofer Instituts für Arbeitswirtschaft und Organisation (IAO), geht davon aus, dass routinemäßige Tätigkeiten in einigen Jahren durch intelligente Systeme erledigt werden (Bauer 2017). Der Mensch wird dann insbesondere für Arbeiten benötigt, die Kreativität oder Intuition erfordern. Diese Arbeit wiederum erfordert ein hohes Maß an Kommunikation und Kollaboration und wird oft projektorientiert in wechselnden Teams unter Einbindung externer Experten organisiert. In der architektonischen Umsetzung entsteht eine Art Campus, der den Beschäftigten alle benötigten Ressourcen zur Verfügung stellt und ihm gleichzeitig eine Heimat gibt.

Bei der Einrichtung solcher modernen Bürolandschaften rückt das einzelne Möbel mehr und mehr in den Hintergrund. Entscheidend ist die den Aufgaben, Prozessen und Kommunikationsflüssen entsprechende Konzeption einer individuellen Einrichtungslösung für jedes Unternehmen. Das sogenannte „Activity Based Working", die Bereitstellung unterschiedlicher Arbeitsorte innerhalb und außerhalb des Unternehmens, die die jeweilige Tätigkeit optimal unterstützen, setzt sich in unterschiedlicher Ausprägung mehr und mehr durch. Diese Einrichtungslösungen zu entwickeln, bedarf einer hohen interdisziplinären Kompetenz, die Themen der Innenarchitektur, der Psychologie, der Organisations- und Prozessstruktur sowie des Gesundheitsmanagements vernetzt. (Deutsches Netzwerk Büro e. V./Initiative Neue Qualität der Arbeit 2017).

An „Activity Based Working", jener modernen Bürolandschaft, führt nach heutigen Erkenntnissen wohl kein Weg mehr vorbei. Jedoch zieht die überwältigende Mehrheit der Beschäftigten die Arbeit in einer Zellenstruktur vor. Dieser Widerspruch und der daraus resultierende Veränderungsprozess sowohl für Mitarbeiter als auch für Führungskräfte müssen sorgfältig gestaltet und sensibel begleitet sein. Denn obwohl die sogenannten Multispaces – wenn sie entsprechend umgesetzt wurden – nachweislich die Motivation und die Identifikation der Beschäftigten fördern und einen positiven Einfluss auf das Wohlbefinden ausüben können, müssen viele Mitarbeiterinnen und Mitarbeiter einem gewohnten Umfeld entrissen und in ein zunächst wahrscheinlich mit Vorurteilen behaftetes neues Umfeld begleitet werden.

Eine adäquate Büroeinrichtung bildet demnach organisationale, prozessuale und gesundheitsrelevante Aspekte individuell nach den Bedarfen des Unternehmens sowie seiner Beschäftigten ab und berücksichtigt in der Übergangsphase wichtige psychologische Parameter, die dieser Veränderungsprozess mit sich bringt. Aufgrund des zunehmenden Veränderungsdrucks ist es ratsam, rechtzeitig mit den damit verbundenen strategischen Vorbereitungen zu beginnen.

Denn sind die baulichen Faktoren wie Licht- und Akustikplanung sowie ein arbeitsförderndes Raumklima beachtet worden, können mit dem Einsatz funktionaler Möbel und mit einer sinnvollen Möblierungsplanung Zonen für unterschiedliche Arbeitssituationen geschaffen werden. Neben ergonomisch prüfbaren Parametern geht es im Raum immer um das individuelle Erleben des Menschen und seiner Situation am Arbeitsplatz.

Literatur

ArbSch (1996): Gesetz über die Durchführung von Maßnahmen des Arbeitsschutzes zur Verbesserung der Sicherheit und des Gesundheitsschutzes der Beschäftigung bei der Arbeit (Arbeitsschutzgesetz) vom 7. August 1996 (BGBl. IS. 2407).

Bauer, W. (2017): Der Mensch in der digitalisierten Arbeitswelt, https://blog.iao.fraunhofer.de/der-mensch-in-der-digitalisierten-arbeitswelt/, 6.4.2017, Zugriff am 10.5.2017.

Biedermann, D. et al. (2006): Pharmacological activities of natural triterpenoids and their therapeutic implications. *Natural Products Reports*, 23/3, S. 394–411.

Bundesministerium für Arbeit und Soziales (2016): Grünbuch Arbeiten 4.0 – Arbeit weiter denken, http://issuu.com/support.bmaspublicispixelpark.de/docs/gruenbuch-arbeiten-vier-null?e=26749784/43070407, Zugriff am 10.5.2017.

Deutsche Gesetzliche Unfallversicherung e. V. (DGUV) (Hrsg.) (2015): DGUV Information 215–410 (bisher BGI/GUV-I 650), Berlin.

Dietsch, G., Martin, P., Neuhaus, R. (2002): Büroräume gestalten. Beteiligung – Arbeitsorganisation – Ergonomie. Düsseldorf: Landesanstalt für Arbeitsschutz NRW.

Dowdy, C. (2016): Office design that boosts workplace wellbeing, https://www.raconteur.net/business/office-design-that-boosts-workplace-wellbeing, Zugriff 5.10.2017.

Eames, Ray (1981): Interview mit Ralph Caplan, 2. Februar 1981, Herman Miller Archives, Zeeland, Michigan. In: Vitra Design Museum, Library of Congress (Hrsg.), Die Welt von Charles & Ray Eames. Berlin: Ernst & Sohn, 1997, S. 21.

Fjeld, T., Veiersted, B., Sandvik, L., Riise, G., Levy, F. (1998): The effect of indoor foliage plants on health and discomfort symptoms among office workers. *Indoor and Built Environment*, 7, S. 204–209

Hahn, N. v. (2007): „Trockene Luft" und ihre Auswirkungen auf die Gesundheit – Ergebnisse einer Literaturstudie. *Gefahrstoffe – Reinhaltung der Luft*, 67/3, S. 103–107.

Indeed Blog (2017): Allein oder zu Mehreren? Deutsche Bürokultur heute, http://blog.de.indeed.com/2017/05/22/alleine-oder-zu-zweit/, 22.5.2017, Zugriff am ???.

Kaplan, R. (1993): The role of nature in the context of the workplace. *Landscape and Urban Planning*, 26, S. 193–201

Khan, A. R., Younis, A., Riaz, A., Abbas, M. M. (2005): Effects of interior plantscaping on indoor academic environment. *Journal of Agricultural Research*, 43, S. 235–242.

Nieuwenhuis, M., Knight, C., Postmes, T., & Haslam, S. A. (2014, July 28). The Relative Benefits of Green Versus Lean Office Space: Three Field Experiments. Journal of Experimental Psychology: Applied. Advance online publication.

Raanaas, R. K., Horgen Evensen, K., Rich, D., Sjøstrøm, G., Patil, G. (2010): Benefits of indoor plants on attention capacity in an office setting. *Journal of Environmental Psychology*, 31 (2011), S. 99–105.

Rasch B. et al. (2009): Pharmacological REM sleep suppression paradocically improves rather than impairs. Nature Neuroscience, 12/4, S. 396–397.

Salingaros, N. A. (2012): Fractal Art and Architecture Reduce Physiological Stress, University of Texas at San Antonio, Department of Mathematics San Antonio, TX 78249 U.S.A. yxk833@my.utsa.edu

Savills, CCL/Consulting Cum Laude (2016): Office of the Future? Vergleichsstudie zum Büro der Zukunft aus Sicht der Generation X & Y, http://pdf.euro.savills.co.uk/germany-research/ger-ger-2016/office-of-the-future-de.pdf, Zugriff am 10.5.2017.

Tsunetsugu, Y. et al. (2007): Physiological effects in humans induced by the visual stimulation of room interiors with different wood quantities. *Journal of Wood Science*, 53/1, S. 11–16.

Ulrich, R. S. (1993): Hospital gardens turn out to have medical benefits, Center for Health Systems and Design Colleges of Architecture and Medicine Texas A & M University College State, TX 77843.

Veldhoen, E. (1995): Demise of the office. Rotterdam: Uitgeverij 010.

Von Harten, G., Hess, K., Martin, P., Scherrer, K., Weddige, F. (2005): Mobile Arbeit. Das allmähliche Verschwinden der Trennung von Arbeit und Freizeit. Reihe Arbeit, Gesundheit, Umwelt, Technik, Heft 63. Oberhausen: Technologieberatungsstelle NRW.

Werner, H., Hansen-Uffenorde, M., Fuchs, B., Mayer, S. (2012): Büro ist in der kleinsten Hütten. Zuhause arbeiten an Schreibtisch und PC – ergonomisch und stressfrei, Dortmund: Verlag Dr. Steinert.

Wilke, H. J., Neef, P., Caimi, M., Hoogland, T., Claes, L. E. (1999): New in vivo measurements of pressures in the intervertebral disc in daily life. *Spine*, 24/8, S. 755–762

Bedarfsgerechte Gebäudetechnik

5

Gesündere (Verwaltungs-)Gebäude planen und realisieren

Peter Bachmann

Ist Gesundheit messbar? Und welche Faktoren spielen für das Wohlbefinden und Zufriedenheit der Mitarbeitenden wichtige Rollen? Das ist eine der zentralen Fragen, bei der Konzeption von Bürogebäuden und Arbeitsumgebungen.

Aus der Sicht des Sentinel Haus Instituts ist einer der wichtigsten Faktoren die Qualität der Innenraumluft. Denn dieses Medium bestimmt sofort und unmittelbar unsere Befindlichkeit, unsere Leistungsfähigkeit und langfristig auch unsere Gesundheit. Neben der Frage des Luftaustausches im Raum, die nur am Rande behandelt wird, hat die gesundheitliche Qualität der verwendeten Baustoffe, Ausstattungsmaterialien und Möbel hinsichtlich der Emission von Schadstoffen in die Raumluft eine hohe Bedeutung für die Aufenthaltsqualität.

Dieses Kapitel beleuchtet grundlegende Aspekte und stellt verschiedene Modellprojekte aus mehreren Bereichen vor.

Lohnt sich das gesündere Bauen und was bedeutet es eigentlich?
Gesundes Bauen, Modernisieren und Wohnen ist in aller Munde. Ist das nur ein weiterer Gimmick oder profitieren Unternehmen der Immobilienwirtschaft und ihre Kunden von der Beschäftigung mit dem Thema? Die Herausforderungen für die Unternehmen der Immobilienwirtschaft sind enorm. Die staatlichen Vorgaben, zum Beispiel in Sachen Energieeffizienz und Nachhaltigkeit bei Neubau und Sanierung, sind streng. Und fast täglich wird es anspruchsvoller, gleichzeitig kostengünstigen Wohnraum zu schaffen und eine angemessene Rendite zu erwirtschaften. Dabei lohnt sich eine Begriffsanalyse. Mit der zunehmenden Aufmerksamkeit des Bauherrn auf gesundheitliche Themen werden zunehmend Begriffe im Marketing verwendet, welche nicht eindeutig sind. Dazu einige Hinweise:

P. Bachmann (✉)
Freiburg, Deutschland
e-mail: Bachmann@sentinel-haus.eu

W. Seiferlein, C. Kohlert (Hrsg.), *Die vernetzten gesundheitsrelevanten Faktoren für Bürogebäude*, https://doi.org/10.1007/978-3-658-20852-3_5

Vorsicht mit dem Begriff „Gesund“: Gesund kann kein Baustoff, Möbel oder Gebäude sein. Der absolute Begriff „Gesund“ impliziert, dass das Produkt eine heilende Wirkung hat. Dies kann man nur schwer beweisen und damit auch nur schwer behaupten. Juristisch gibt es hier einige Beispiele, bei denen Hersteller mit der Werbeaussage „Gesund“ vor Gericht schwere Niederlagen erlitten haben. Rechtssicher und genauer ist in diesem Zusammenhand die Nutzung des Begriffes „gesünder“.

Biologische und ökologische Produkte und Gebäude
Biologische Produkte und Gebäude haben einen guten Klang und genießen Aufmerksamkeit, jedoch ist die Tatsache einer biologischen Herkunft auf keinen Fall eine Garantie für eine positive gesundheitliche Wirkung. In der Natur kommen viele biologische Stoffe vor, welche gesundheitlich durchaus verheerende Wirkung auf den Menschen haben können. Gifte von Tieren und Pflanzen sind ökologisch und biologisch, können jedoch tödlich sein und die Gesundheit des Menschen negativ beeinflussen. Einige biologische Produkte bringen Lösemittel (VOC) in den Innenraum und können allergische Reaktionen bei entsprechend sensitiven Menschen auslösen.

Nachhaltigkeit muss exakt definiert sein
Bei der Nachhaltigkeit geht es darum, Ressourcen und Güter in einem Umfang zu verbrauchen, in dem sie sich auch wieder regenerieren können. Dabei ist die Energieeffizienz nur eines von vielen Themen, die die Branche aktuell beschäftigen. Ist unter diesen Rahmenbedingungen gesünderes Bauen, Sanieren und Wohnen nicht ein Luxusthema?

Grundsätzlich sind die aktuellen Anstrengungen zur Nachhaltigkeit in der Bauwirtschaft sehr zu begrüßen. Jedoch ist es hier genauso wichtig, dass es eindeutige Kriterien gibt, welche dem Nutzer, Auftraggeber und Kunden eine tatsächliche Sicherheit und Bezug zur Qualität vermitteln. Hier stellt sich rasch die Frage der Systemgrenze. Entsprechende Bewertungssysteme sind hinsichtlich der gesundheitlichen Kriterien nicht immer definitionsstark genug.

Vielmehr braucht es konkrete und messbare Aussagen in diesem Zusammenhang. Das Marketing und die Werbung müssen demnach in Bezug auf Gesundheit besonders genau kommunizieren. Beispielsweise können konkrete Aussagen zur Lösemittelbelastung oder Formaldehyd in einem Innenraum oder einem Produkt getroffen werden. Dann gehören zu dieser Aussage der Zeitpunkt, die Untersuchungsmethode und die Unsicherheit zur Messung. Gleiches gilt für CO_2-Konzentrationen in einem Innenraum. Was sind die Nutzungsbedingungen, zu welchem Zeitpunkt gilt der zugesicherte CO_2-Wert?

Für Produkte ist eine konkrete Aussage zur Schadstoffkonzentration noch relativ einfach, bei Gebäuden wird es deutlich komplexer. Aktuelle Forschungsergebnisse zeigen die vielfältige Ergebnisentwicklung in Bezug auf Schadstoffe. Wechselwirkungen von Produkten, Eigenleistungen des Bauherrn, Temperatur, Luftfeuchte und Lüftung nehmen enormen Einfluss auf das Messergebnis. Gebäudeanbieter, welche lediglich einzelne Musterwohnungen oder Mustergebäude messen lassen, nehmen das Risiko in Kauf, dass der Kunde bzw. Nutzer getäuscht wird. Wenn dem Kunden eine gesundheitliche Qualität in einem Innenraum wirklich wichtig ist, muss das Gebäude nach Neubau oder Modernisierung daher durch eine unabhängige Messstelle auf Schadstoffe kontrolliert werden.

Bei der Beurteilung kommt es, wie so oft, auf die Betrachtungsweise an und auf die Hintergründe. Gründe für das gesündere Bauen und die Beachtung der Innenraumhygiene gibt es ausreichend.

10 Thesen für das gesündere Bauen, Sanieren und Renovieren

Leider sind Schadstoffe aus Bauprodukten und ihrer Verarbeitung immer noch sehr häufig anzutreffen. Gerade bei der Sanierung, aber auch beim Neubau, führt eine aus energetischen Gründen luftdichte Gebäudehülle zu hohen Schadstoffkonzentrationen, die gesundheitliche Beeinträchtigungen nach sich ziehen können. Vor diesem Hintergrund gibt es viele Gründe, das Thema des gesünderen Bauens auf die Agenda zu nehmen. Hier die zehn wichtigsten:

1. Schon mit geringem Aufwand erreichen Unternehmen eine eindeutige Rechts- und Haftungssicherheit in Fragen von Schadstoffbelastungen und dadurch resultierender Mängel. Entscheidend ist hier die Formulierung der Verträge mit Lieferanten, Architekten, Fachplanern und Handwerkern. Die zielgenaue Ausschreibung gesundheitlicher Standards bei Planungs- und Bauleistungen nach VOB ist möglich, auch im öffentlichen Bereich. Das belegen zahlreiche Gutachten von Baurechtsexperten. Wie es funktioniert, steht in entsprechenden Leitfäden.
2. Ein Konzept des gesünderen Bauens, Sanierens und Renovierens ist Teil der unternehmenseigenen Qualitätssicherung. Nach dem Motto: „Lieber vorher informieren, als hinterher mit viel Ärger und Stress teuer reparieren."
3. Gesünderes Bauen hat nicht zwingend etwas mit ökologischem, aber viel mit nachhaltigem Bauen zu tun. Die Bauprodukte, die von den Partnern Sentinel Haus Institut und TÜV Rheinland nach eingehender Prüfung empfohlen werden, sind bekannte Markenprodukte, die die meisten Bau- und Planungsabteilungen kennen und möglicherweise schon einsetzen. Das heißt auch, dass die Materialkosten nicht oder nicht nennenswert höher sind als bislang.
4. Die Kriterien, die dem gesünderen Bauen zugrunde liegen, sind exakt formuliert und wissenschaftlich definiert, zum Beispiel vom Umweltbundesamt. Akkreditierte Prüfinstitute, wie zum Beispiel TÜV Rheinland, können diese Kriterien nach geltenden Normen und Verfahren rechtssicher überprüfen. So ist eine Integration in die Nachhaltigkeitsstrategie eines Bau- oder Immobilienunternehmens ohne Reibungsverluste möglich.
5. Mit jeder Bauweise und in jedem energetischen Standard kann sicher gesünder gebaut werden – vom Reihenhaus im Bauträgergeschäft über das Mehrfamilienhaus bis hin zu Bildungsbauten und großen Verwaltungsgebäuden.
6. Für jede Phase, in der ein Gebäude „angefasst" wird, sind passende, kostenoptimierte Konzepte verfügbar – von der Schönheitsreparatur nach Mieterwechsel über die

Grundsanierung bis hin zum Neubau oder einer kompletten Kernsanierung. Im letzteren Fall wird auch nach vorhandenen Schadstoffen untersucht.

7. Die Fortbildung von Mitarbeitern sowie externen Partnern aus Architektur und Handwerk schafft Wissen und Erfahrung in und um das Unternehmen. Sind die Abläufe erst einmal eingespielt und die Materiallisten gecheckt und festgelegt, arbeiten die Mitarbeiter von Gebäudemanagement und Bauabteilung wie zuvor – nur eben mit dem besonderen Blick auf die Gesundheit der Kunden und die damit verbundene Qualität ihrer Arbeit. Hilfreich kann hier die Nutzung von Material- und Wissensdatenbanken, zum Beispiel das „Bauverzeichnis Gesündere Gebäude" von Sentinel Haus Institut und TÜV Rheinland, www.bauverzeichnis.gesündere-gebäude.de, sein, die wertvolles Wissen aus erster Hand bereithalten.
8. Da grundlegende Fragen hinsichtlich der Materialauswahl und der Abläufe geklärt werden, vereinfachen sich Prozesse. Das erhöht die Effektivität im Unternehmen.
9. Durch die gesundheitliche Qualitätssicherung vermeiden Unternehmen der Immobilienwirtschaft Mängel durch Schadstoffbelastungen durch Bauprodukte und deren Verarbeitung sowie rechtliche und finanzielle Risiken, die dadurch entstehen können.
10. Nicht zuletzt: Gesundheit ist für alle das höchste Gut, selbstverständlich auch für die Kunden der Immobilienwirtschaft. Hier positives Profil zu gewinnen, stärkt das Bild des Unternehmens in Aufsichtsgremien und Öffentlichkeit.

Qualitätssiegel für Baustoffe und Immobilien

Einer der wichtigsten Faktoren beim gesünderen Bauen von Gebäuden aller Art ist die Qualität der verwendeten Baustoffe. Da nicht jedes Produkt einzeln und individuell auf Emissionen von Schadstoffen gemessen werden kann, spielen verlässliche Baustofflabel eine wichtige Rolle. Denn die Kontrolle von Baustoffen im Rahmen der deutschen Zulassung ist durch ein Urteil des Europäischen Gerichtshofes stark eingeschränkt worden. Hintergrund ist die Europäische Bauproduktenverordnung, die für in der EU harmonisierte Produkte, sprich solche, für die eine EU-Norm gilt, aus wettbewerbsrechtlichen Gründen keine eigenständigen nationalen Vorgaben zulässt. Die Zusammenhänge sind komplex, aber grundlegend, weshalb an dieser Stelle ein kleiner Exkurs erfolgt.

Das EuGH-Urteil und seine Konsequenzen für die Bauwirtschaft

Von vielen Akteuren immer noch unbeachtet, entfaltet ein Urteil des Europäischen Gerichtshofs zur Praxis der deutschen Baustoffzulassung enorme Wirkung auf alle am Bau Beteiligten. Vor allem die Architekten sitzen zwischen den Stühlen, wenn es darum geht, Gebäude zu bauen oder zu sanieren, die den Kriterien des Umweltbundesamtes an eine gesündere Innenraumluft entsprechen sollen. Doch was ist jetzt anders?

Am 16. Oktober 2016 trat in der Rechtssache C-100/13 das Urteil des Europäischen Gerichtshofs (EuGH) in Kraft, das bereits zwei Jahre zuvor gefällt worden war. Damit setzt die EU den Anspruch auf den Vorrang des freien Warenverkehrs gegenüber nationalstaatlichen Regelungen jetzt auch im Baubereich um. Konkret bedeutet das, dass für in der EU harmonisierte Bauprodukte, das sind Produkte, für die eine europäische

Norm existiert, keine zusätzlichen nationalen Zulassungskriterien mehr gelten. Demnach dürfen für die Produktgruppe nur noch Bauprodukte hergestellt, gehandelt und verbaut werden, die lediglich über eine CE-Kennzeichnung verfügen. Die der CE-Kennzeichnung zugrundeliegenden EU-Normen berücksichtigen allerdings nur die Übereinstimmung des Produktes mit den vom Hersteller erklärten Eigenschaften; Vorgaben zu Emissionen von Schadstoffen sind in den EU-Normen bislang nicht enthalten. Dabei sieht die europäische Bauproduktenverordnung (BauPVO) ausdrücklich vor, dass Mitgliedsstaaten auf die Ergänzung der zugrundeliegenden EU-Normen hinwirken sollen. Daher hatte Deutschland 2015 auch gegen sechs unvollständig harmonisierte Bauproduktnormen Einwände erhoben, von denen die Normen für Holzfußböden und Sportböden zurückgewiesen wurden. Dagegen hat die Bundesregierung am 19. April 2017 Klage erhoben. Bis zur Klärung des Rechtsstreites behalten daher die deutschen Vorgaben für die Emissionsprüfung für Holzfußböden und Sportböden weiter ihre Gültigkeit. Für alle anderen für die gesundheitliche Qualität von Innenräumen relevanten Produktgruppen, wie Boden- und Wandbeläge, Klebstoffe, Estriche, Wand- und Deckenverkleidungen, Holzwerkstoffe, Putze, Mauersteine, Abdichtungen, Wärmedämmstoffe, Zemente und Betonfertigteile, enthalten die EU-Normen zu Emissionen von Schadstoffen keinerlei Vorgaben.

Die Konsequenzen des Urteils stehen den Bestrebungen entgegen, Gebäude so zu bauen oder zu sanieren, dass sie nach Fertigstellung die Kriterien des Umweltbundesamtes an eine gesündere Innenraumluft mit Sicherheit einhalten. Davon sind auch Gebäude mit Nachhaltigkeitszertifizierungen nach DGNB, BNB, LEED oder dem NaWoh-Standard betroffen, bei denen zu hohe Innenraumbelastungen als „K.-o.-Kriterien" definiert sind.

Verantwortung auf private Ebene verlagert

Das EuGH-Urteil hatte auch eine Neustrukturierung und Änderung der Musterbauordnung (MBO) zur Folge. Die Bauregellisten des Deutschen Instituts für Bautechnik (DIBt) verloren ebenfalls ihre Gültigkeit und wurden in die neue Verwaltungsvorschrift Technische Baubestimmungen VV TB integriert. Die prinzipiellen Anforderungen an die Sicherheit von Gebäuden haben sich zwar grundsätzlich nicht geändert; sie unterliegen nach wie vor der nationalstaatlichen Regulierung. Es wurden jedoch die Verantwortlichkeiten hinsichtlich der Sicherheit von Bauprodukten von der nationalstaatlichen auf die private Ebene verlagert – angefangen beim Hersteller über den Handel, die Architekten und Bauunternehmen bis hin zu den Bauherren und Investoren. Diese Verantwortlichkeiten betreffen alle sicherheitsrelevanten Kriterien eines Bauproduktes, neben seiner gesundheitlichen Qualität zum Beispiel auch Fragen des Brandschutzes, der Standsicherheit und des Schallschutzes.

Das vom Bauherren und dem beauftragten Architekten zu erfüllende Schutzniveau bleibt zwar gleich, aber die konkrete Anforderung „gesunde Innenraumluft" wurde entgegen der Empfehlung des Umweltbundesamtes nicht in die MBO aufgenommen. Inwieweit die Bundesländer der Empfehlung in ihren Landesbauordnungen folgen, bleibt abzuwarten. Die bislang von Sachsen-Anhalt und Nordrhein-Westfalen entsprechend novellierten Landesbauordnungen enthalten lediglich die bisherigen Anforderungen, etwa in § 3 „Allgemeine Anforderungen".

Eine Frage der Haftung

Für Investoren, Bauunternehmen und Architekten stellt sich die Situation aktuell sehr unübersichtlich dar. Zum einen muss bei der Überprüfung von Produkteigenschaften geklärt werden, welche Art von Nachweis vorliegt. Denn es gibt im europäischen Bauproduktenrecht für die Bauprodukthersteller eine Vielzahl von Möglichkeiten, die Übereinstimmung ihres Produktes mit europäischen Vorgaben zu erklären. Ob und welche Angaben der Hersteller zur (gesundheitlichen) Qualität seines Produktes macht, bleibt ihm überlassen. Auch ob und in welcher Form er die gesundheitliche Qualität seiner Produkte von Dritten überwachen lässt, steht dem Hersteller offen. Bauherren werden versuchen, die Verantwortung an die Bauunternehmen, Generalübernehmer oder Architekten weiterzugeben. Mit der Verantwortung würden auch Haftungsfragen entsprechend weitergereicht. Architekten käme damit die Aufgabe zu, Erklärungen auf Übereinstimmung mit den gesetzlichen Vorgaben oder der Ausschreibung durch den Investor zu überprüfen. Das bedeutet nicht nur einen enormen verwaltungstechnischen Aufwand, sondern auch ein entsprechendes Haftungsrisiko.

Qualitätskriterien für Baustofflabel

Durch die Liberalisierung des deutschen Bauproduktemarktes ist die Bedeutung von Prüfzeichen also deutlich gestiegen. Deshalb spielen verlässliche und belastbare Prüfzeichen für Bauprodukte eine zentrale Rolle. Leider gibt es hier keine generell verbindlichen Qualitätsstandards. Als Nutzer muss man also genau hinschauen, was wie nach welchen Kriterien geprüft wird und was nicht. Hier spielt die Transparenz der Prüfbedingungen eine wichtige Rolle. Grundsätzlich ist darauf zu achten, dass die Bauprodukte von einem akkreditierten Labor geprüft und zertifiziert werden. Ein Beispiel ist das TÜV-Rheinland- Prüfzeichen „Schadstoffgeprüft". In Kooperation mit dem Sentinel Haus Institut wird dieses Prüfzeichen zur Schaffung von Klarheit und Transparenz bezüglich der gesundheitsbezogenen Eigenschaften von Bauprodukten in den Markt gestellt. Mit diesem anspruchsvollen Zeichen dokumentieren Hersteller auf freiwilliger Basis in Anlehnung an das bewährte AgBB-Schema die hohe gesundheitliche Qualität ihrer Bauprodukte. Die Gültigkeit sowie die Inhalte des Zertifikats können in der „Certipedia"-Datenbank des TÜV Rheinland überprüft und eingesehen werden. Darüber hinaus gibt es weitere, alternative Prüfzeichen für Bauprodukte, die das Sentinel Haus Institut in Zusammenarbeit mit dem TÜV Rheinland im Rahmen ihrer gemeinsamen Initiative „Gesündere Gebäude" anerkennen und als Voraussetzung für die Listung von Bauprodukten auf der Onlineplattform www.bauverzeichnis.gesündere-gebäude.de akzeptieren.

Darüber hinaus existiert eine ganze Reihe weiterer verlässlicher Prüfzeichen, die eine emissionsarme Baustoffqualität ermöglichen. Abb. 5.1 zeigt eine kleine Auswahl in optischer Form.

Abb. 5.1 Wichtige Prüfzeichen auf dem Bauproduktemarkt

Schadstoffe richtig messen und interpretieren

Ohne korrekte Messungen keine korrekte Beurteilung der gesundheitlichen Qualität. Ein fester Bestandteil der gesundheitlichen Qualitätssicherung in Gebäuden sind daher Raumluftmessungen. Deren Häufigkeit und Zahl ist stets an das Bauvorhaben und den Gebäudetyp angepasst. Verpflichtend ist mindestens eine Messung eines unabhängigen Sachverständigen bis zu vier Wochen nach Fertigstellung des Gebäudes. Für Investoren, Planer sowie private und öffentliche Auftraggeber ist der Umgang mit Schadstoffmessungen in der Raumluft, im Staub oder bei Materialien eine heikle Angelegenheit. Denn von den Ergebnissen hängt viel ab: Muss das Gebäude ganz oder teilweise geschlossen werden? Ist eine Sanierung nötig und wie teuer wird das? Welche Gesundheitsgefahren drohen Kindern und Personal? Welche Reaktion zeigen Eltern und Medien? Und nicht zuletzt: Wurde bei einem Neubau oder einer Sanierung die vereinbarte Raumluftqualität tatsächlich erreicht? Die Beispiele zeigen, dass nur eine valide, reproduzierbare Messstrategie für eine verlässliche Datengrundlage sorgt.

Die Anforderungen an Innenraumuntersuchungen sind definiert: Der Auftragnehmer sollte sowohl über eine Systemzertifizierung nach der Normenreihe DIN EN ISO 9000 ff. verfügen als auch über eine Laborakkreditierung nach der DIN EN ISO/IEC 17025. Damit wird belegt, dass Mitarbeiter regelmäßige Weiterbildungen absolvieren, ausschließlich geprüfte und geeignete Messgeräte zum Einsatz kommen und dass sich die Prüfstelle regelmäßig an Ringversuchen zur Qualitätssicherung beteiligt.

Werden billige Geräte oder nicht anerkannte Verfahren eingesetzt, halten die Ergebnisse einer späteren, versierten Prüfung oder einem Gerichtsverfahren nicht stand. Denn ein Vergleich mit anderen Messungen oder offiziellen Werten ist kaum möglich. Für viel Geld beauftragte Untersuchungen können sich als wertlos entpuppen. Auch sollten nur Messungen erfolgen, für die auch Bewertungskriterien existieren. Wichtig ist, dass die bei der Probenahme vorherrschenden Randbedingungen erfasst und im Ergebnisbericht dokumentiert werden. Denn Temperatur, relative Luftfeuchte und Lüftungsverhalten vor und während der Raumluftuntersuchungen haben einen großen Einfluss auf das Untersuchungsergebnis.

Bevor gemessen wird, sollte ein Abstimmungsgespräch zwischen Auftraggeber und Gutachter stattfinden, dessen Ergebnis in einen aufgabenorientierten Untersuchungsplan gemäß VDI 4300 Blatt 1 mündet. Auch bei der Interpretation der Ergebnisse ist ein erfahrener und qualifizierter Gutachter unabkömmlich. Er ist auch in der Lage, bei auffälligen Befunden die verantwortlichen Schadstoffquellen zu identifizieren sowie Maßnahmen zu empfehlen und verantwortlich zu kommunizieren, die zu einer Verbesserung der Situation führen.

Sanierung aktiviert Altlasten

Weitere Risikofaktoren für die Gesundheit von Gebäudenutzern liegen in bestehenden Gebäuden, worauf hier nur kurz verwiesen wird. Neben Schimmel- und Feuchteschäden durch Baumängel handelt es sich um Altlasten wie Asbest, PCB, Holzschutzmittel oder teerhaltige Kleber. „Waren diese in der Vergangenheit unauffällig oder wurden nicht als Ursache für gesundheitliche Probleme identifiziert, können sie durch die Öffnung von Bauteilen im Zuge einer Sanierung freigelegt und dadurch freigesetzt und aktiviert werden", betont Dr. Walter Dormagen, Bereichsleiter bei TÜV Rheinland. Denn angesichts der Risiken und der Vielzahl der möglichen Produktkombinationen gleicht eine Renovierung oder Sanierung ohne begleitende Qualitätssicherung einem Blindflug. Dies gilt auch für das Thema Lüftung. Kohlendioxid entsteht beim Atmen und kann schon in vergleichsweise geringen Mengen die Aufmerksamkeit und die Konzentrationsfähigkeit beeinträchtigen. Hier gilt es, die korrekte Umsetzung des Lüftungskonzeptes und die korrekte Installation und Wartung einer Lüftungsanlage zu prüfen.

Auch im Rahmen einer Renovierung oder Sanierung neu eingebrachte Bauprodukte können die Raumluftqualität in Gebäuden deutlich beeinträchtigen, wie Abb. 5.2 zeigt.

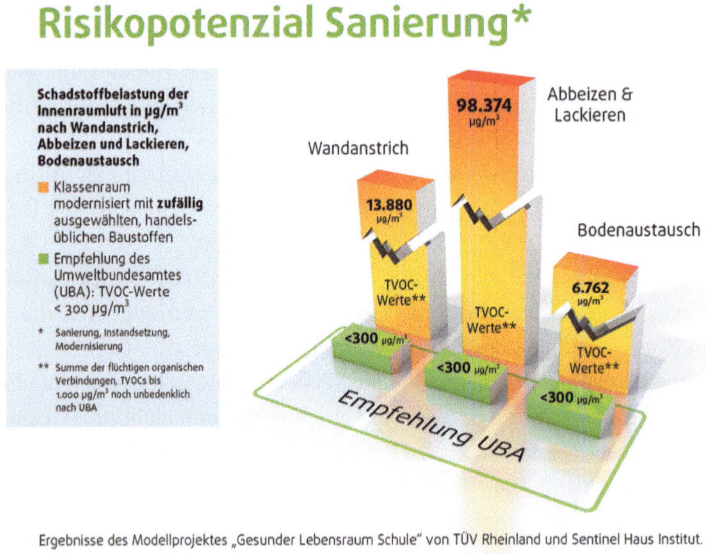

Abb. 5.2 Messergebnisse nach typischen Sanierungszyklen

Wer keine schadstoffgeprüften Produkte in Auftrag gibt, muss mit enormen Konzentrationen von flüchtigen organischen Verbindungen (VOC) rechnen, wie die Messergebnisse nach typischen Sanierungszyklen zeigen. Das Umweltbundesamt empfiehlt einen langfristigen Zielwert unter 300 µg/m³ Raumluft. Bis 1000 µg/m³ sind noch unbedenklich, ab 3000 µg/m³ ist die Nutzung maximal einen Monat akzeptabel. Ab 25 000 µg/m³ ist die Hygienesituation inakzeptabel und Maßnahmen sind einzuleiten. Hier ist es Aufgabe des Gebäudemanagements, die Arbeiten entsprechend zu planen und auszuschreiben, dass Materialien und Verarbeitungsprozesse keine dauerhaften gesundheitlichen Beeinträchtigungen mit sich bringen.

Kosten und Vergabe

Ebenfalls nur erwähnt werden soll die wichtige Möglichkeit, bereits in der Ausschreibung von Planungs- und Bauleistungen gesundheitliche Standards verbindlich festzulegen. Dies schafft Transparenz und klärt die Verantwortlichkeiten, sowohl praktisch als auch juristisch. Im Rahmen eines Ausschreibungsleitfadens wurden die notwendigen Formulierungen für gute Gesundheitsstandards in der Ausschreibung in Kooperation mit Kommunen, Baufachjuristen und Ingenieuren erarbeitet. Das Ergebnis: Sicheres, gesünderes Bauen lässt sich rechts- und haftungssicher in die Ausschreibung integrieren, sowohl bei privaten als auch öffentlichen Projekten. Auch hinsichtlich der Kosten konnte eindeutig aufgezeigt werden, dass diese sich in einem sehr überschaubaren Bereich bewegen.

Modellprojekte als erster Schritt zur Einführung des gesünderen Bauens

Wer als Entscheider nun denkt, dass mit der Einführung des sicheren gesünderen Bauens ein Riesenprojekt auf sein Unternehmen zukommt, kann beruhigt sein. In den letzten Jahren wurde in zahlreichen Unternehmen das gesündere Bauen und Sanieren Schritt für Schritt eingeführt.

Angefangen von einer Strategieberatung für die Geschäftsführung über Schulungen der hauseigenen und externen Planer bis hin zu Schulungen für Handwerker richtet sich die Implementierung nach den Wünschen und Möglichkeiten des Unternehmens. Bei genauerer Betrachtung werden viele Verantwortliche der Immobilienwirtschaft feststellen, dass ihr Unternehmen bereits auf einem guten Weg ist und die Schritte zum gesünderen Bauen und Sanieren kurz sind.

Eine sehr praxisnahe Möglichkeit ist ein Modellprojekt. Ein Beispiel ist der Neubau einer Kindertagesstätte im Düsseldorfer Kuthsweg durch die Rheinwohnungsbau GmbH. Hier wurde für den Bauherren eine Überprüfung der eingesetzten Materialien vorgenommen. Zwei Schulungen der beteiligten Handwerker erfolgten im Auftrag des Sentinel Haus Instituts durch CO-Architekten in Solingen, ausgebildete Fachplaner für gesünderes Bauen. Die Unterstützung des Bauherren und der Architekten erfolgte durch einen Wohngesundheitskoordinator, kurz WoGeKo, der bei Baustellenterminen auf die Einhaltung der vereinbarten Baustellenregeln achtete und als Ansprechpartner diente. Für die Kita Kuthsweg wurde diese Funktion ebenfalls von CO-Architekten im Auftrag ausgefüllt. Ein erster Termin fand im Juni vor der Verlegung des Estriches statt, im Zuge der weiteren Ausbauarbeiten folgten weitere Termine. Zum Abschluss wurde die Kita nach den Kriterien des Sentinel Gesundheitspasses zertifiziert. Aktuell werden Gebäude durch eine gemeinsame Prüfbescheinigung von TÜV Rheinland und Sentinel Haus Institut ausgezeichnet (Abb. 5.3).

Eine weitere Möglichkeit, Erkenntnisse über Bauweisen und das Verhalten eingesetzter Produkte zu gewinnen, sind Modellräume. Auch hier haben TÜV Rheinland und das Sentinel Haus Institut im Bereich der Bildungsstätten vielfältige Erkenntnisse gewonnen, die sich selbstverständlich auf andere Gebäudetypen anwenden oder übertragen lassen.

Mit dem Modellprojekt „Gesunder Lebensraum Schule" (Abb. 5.4) lässt sich ganz praktisch zeigen, wie das gesündere Bauen funktioniert. Dazu wurden auf dem Gelände von TÜV Rheinland zwei Modellräume aufgebaut, einmal mit gezielt ausgewählten, auf ihre gesundheitliche Eignung geprüften Materialien, einmal mit zufällig eingekauften. Ein Messprogramm erfasste als Leitparameter flüchtige organische Stoffe (VOC – vgl. 31. BImSchV (BGBl. I Nr. 44/2001); ChemVOC-FarbV (BGBl. I 70/2004) – und SVOC) sowie Formaldehyd. Auf dieser Basis wurden auch mehrere Erneuerungszyklen simuliert, wie sie bei der Renovierung und Sanierung von Schulen und Kitas üblich sind. Ebenfalls gemessen wurden der Einfluss der Möblierung sowie die Raumluftbelastung von Reinigungsmitteln.

Die Messungen zeigen deutliche Unterschiede zwischen gesundheitlich geprüften und ungeprüften Produkten. Nicht zuletzt bei den zeitlich engen Sanierungs- und Renovierungsarbeiten ergaben sich beim Einsatz ungeprüfter Produkte zum Teil massive Überschreitungen der Empfehlungswerte. In einigen Fällen wäre nach den Empfehlungen des Umweltbundesamtes eine zeitlich eingeschränkte Nutzung gewesen. Die Erfahrungen von TÜV Rheinland und dem Sentinel Haus Institut zeigen regelmäßig Auffälligkeiten

Abb. 5.3 Die Kita Kuthsweg in Düsseldorf ist in ein Wohnprojekt des sozialen Wohnungsbaus integriert und nach hohen gesundheitlichen Standards des Sentinel Haus Instituts zertifiziert

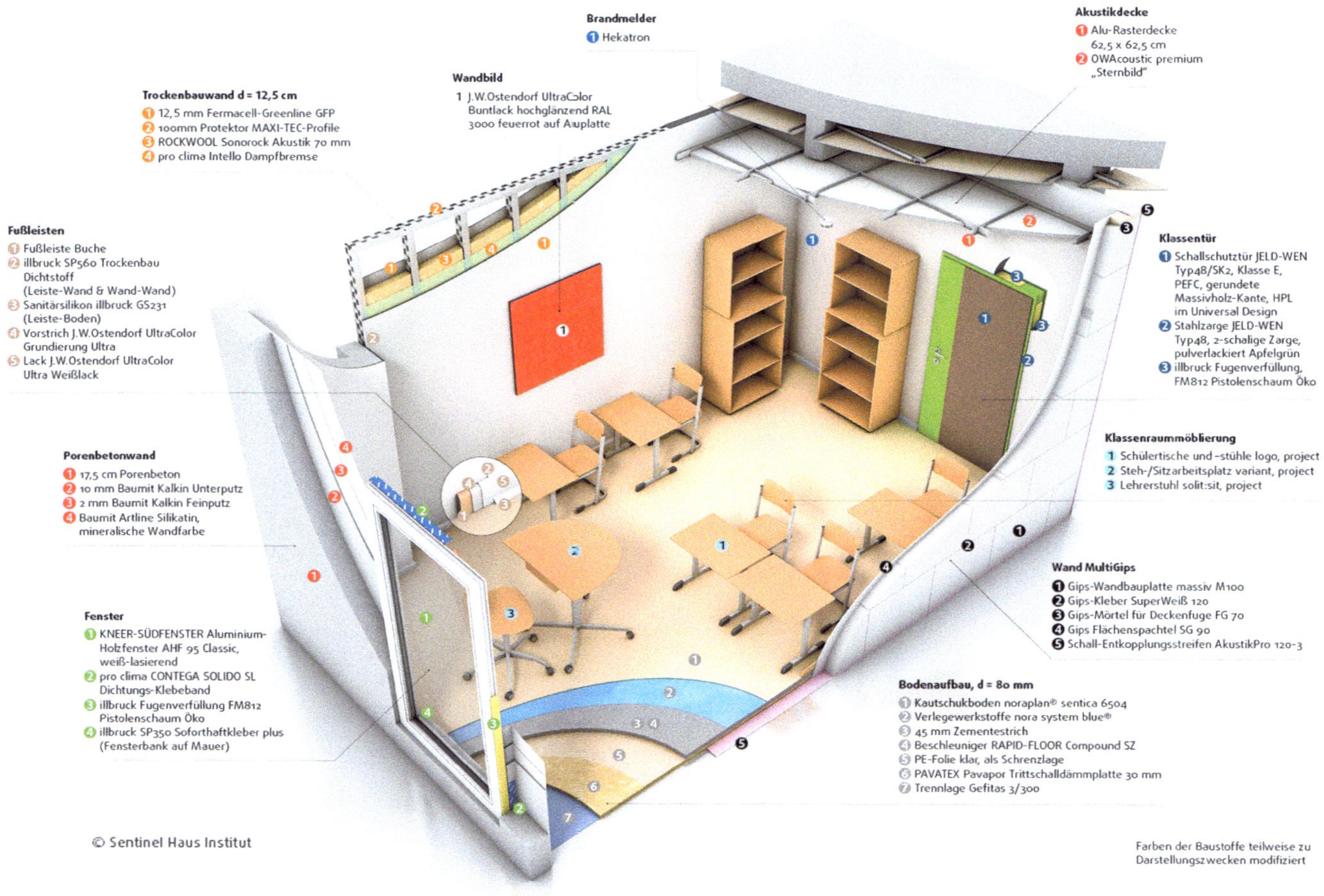

Abb. 5.4 Modellprojekt „Gesunder Lebensraum Schule“

hinsichtlich der gesundheitlichen und hygienischen Qualität in neu errichteten oder renovierten Bildungsräumen. Die häufigsten Auslöser sind Lösemittel, Formaldehyd, Weichmacher sowie sogenannte Topfkonservierer, die Allergien auslösen oder verstärken können. Im Gegensatz dazu wurden im neu errichteten Raum mit den geprüften Materialien bereits nach sieben Tagen die strengen Richtwerte des Umweltbundesamtes unterschritten.

Im Modellprojekt wurde somit deutlich, dass eine gute Innenraumluft kein Zufall, sondern das Ergebnis einer konsequenten Qualitätssicherung ist. Eine Liste der für den geprüft gesünderen Modellraum ausgewählten Bauprodukte sowie weiterer Modellprojekte findet sich im Bauverzeichnis „Gesündere Gebäude“, www.bauverzeichnis.gesündere-gebäude.de. Allgemeine Informationen: www.tuv.com/gesundes-bauen-projekt.

Forschungsprojekt „My Future Office“

Auf Initiative des Fenster- und Fassadenherstellers SCHÜCO und weiteren internationalen Baustoff- und Systemanbietern befindet sich aktuell ein Forschungsprojekt in der Umsetzung. MY FUTURE OFFICE wird vom Sentinel Haus Institut geleitet und gemeinsam mit TÜV Rheinland realisiert und vereint die Expertise von Experten und zahlreicher Hersteller. Das Ziel des auf mehrere Jahre angelegten Vorhabens sind Erkenntnisse und Standards für gesündere, leistungsfördernde und rentable Bürogebäude. Die Gründe für diese Initiative sind offensichtlich:

- Moderne energieeffiziente Gebäude mit luftdichten Gebäudehüllen brauchen ein gutes Bau-Qualitätsmanagement, um die gesünderen Immobilien bezahlbar, planbar und praxistauglich zu machen.
- Im internationalen Wettbewerb um die besten Mitarbeiter hilft ein optimales modernes Arbeitsumfeld. Das emotionale Thema Gesundheit und Wohlbefinden wertet die Immobilie positiv auf und bindet Mitarbeiter an das Unternehmen.
- Förderung der Leistungsfähigkeit Reduzierung von Schadstoffen (CO_2, Lösemittel, Formaldehyd etc.).
- Minimierung der Ausfallzeiten, Reduzierung von Krankheitserregern und Ansteckungsgefahr.
- Motivierende Arbeitsumgebung durch optimale Lichtverhältnisse, Temperatur, Akustik etc.
- Steigerung des Immobilienwertes durch angewandte Nachhaltigkeit.

Im Rahmen des Projekts werden Baustoff- und Materialsysteme auf Schadstoffe geprüft. Zudem wird ein Musterraum mit unterschiedlichen Techniken und Materialien ausgestattet und deren Auswirkungen auf die gesundheitliche Situation betrachtet und bewertet (s. www.my-future-office.de).

6 Medizinische Aspekte

Christian Lackner und Karin Burghofer

Nach aktuellen Erhebungen existieren derzeit in Deutschland etwa 18 Millionen Büroarbeitsplätze, überwiegend als Bildschirmarbeitsplätze. Die Gruppe der Erwerbstätigen, welche in einem Büroumfeld arbeitet, ist mit einem Anteil von etwa 50 % die mit Abstand größte zusammenhängende Population im Arbeitssektor.

Die Büroumgebung kann aus medizinischer Sicht sowohl positive als auch negative Auswirkungen auf die Gesundheit der dort Tätigen haben.

Aus arbeitsmedizinischer Sicht und den Fehlzeiten-Reports ist bekannt, dass in dieser Gruppe Beschwerden und Erkrankungen des muskulo-skelettalen Systemes die weitaus häufigste negative körperliche Auswirkung darstellen.

Der menschliche Körper ist grundsätzlich auf Bewegung (vgl. Grahn und Stigsdotter 2010) ausgerichtet und findet im Büro weit überwiegend nur statische Haltearbeit vor (s. Abschn. 10.3: Gründe und Auslöser für Krankheiten). Besonders ergonomisch unzureichend gestaltete Arbeitsplätze induzieren sehr häufig derartige Beschwerden im Muskel-Skelett-System (Petersen 2006).

C. Lackner (✉)
München, Deutschland
e-mail: Christian.Lackner@dreso.com

K. Burghofer
Bad Tölz, Deutschland
e-mail: Karin.burghofer@dreso.com

W. Seiferlein, C. Kohlert (Hrsg.), *Die vernetzten gesundheitsrelevanten Faktoren für Bürogebäude*, https://doi.org/10.1007/978-3-658-20852-3_6

6.1 Sitzen im Büro

Grundsätzlich ist ständiges Sitzen für den Bewegungsapparat des Menschen nicht geeignet, weil die Muskulatur dadurch gezwungen wird, vorwiegend statische Haltearbeit zu leisten – was übrigens genauso auch für längeres Stehen an einem Ort gilt.

Arbeitsphysiologische Studien haben interessanterweise ergeben, dass statische Muskelarbeit – im Vergleich zu dynamischer – zu einer höheren Herzschlagfrequenz führt und auch längere Recovery-Intervalle nach sich zieht.

Durch sogenanntes dynamisches Sitzen, das bedeutet durch Änderung der Sitzposition – mal aufrecht oder leicht zurückgelehnt, mal vorgebeugt – oder idealerweise durch den wiederholten Wechsel zwischen Sitzen, Stehen und Gehen wird der Anteil der negativen statischen Haltearbeit geschmälert (Bundesanstalt für Arbeitsschutz und Arbeitsmedizin (BAuA) 2016).

Messungen (Bandscheibeninnendruck) an der Lendenwirbelsäule (LWS) haben gezeigt, dass die physiologisch beste Sitzhaltung eine leicht zurückgelehnte Sitzposition (→ großer Körperöffnungswinkel = niedrigerer Bandscheibeninnendruck) ist.

„Dynamisches" Sitzen, also der wiederholte Wechsel zwischen vorgeneigtem und eher aufrechtem Sitzen oder die etwas zurückgelehnte Sitzposition, induziert die physiologisch erwünschte Stoffwechseltätigkeit der LWS-Bandscheiben und ist somit rückenschonend und mithin eine gute Prophylaxe gegen sogen. „Rückenschmerzen".

Die Sitzfläche moderner – gerne auch „orthopädisch" oder „anatomisch" benannter – Bürostühle ist dahingehend geformt, dass die wirksam werdende Gewichtskraft der Sitzenden optimal aufgenommen und eine einheitliche Druckverteilung gewährleistet wird.

Derartige Büroarbeitsstühle sind hinsichtlich der Stabilität und Standsicherheit so konstruiert, dass verschiedene sichere Sitzpositionen – dynamisches Sitzen – eingenommen werden können. Die oben genannten Aspekte gelten sinngemäß auch für die sogenannten Kniestühle, Ballstühle und federnden Sitzhocker. Ganztägiges Sitzen ohne Rückenlehne ist jedoch eindeutig belastend für die Bandscheiben im LWS-Bereich und damit zu vermeiden (Unfallversicherung 2008).

6.2 Sitzen oder Stehen

Im Jahr 2013 wurde im Harvard Business Review ein Übersichtsartikel zu den Auswirkungen von Sitzen am Arbeitsplatz publiziert. Bei den im Büro Tätigen nimmt das Zeitintervall „Sitzen am Arbeitsplatz" ein Volumen von durchschnittlich 9,3 Stunden je Werktag ein. Im Vergleich dazu nimmt bei dieser Population der tägliche Schlaf im Durchschnitt lediglich 7,7 Stunden ein (Merchant 2013).

Sitzen im Büro ist so allgegenwärtig, dass wir uns häufig gar nicht mehr fragen, wie oft und lange wir es tun. Eine große Anzahl von Studien zur Gesundheit kommt zu dem Schluss, dass die Menschen grundsätzlich weniger sitzen, häufiger aufstehen und sich bewegen sollten. Bereits nach einstündigem Sitzen sinkt die körpereigene Produktion von Enzymen, welche im Stoffwechsel für die Fettverbrennung maßgeblich sind, messbar um bis zu 90 %. Ausgedehntes Sitzen verlangsamt insgesamt den Stoffwechsel des Körpers, der auch das HDL-Niveau (sogenanntes „gutes Cholesterin“) in unserem Körper beeinflusst. Befunde aus der Forschung zeigen, dass dieser Mangel an körperlicher Aktivität mit 6 % für Herzerkrankungen, 7 % für Typ-2-Diabetes und 10 % für Brustkrebs oder Darmkrebs assoziiert ist (ebd.).

Es gibt eine Vielzahl von Feststellungen in der Literatur, die ausweisen, dass zu langes Sitzen gesundheitliche Nachteile mit sich bringt. Forscher haben die Sitzhaltung schon mit Bluthochdruck, Diabetes, Adipositas und Arteriosklerosen in Verbindung gebracht.

Dass Stehtische diese, auch als „Zivilisationskrankheiten“ bezeichneten, Leiden vermindern können, wird gerne vom Marketing der Hersteller postuliert, dafür fehlen allerdings bis heute noch wirklich valide und reproduzierbare Belege. Dennoch erleben wir in den letzten Jahren eine Art Mainstreaming des Stehtisches im Büro. Dies ist vermutlich ein grundlegender Schritt in die richtige Richtung – aus medizinischer Sicht wird der intermittierende Wechsel zwischen der Sitz- und Stehposition jedoch nur überwiegend orthopädisch positive Effekte induzieren – im Gegensatz zu Treppensteigen statt Liftbenutzung.

Auch technische Innovationen des Büroalltags haben medizinische Auswirkungen. Der Einzug kleiner, mobiler und leicht gewichtiger Notebooks mit Flachbildschirmen führt aufgrund der festen Verbindung zwischen Bildschirm und Tastatur dazu, dass diese nicht mehr flexibel auf dem Schreibtisch angeordnet werden können. Auch auf die Lichtverhältnisse und Spiegelungen im Büroraum ist somit schwieriger zu reagieren. Hier bekommen entspiegelte Displays bei der Vermeidung unergonomischer Sitzhaltungen eine herausragende Rolle. Daneben sind Notebook-Tastaturen in der Regel kleiner als übliche Tastaturen von Desktoprechnern. Diesen Aspekten kann im modernen Arbeitsumfeld sehr effektiv durch Docking-Stationen und separierte Flach-Bildschirme sowie verbundene Tastatur samt Maus entgegengewirkt werden.

6.3 Grünpflanzen im Büro

Britische Forscher um Nieuwenhuis und Knight (Nieuwenhuis et al. 2014) stellten in 2014 fest, dass ein mit Grünpflanzen gestaltetes Büro Mitarbeiter signifikant zufriedener macht und diese eine um 15 % höhere Leistungsbereitschaft aufweisen als Personen an einem Arbeitsplatz ohne Pflanzen (s. Checkliste, Abschn. 10.1).

Nach Angaben der Wissenschaftler handelt es sich dabei um die erste Studie ihrer Art in einem realen Bürosetting. Der positive Einfluss von Grünpflanzen auf unsere Arbeitsleistung ist unter Laborbedingungen bereits häufiger evaluiert worden. Die Ergebnisse aus dieser Studie stammen aber erstmalig direkt aus der realen und gewohnten Büroumgebung der Studienpopulation.

Der grüne Arbeitsplatz war hierbei so definiert, dass von jedem Arbeitsplatz aus mindestens zwei grüne Pflanzen im Blickfeld der Beschäftigten waren. Parallel zu den Umgestaltungen befragten die Forscher die Arbeitnehmer, wie diese die räumliche Arbeitsatmosphäre wahrnehmen. Zusätzlich analysierten die Forscher über den gesamten Versuchszeitraum die Produktivität des Personals.

Die hier untersuchte Population fühlte sich in einem mit Grünpflanzen gestalteten Büro messbar wohler, konnte sich nach eigenen Angaben besser konzentrieren und profitierte außerdem von der messbar verbesserten Umgebungsluft. Die Studienergebnisse zeigten, dass sich die Kohorte, welche sich in einem begrünten Büro aufhielt, körperlich, geistig und emotional mehr mit ihrer Büroarbeit verbunden fühlte als deren Vergleichsgruppe. Das subjektive Wohlbefinden war im Trend deutlich besser und ebenso ihre Konzentrationsfähigkeit.

Auch die Qualität der Atemluft ist in begrünten Büros messbar besser. Unter subjektiv empfundener „schlechter" Luft verstehen wir im Allgemeinen Umgebungsluft mit einem erhöhten Kohlendioxid- und geringeren Sauerstoff-Anteil. In Räumen mit geringerem Sauerstoffgehalt lassen körperliche und geistige Leistungsfähigkeit messbar kontinuierlich nach. Pflanzen wandeln das ausgeatmete Kohlendioxid in Sauerstoff um und verbessern damit die Luftzusammensetzung.

Alle diese Faktoren zusammen führten dazu, dass sowohl die Motivation als auch die Leistungsfähigkeit der Mitarbeiter im grünen Büro höher waren als in pflanzenfreien Büros. Die begrünte Büroumgebung zeigte nicht nur einen positiven Einfluss sowohl auf die Gesundheit der Mitarbeiter als auch ihr Wohlbefinden, sondern ebenso erheblich auf den Umsatz der Firma. Diese Menschen fühlten sich in Büros nicht nur subjektiv wesentlich besser, sondern waren objektiv kreativer, produktiver und auch leistungsbereiter, wenn sie Grünpflanzen in ihrer Umgebung hatten (Korpela und De Bloom 2017).

In einer hieran angelehnten großen Untersuchung in England mit 7000 Büroangestellten stellte sich heraus, dass 40 % der Büroangestellten zum Zeitpunkt der Erhebung keine Grünpflanzen in ihrem Büroumfeld hatten. Darüber hinaus hatten fast 30 % keine natürliche Lichtquelle an ihrem Büro Arbeitsplatz (Nieuwenhuis 2014).

In dieser Untersuchung führten Grünpflanzen im Büro dazu, dass der gemessene Pulsschlag niedriger war und sich der Blutdruck bei empfundenem Stress weniger stark erhöhte.

Im hier untersuchten Kollektiv fiel auf, dass bei den begleitend befundeten Laborparametern insbesondere die Entzündungswerte signifikant niedriger waren und damit die Neigung zu Infektionskrankheiten und im Weiteren auch Herz-Kreislauf-Beschwerden weniger ausgeprägt war (Nieuwenhuis et al. 2014; An und Colarelli 2016).

Es ist somit gesünder und schonender für den menschlichen Organismus, wenn er Pflanzen um sich herum wahrnimmt und sich in einer grün gestalteten Arbeitsumgebung befindet.

Diese Befunde sind konsistent mit Untersuchungen von Krankenhauspatienten: Der Heilungsprozess verläuft schneller und die Patienten erholen sich rascher von chirurgischen Eingriffen, wenn sie aus ihrem Krankenzimmer auf einen Park sehen statt auf einen Parkplatz (Ulrich 1984).

Dies sind wesentliche Indikatoren dafür, dass einfache Methoden – wie die Begrünung von Büro- oder Krankenhausflächen – dazu führen (vgl. Grahn und Stigsdotter 2010), dass sich die Menschen, die sich dort aufhalten, nicht nur in einer für sie subjektiv angenehmeren Umgebung befinden, sondern auch objektiv messbar widerstandsfähiger gegenüber Infektionen sind und damit ein Beitrag zu ihrer Gesunderhaltung geleistet werden kann (Theodore 2016).

Bereits ältere Studien haben gezeigt, dass der Anblick von Pflanzen Stress reduziert und die Aufmerksamkeitsspanne sowie das Wohlbefinden erhöht (Dravigne et al. 2008). Die britischen Studien konnten erstmals konkret messen, wie sich Büropflanzen auf die

Produktivität am Arbeitsplatz auswirken. „Arbeitgeber sollten ihre Neigung zu nüchternen Büros überdenken“, betont Nieuwenhuis, „nicht nur zum Wohl der Beschäftigten, sondern auch im Hinblick auf den Erfolg des Unternehmens.“ (Nieuwenhuis et al. 2014)

6.4 Psyche und Büroarbeit

Jeder Arbeitsplatz übt implizite Einflüsse auf den Menschen aus. Somit können auch psychische Belastungen untrennbar mit der Arbeit im Büro verbunden sein (Abb. 6.1).

Psychische Belastungen waren schon immer ein existierender Bestandteil von (Büro-) Arbeit (Berger 2012). Stress im Büro kann jedoch zu einer erheblichen Beeinträchtigung des Wohlbefindens und der subjektiven Lebensqualität führen. Bei einer Befragung, inwieweit Kunstwerk den Stress reduzieren kann, antworteten 13 % der Befragten mit „Ja“. Im Vergleich wurden Bilder mit Naturszenen den Mitarbeitern gezeigt. Hierbei konnte nach Aussage der Stress um 3 % und 44 % gegenüber der Kontrollmessung gesenkt werden (vgl. Salingaros 2012: Biophilic designte Kunst reduziert physischen Stress; Stressverarbeitung: Die Menschen bevorzugen die Dimension Raum, Natur, reich an Arten, Zuflucht, Kultur, Perspektive und Soziales. Die Dimensionen Zuflucht und Natur sind am stärksten mit Stress korreliert, was auf die Notwendigkeit hinweist, die am meisten restaurativen Umgebungen zu finden. Urban grüne Räume helfen bei der Stressverarbeitung.).

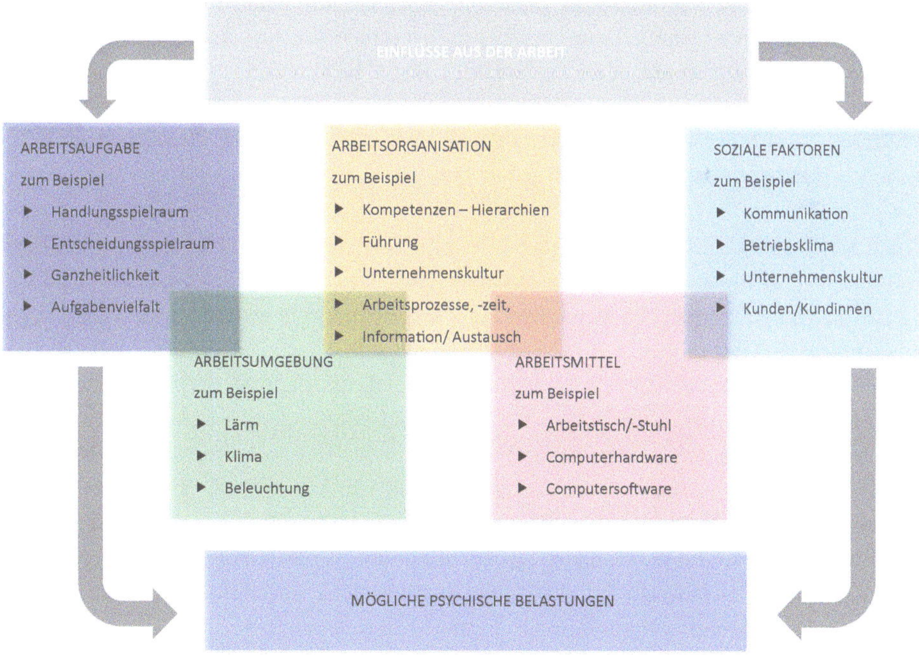

Abb. 6.1 Einflüsse aus der Büroarbeit auf den Menschen und mögliche psychische Belastungen, nach Dguv (2016), S. 215–410

Andererseits zeigt sich bei roten Objekten in roten Räumen ein höheres Stresslevel als bei grünen oder weißen Raumbedingungen. Konsequenterweise beweisen die Forschungen, dass die Umweltfarben eine signifikante Rolle in der Stresswahrnehmung spielen (vgl. Kutchma 2003).

Deshalb gilt es, Stressbewältigung erfolgreich und nachhaltig in der Unternehmenskultur zu verankern (Lohmann-Haislah 2012).

Eine erfolgreiche Strategie ist eine nachhaltig verankerte Stress-Präventionskultur, die erfolgreiches und gesundes Arbeiten im Unternehmen strategisch verbindet. Hierbei geht es im Kern um die Förderung gesundheitsbewussten Verhaltens der Büroangestellten und deren Führungskräfte (Schweer und Kummreich 2009).

Büroangestellte in mittleren und gehobenen Positionen leiden insbesondere unter gefühlter geringer Einflussmöglichkeit im eigenen Arbeitskontext aus Sicht des Mitarbeiters/der Mitarbeiterin bestehender widersprüchlicher institutioneller Vorgaben und mangelnder Anerkennung der eigenen Leistung durch das Unternehmen und dessen Führungskräfte (ebd.).

Daher gilt es, den Ausbau emotionaler und sozialer Kompetenz in diesen Aspekten zu fördern – insbesondere im mittleren und oberen Management. Durch spezifische Trainingsmaßnahmen von Führungskräften können bekannte Risikofaktoren für Burn-out-Mechanismen im Büro in einer frühen Phase wirksam vermindert werden und erste Anzeichen erkannt und behandelt werden.

Dadurch ließen sich typische Auslösemechanismen für negative Stressreaktionen wie (zu) hohe Arbeitsanforderungen mit inhärenten Rollenkonflikten und fortgesetztem Druck von Vorgesetzten und einem daraus resultierenden schlechten Arbeitsklima in einer früheren Phase identifizieren und erste Anzeichen wirksam bekämpfen.

6.5 Hintergrundgeräusch oder bereits Lärm

Auch wenn subjektives Lärmempfinden sehr individuell ausgeprägt ist, liegen ausreichend Befunde vor, die ausweisen, dass für konzentriertes Arbeiten im Büro ein Lärmpegel von 55 dB(A) nicht überschritten werden sollte. Dies entspricht in etwa dem Lautstärkepegel eines normalen Gespräches.

Je höher das Bedürfnis nach Konzentration ist, desto niedriger ist die Schwelle, bei welcher Geräusche und/oder Gespräche als störend empfunden werden (35–35 dB(A)). Hier haben Innovationen bei der Bürotechnologie in den letzten Jahren dazu geführt, dass die Geräuschimmissionen auf derzeit maximal 48 dB(A) wirksam beschränkt werden konnten. Dies betrifft überwiegend Computer und Drucker und dort vorwiegend Gebläse und Lüfter zur Kühlung der Gehäuse (Evans und Johnson 2000). Auch die Zonierung von Büroflächen mit designierten Tätigkeits- und damit auch Geräuschprofilen bis hin zu lärmabsorbierendem Mobiliar trägt diesen Erkenntnissen Rechnung.

Ein interessanter Aspekt ist die zunehmende Verwendung von musikalischer Hintergrundbeschallung in größeren Büroflächen. Musik kann einerseits für Entspannung sorgen, andererseits jedoch auch Stress induzieren. In Abhängigkeit des jeweiligen Mitarbeiters (Emotion/Stimmung, Lebensumstände und Alter) ist Musik in der Lage, innere Anspannungen zu verringern und Konzentration und Leistungsfähigkeit zu verstärken (Bernardi et al. 2009).

Leise Hintergrundmusik – zur Entspannung und Konzentrationsförderung – nimmt in der modernen Büroumgebung einen immer größer werdenden Raum ein. In der Medizin hat sich Musik z. B. effektiv zur Blutdrucksenkung und Stressprophylaxe erwiesen. Hierbei ist Instrumentalmusik eindeutig zu bevorzugen, da Musik mit Gesang eher stressinduzierend wirken kann. Kritisch sind auch Musikwerke mit vielen abrupten Wechseln und Sprüngen im Rhythmus und in der Lautstärke.

Die Tonart eines Musikstücks trägt wesentlich dazu bei, dass sich die Stimmung eines Menschen beim Hören dieser Musik verändern kann. Melancholische Töne sorgen für eine besinnliche, manchmal sogar traurige oder wehmütige Stimmung. Dur-Tonarten werden mit einer fröhlichen, aufmunternden Stimmung in Verbindung gebracht. Trotz dieser sicher richtigen Beobachtungen wirkt jede Musik ganz individuell (Trappe 2009).

Es ist jedoch wissenschaftlich erwiesen, dass leise Hintergrundmusik nicht nur signifikant verkaufsförderlich ist, sondern bei richtiger Auswahl, Lautstärke und Dosierung die Konzentration und Leistungsfähigkeit der Mitarbeiter verbessert (Sammler et al. 2009).

6.6 Hygiene am Arbeitsplatz

Hygiene am Arbeitsplatz ist grundsätzlich in erster Linie Infektionsvermeidung. Sie basiert damit auf komplexem Wissen um Infektionsentstehung und ist somit vielschichtiger Natur und alles andere als einfach.

Hygiene im Büro betrifft im Besonderen auch die Böden. Büro-Bodenbeläge sind intendierte Schmutzfänger und werden konsekutiv damit auch zu einem Hygieneproblem. Deshalb müssen Büro-Bodenbeläge (Teppichböden, Linoleum- oder PVC-Böden) regelmäßig und gründlich gereinigt/gepflegt werden, um die Hygiene im Büro auch weiterhin gewährleisten zu können.

Teppiche im Büro erhöhen das Risiko von Schmutz- und Staubablagerungen. Gewerblich genutzte Teppichflächen müssen turnusmäßig mit Teppichreinigungsgeräten und Desinfektionsmitteln bearbeitet werden. Fachfirmen für Unterhaltsreinigung shampoonieren Teppiche mit Sprühextrahiergeräten und verwenden spezielle Teppichreinigungsmittel, die Sauberkeit und Langlebigkeit gewährleisten.

Bei Bodenbelägen aus Linoleum oder PVC kann es schneller zu Hygieneproblemen kommen, da die Polyurethan-Beschichtung häufig nur wenige Mikrometer dünn ist und durch Schmutzpartikel leicht angegriffen wird. In den entstehenden feinen Rissen oder mikroskopisch kleinen Löchern siedeln sich in kürzester Zeit Viren und Bakterien an.

Eine hygienisch einwandfreiere Alternative bieten hier die Kautschuk-Bodenbeläge, die durch ihre extrem dichte Oberfläche und ihre werkseitige UV-Vernetzung weder eine Beschichtung noch eine Lackierung benötigen.

Bei wasserfesten Böden hat sich das Reinigen mit pH-neutraler Wischpflege hygienisch bewährt, die Schichtenbildung und Streifen verhindert. Eine sogenannte porentiefe Bodenreinigung und -pflege beinhaltet jedoch auch das Entfernen älterer Reste von Reinigungsmitteln und schützt im Anschluss den Bodenbelag vor Wiederverschmutzung.

Bei der Einrichtung von Duschräumen ist zu beachten, dass diese der Arbeitsstättenverordnung (ArbStätttV 4.1 Abs. 2) unterliegen. Konkretisiert werden diese Vorschriften und Anforderungen durch die technischen Regelungen (ASR für Sänitätsräume). Hier sind wesentliche Voraussetzungen für den Betrieb von Dusch- und Waschräumen in Gebäuden formuliert.

Diese Hygieneanforderungen der Räume sind neben der zwingend notwendigen Legionellenprophylaxe der Wasserstränge sicherlich ein wesentlicher Entscheidungsaspekt für oder wider die Einrichtung von Duschräumen in Bürogebäuden.

Die nachträgliche Etablierung von Duschmöglichkeiten macht meist aufgrund der TGA-Voraussetzungen (Zonierung) nur in der unmittelbaren Nachbarschaft bestehender Toilettenanlagen ökonomisch Sinn. Hier fehlen aber in aller Regel die ebenso notwendigen und assoziiert zu situierenden Umkleidemöglichkeiten. Nicht selten wird aus diesem Grund für Duschmöglichkeiten innerhalb von Bürogebäuden auf das Untergeschoss ausgewichen.

Beim Thema Hygiene fällt in modernen Bürogebäuden natürlich auch der kritische Blick auf die raumlufttechnischen (RLT-)Anlagen. Wissenschaftliche Erkenntnisse zu gesundheitlichen Nutzen oder Schaden derartiger TGA-Anlagen stammen in erster Linie aus der Krankenhaushygiene. Es gibt in der Literatur mehrere Hinweise darauf, dass postoperative Wundinfektionen durch RLT–Anlagen häufiger verursacht, als dass sie durch diese verhindert werden. Bau, Unterhalt und Wartung von RLT-Anlagen sind kostenintensiv; eine unterlassene regelmäßige Wartung die Ursache nosokomialer Infektionen. Aus den Beiträgen wird allerdings auch deutlich, dass die Luft als Erregerreservoir für postoperative Wundinfektionen im Vergleich zum Verhalten des Operationsteams/Stationspersonals von untergeordneter Bedeutung ist (Just 2007).

Aus einer Vielzahl von Befunden ist die Bedeutung des Themas Handhygiene im professionellen Umfeld identifíziert. Die Mechanismen sind klar erkannt und beschrieben, Methoden zur wirksamen Abhilfe liegen vor. Einzig fehlt die konsequente Durchführung und kontinuierliche Anwendung, was in der Medizin wie im Büroumfeld gleichermaßen ausgeprägt ist (Bergler 2009).

Womit wir wieder bei den Mitarbeitern wären. Grundsätzlich ist die Einnahme von Mahlzeiten am eigenen Schreibtisch eine erhebliche Keimquelle für Tastaturen, Computermäuse und Telefone. Die Hygiene am Arbeitsplatz lässt sich so kaum einhalten – Keime und Bakterien finden sich dadurch breit gestreut am Büroarbeitsplatz.

Essensreste oder verschüttete Getränke fördern so das Keimwachstum, Essen am Schreibtisch wird zur Hygienefalle und muss nach Möglichkeit vermieden werden.

Studien zeigen, dass die Übertragung von pathogenen Keimen insbesondere im Winterhalbjahr in Großraumbüros und bei Desk Sharing Policy im Büro nicht zu unterschätzen ist. Einzeln verpackte Desinfektionstücher lassen sich gut zur hygienischen Desinfektion von Händen, Arbeitsgeräten und kleineren Flächen nutzen. In Kombination mit regelmäßigem Händewaschen schützen diese desinfizierenden Tücher vor der Ausbreitung von Infektionen und verhindern Pilz- und Bakterienbefall – eine einfache, aber sehr wirksame Maßnahme für mehr Hygiene am Arbeitsplatz.

Immer wieder wurden Computer-Tastaturen als mögliche Quelle von Keimübertragungen ins Feld geführt. Inzwischen gibt es Computer-Keyboards, die aufwändig und speziell mit Polymeren (häufig Biosafe HM 4100) antimikrobiell beschichtet sind, wodurch sowohl im klinischen als auch im Büroumfeld die Keimübertragungsrate zwischen den Nutzern belegbar reduziert werden konnte (D'Antonio et al. 2013; Hartmann et al. 2014). Dieser Effekt ließ sich aber für (Klinik-)Möbeloberflächen im Allgemeinen bisher nicht nachweisen. Hier ist feststellbar, dass Hersteller von Büromöbeln und Bauteilen von Großraumbüros in zunehmendem Maße damit werben, Oberflächen mit „antimikrobieller Ausrüstung" anbieten zu können. Nachdem die Sinnhaftigkeit in stark belasteten Umgebungen wie klinischen Hochrisikobereichen nicht belegt werden konnte, hat man nun moderne Büroumgebungen als potenzielle Kundenzielgruppe identifiziert, die möglicherweise den aktuellen Stand der Wissenschaft in diesem Kontext nicht oder noch nicht kennt.

Es existieren bisher keinerlei belastbare Literaturdaten, weder im Laborversuch noch in der Realität, dass auf derartig ausgerüsteten Oberflächen tatsächlich und reproduzierbar eine Reduktion von übertragbaren Infektionen oder Keimen bewirkt werden kann. Selbst die vorgeblich labortechnisch gemessenen Reduktionsfaktoren dürfen bezüglich ihrer Höhe bezweifelt werden, da in der Regel entweder nicht die Zahl der re-isolierbaren Mikroorganismen, sondern nur die Zahl in der aufgebrachten Suspension als Ausgangskeimzahl genommen wurde, was eine höhere Keimabtötung nur vorgibt (Wille 2013).

Charles Gerba und seine Kollegen von der University of Arizona haben im Jahr 2012 eine der größten Untersuchungen von Oberflächen in Bürogebäuden durchgeführt. Über 5000 Oberflächen in Anwaltskanzleien, Versicherungsfirmen, Callcentern und Unternehmen aus der Gesundheitsbranche wurden auf ihre Keimbelastung hin untersucht. Ganz oben auf der Liste der mit pathogenen Keimen belasteten Oberflächen in Büroumgebungen stehen die Wasserhähne in Büroküchen mit 75 % bedenklicher Keimkonzentrationen, gefolgt von Mikrowellentüren (48 %) und Kühlschrankriffen (26 %) (Harrison und Gerba 2012).

In einer daran angeschlossenen Nachfolgeuntersuchung konnte Kelly Reynolds zusammen mit Gerba wissenschaftlich belegen, dass Mitarbeiter, welche mit ansteckenden Krankheiten (überwiegend banalen Viruserkrankungen) zur Arbeit kommen, ihre Erreger bis zur Mittagszeit auf den hauptsächlich gemeinsam benutzten Oberflächen in der Büroumgebung verteilt haben. Nachdem die Mitarbeiter über banale Maßnahmen der Hände- und Oberflächen-Hygiene instruiert und diese im nachfolgenden Untersuchungszeitraum auch kontrolliert wurden, konnte der Befall an weitergehenden Keimen um 80 % reduziert werden (Reynolds et al. 2013).

Dies verdeutlicht ein erneutes Mal, dass Hygiene weit überwiegend ein Thema der Disziplin des Personales ist und nicht auf technologische Vorrichtungen/Vorkehrungen delegiert werden kann. So lästig das auch erscheinen mag.

Literatur

An, M., Colarelli, S. (2016): Why We Need More Nature at Work: Effects of Natural Elements and Sunlight on Mental Health and Work Attitudes. *PLOS One*, 23.5.2016, S. 1–17.

D'Antonio, N., Rihs, J., Strout, J. (2013): Computer keyboard covers impregnated with a novel antimicrobial polymer significantly reduce microbial contamination. *American Journal of Infection Control*, 41, S. 337–339.

Berger, M. (2012): Positionspapier der Deutschen Gesellschaft für Psychiatrie,Psychotherapie und Nervenheilkunde (DGPPN) zum Thema Burnout. Berlin: DGPPN.

Bergler, R. (2009): Psychology der Hygiene. Frankfurt/M. : Steinkopff Verlag.

Bernardi, L., Porta, C., Casucci, G. (2009): Dynamic interactions between musical, cardiovascular, and cerebral rhythms in humans. Circulation, 119/30, S. 3171–3180.

Bundesanstalt für Arbeitsschutz und Arbeitsmedizin (BAuA) (2016): Auf und nieder – immer wieder – Mehr Gesundheit im Büro durch Sitz-Steh-Dynamik. Dortmund: BAuA.

Dguv, D. G. (2016): Bildschirm- und Büroarbeitsplätze – Leitfaden in DGUV-Information 215-410. München: Deutsche Gesetzliche Unfallversicherung.

Dravigne, A., Waliczek, T., Lineberger, R. (2008): The effects of live plants and window ews of green spaces on employee perceptions of job satisfaction. *HORT*, 43, S. 183–187.

Evans, G., Johnson, D. (2000): Stress and open-office-noise. *Journal for Applied Psychology*, 85/5, S. 779–783.

Grahn, Patrick, Stigsdotter, Ulrika K. (2010): The relation between perceived sensory dimensions of urban green space and stress restoration. Landscape and Urban Planning, 94/3-4, S. 264–275.

Harrison, J., Gerba, C.: Where the Germs Are: Office Kitchens, Break Rooms. Von: University of Arizona, https://uanews.arizona.edu/story/where-the-germs-are-office-kitchens-break-rooms, 23.5.2012, Zugriff am 10.5.2017.

Hartmann, B., Benson, M., Junger, A. (2014): Computer Keyboard and Mouse as a reservoir of Pathogens in ICU. *Journal of ClinicalMonitoring and Computing*, 18, S. 7-12-.

Just, H.-M. (2007): Infektionsprävention oder Hygiene? *Krankenhaushygiene*, 2/2, S. 89–91.

Korpela, K., De Bloom, J. (2017): Nature at work: Links bettween window views, indoor plants, outdoor activities and employee well-beeing. *Landscape and Urban planning*, 160, S. 38–47.

Kutchma, Teresa M. (2003): The Effects of Room Color on Stress Perception: Red versus Green Environments. *Journal of Undergraduate Research at Minnesota State University, Mankato*, Vol. 3., Article 3.

Lohmann-Haislah, A. (2012): Stressreport Deutschland 2012 – Psychische Anforderungen,Ressourcen und Befinden. Berlin: BAuA.

Merchant, N. (2013): Sitting is the smoking of our Generation. Von: Harvard business review, https://hbr.org/2013/01/sitting-is-the-smoking-of-our-generation, 14.1.2013, Zugriff am 10.5.2017.

Nieuwenhuis, M. (2014): Why plants in the office make us more productive. Von: University of Exeter, http://www.exeter.ac.uk/news/featurednews/title_409094_en.html, 1.9.2014, Zugriff am 10.5.2017.

Nieuwenhuis, M., Knight, C., Postmes, T., Haslam, S. A. (2014): The Relative Benefits of Green Versus Lean Office Space: Three Field Experiments. *Journal of Experimental Psychology*, http://dx.doi.org/10.1037/xap0000024, 1.9.2014, Zugriff am 10.5.2017.

Petersen, J. (2006): Bildschirmarbeitsplätze – eine arbeitsmedizinische Bewertung. *Deutsches Ärzteblatt*, 103/30, S. 1704-1709.

Reynolds, K., Gerba, C., Blue, A. (2013): Germs Spread Fast at Work, Study Finds. Von: University of Arizona, https://uanews.arizona.edu/story/germs-spread-fast-at-work-study-finds, 30.1.2013, Zugriff am 10.5.2017.

Salingaros, N. A. (2012): Fractal Art and Architecture Reduce Physiological Stress, University of Texas at San Antonio, Department of Mathematics San Antonio, TX 78249 U.S.A. yxk833@my.utsa.edu.

Sammler, D., Koelsch, S., Ball, T. (2009): Overlapmusical and linguistic syntax processing: intracranial ERP evidence. *Annals of the New York Academy of Sciences*, 1169, S. 494–498.

Schweer, R., Kummreich, U. (2009): Gesundheitskompetenz und Präventionskultur –Indikatoren für Gesundheit und Erfolg in Unternehmen: ein praktisches Handlungsmodell. *Zeitschrift für Arbeitswissenschaft*, 63, S. 293–302.

Theodore, D. (2016): Better Design, better Hospitals. *CMAJ*, 188/12, S. 902–903.

Trappe, H.-J. (2009): Musik und Gesundheit. *Deutsche Medizinische Wochenschrift*, 134, S. 2601–2606.

Ulrich, R. (1984): View through a window may influence recovery from surgery. *Science*, 224/4647, S. 420–421.

Unfallversicherung, I. f. (2008): Ergonomische Untersuchung besonderer Büroarbeitsstühle. BGIA-Report 5. Sankt Augustin: Institut für Arbeitsschutz der Deutschen Gesetzlichen Unfallversicherung.

Wille, B. (2013): Antibakterielle Ausrüstungen und Oberflächen. *Krankenhaushygiene und Infektionsverhütung*, 35/5, S. 155–160.

Körperliche Aktivität in der modernen Arbeitswelt

7

Michael Christmann

7.1 Vorbemerkungen

Sport, im richtigen Maß ausgeübt, ist gesund und zwar sowohl für Gesunde als auch für Kranke. Das ist mittlerweile zweifelsfrei belegt (vgl. Pagenstert 2017). Die Zeiten, wo herz-, lungen- oder krebskranken Menschen geraten wurde, sich so weit wie möglich zu schonen, sollten vorbei sein, wenn dies auch noch nicht jedem einzelnen Arzt zur Selbstverständlichkeit geworden ist.

Etwas weniger weit verbreitet ist das Wissen, dass es zur Prävention vielfältiger Erkrankungen bis hin zu Depression und Demenz nicht unbedingt sportlicher Leistungen im engeren Sinn bedarf, sondern eine ausreichende Alltagsaktivität auch den Zweck erfüllt.

Dabei ist diese Erkenntnis ebenfalls nicht neu. Schon 1953 wurde eine Studie veröffentlicht, in der ein erhöhtes Herz-Kreislauf-Risiko von Busfahrern im Vergleich zu Buskontrolleuren eindrucksvoll beschrieben wurde (vgl. Morris et al. 1953), freilich ohne dass es damals schon möglich gewesen wäre, einen kausalen Zusammenhang zu beweisen.

Als nicht-wissenschaftlich implizites Volkswissen oder als intuitives Wissen war der Zusammenhang von Bewegung und Gesundheit schon Thomas Jefferson, einem der Gründerväter der USA, geläufig; „Give about 2 hours every day to exercise, for health must not be sacrificed to learning." (Boyd et al. 1950) Es erstaunt wenig, dass ähnliche Aussagen sich bei Hippokrates und anderen antiken Autoren finden. In alten ayurvedischen Texten aus Indien wird sogar der positive Effekt körperlicher Aktivität auf die geistige Gesundheit genannt (vgl. Tipton 2008).

M. Christmann (✉)
Sanofi-Aventis Deutschland GmbH,
Frankfurt am Main, Deutschland
e-mail: Michael.Christmann@sanofi.com

W. Seiferlein, C. Kohlert (Hrsg.), *Die vernetzten gesundheitsrelevanten Faktoren für Bürogebäude*, https://doi.org/10.1007/978-3-658-20852-3_7

Bei den ersten systematischen wissenschaftlichen Untersuchungen zum Zusammenhang von körperlicher Aktivität und Gesundheit wurden vor allem Alltagsaktivitäten betrachtet, die zu einer Steigerung des Energieumsatzes führten – also Werktätige mit Bewegung bei der Arbeit verglichen mit solchen, die vor allem im Sitzen arbeiteten (vgl. Morris et al. 1953; Paffenbarger et al. 1986).

Da die technische Entwicklung dazu führte, dass immer weniger körperliche Aktivität bei der Verrichtung der Arbeit und allgemein im Alltag notwendig war und sich zusätzlich die Sitzzeiten in der Freizeit erhöhten, mithin die täglichen Bewegungsumfänge im Bevölkerungsdurchschnitt kontinuierlich abnahmen, verschob sich der Forschungsschwerpunkt im letzten Viertel des zwanzigsten Jahrhunderts von der Betrachtung der Alltagsaktivität hin zum Effekt von explizitem körperlichem Training, also Sport.

Ganz aktuell wird die Frage diskutiert, ob und in welchem Ausmaß durch körperliche Aktivität das erhöhte Sterblichkeitsrisiko eines sitzenden Lebensstils ausgeglichen werden kann und ob langes Sitzen als eigenständiger Risikofaktor zu betrachten ist (vgl. Bucksch und Schlicht 2013; Rohm Young et al. 2016) („Sitzen als das neue Rauchen"). Eine aktuelle Studie zeigt, dass tägliche moderate Aktivität im von der WHO empfohlenen Ausmaß (ca. 30 Minuten leichte bis moderate Aktivität an mindestens 5 Tagen pro Woche) ausreichend ist, um die negativen Effekte längeren Sitzens < 8 Stunden auszugleichen. Bei Sitzzeiten > 8 Stunden pro Tag sind jedoch deutlich höhere Aktivitätsumfänge als die genannten zur Kompensation notwendig (vgl. Predel und Nitschmann 2017; Ekelund et al. 2016).

Trotz der skizzierten Fülle an mittlerweile vorhandener Evidenz haben über 80 % aller Menschen über 30 Jahren in Deutschland Bewegungsmangel oder eine fehlende körperliche Aktivität (vgl. Löllgen und Löllgen 2004).

Die Mehrzahl der Berufstätigen verbringt heute einschließlich Arbeitsweg mehr als 10 Stunden pro Tag im Zusammenhang mit der Arbeit.

Diese Gegebenheit in Kombination mit den Ausführungen weiter oben erklärt die große gesundheitliche Bedeutung, durch eine moderne Gestaltung der Arbeitsumgebung den Mitarbeitern einen aktiveren Lebensstil zu ermöglichen – gesundes Verhalten soll erleichtert werden („Make the healthy way the easy way").

Mittlerweile gibt es vielfältige Ideen, wie durch entsprechende Angebote dieses Ziel erreicht werden kann. Es gibt dabei nicht das eine zielführende Angebot, sondern es bedarf einer Fülle kleiner Schritte.

7.2 Fahrradfreundlichkeit

In einer aktuellen Studie reduzierten die Teilnehmer, die zwischen der Baselineuntersuchung und der Folgeuntersuchung sechs Jahre später mit regelmäßigem Radfahren begonnen hatten, die Wahrscheinlichkeit für eine Verengung der Herzkranzgefäße um über 20 % (vgl. Blond et al. 2016). Berufstätige, die ihren Arbeitsweg mit dem Fahrrad zurücklegen, sind gesünder und haben weniger Arbeitsunfähigkeitstage als Pendler, die mit dem Auto fahren. Ob der Effekt sich in der Größenordnung von 30 % weniger Krankheitstagen pro Jahr wie in einer deutschen Studie (vgl. Kemen 2016) oder nur 15 % in einer niederländischen Studie (vgl. Hendriksen 2009) bewegt, ist für unsere Betrachtung sekundär.

Um die Attraktivität für Radfahrer zu erhöhen, sollten daher bestimmte Anforderungen mit Blick auf die Infrastruktur erfüllt werden.

Fahrradabstellanlage

Gute Abstellanlagen für Fahrräder sollten in ausreichender Zahl (aktueller Radverkehrsanteil plus Reserve) vorhanden sein und Anschlagpunkte, um die Räder anschließen zu können, aufweisen. Wenn die Abstellanlage sich an einer wenig einsehbaren Stelle im öffentlichen Verkehrsraum befindet, kann es sinnvoll sein, schwere stationäre Schlösser zur Dauernutzung anzubieten. Auch eine Kamera- oder Videoüberwachung kann gegebenenfalls sinnvoll sein. Durch eine Überdachung der Anlage wird der Komfort erhöht und die Räder vor der Witterung geschützt.

Umkleidemöglichkeiten und Duschen

Je nach Jahreszeit und nach Länge des Radweges sollten Radfahrer die Möglichkeit haben, sich frisch zu machen und umzuziehen. Dazu gehört neben der Möglichkeit zu duschen auch ein praktikables Angebot, wo die aktuell nicht benutzte Kleidung gelagert werden kann, sei es in Spinden oder in Umkleideräumen.

Das gesamte Themenfeld wird unterstützt durch die Initiative „Fahrradfreundlicher Arbeitgeber" der EU und des ADFC (vgl. ADFC 2017).

Treppenhaus und Treppensteigen

Treppengehen wird von der Öffentlichkeit weniger als körperliche Aktivität wahrgenommen als Radfahren. Dabei zeigte bereits Paffenbarger in den 1970er Jahren, dass Männer, die mehr als 50 Stufen täglich steigen, seltener an Herzerkrankungen leiden als Männer, die keine Treppen steigen und sich sonst ähnlich verhalten (vgl. Paffenbarger et al. 1978, 1986).

In einer aktuelleren Untersuchung konnte verdeutlicht werden, dass 7 Minuten Treppensteigen täglich das Risiko von Herz-Kreislauf-Erkrankungen um mehr als 50 % reduziert (vgl. Eves et al. 2006).

Dementsprechend ist die Frage, mit welchen Maßnahmen Menschen zum Gebrauch von Treppen wirkungsvoll motiviert werden können, Gegenstand verschiedener Studien (vgl. Van Calster et al. 2017; Wallmann et al. 2009; Boutelle et al. 2001).

Wichtig ist es dabei, dass die Treppen gut sichtbar sind, nicht gesucht werden müssen und die Nutzer nicht automatisch zu den Fahrstühlen gelenkt werden. Große, einladende Treppenhäuser mit breiten Stufen, attraktiver Gestaltung und Tageslicht werden besser genutzt. Bebilderung, die eine Geschichte von Stockwerk zu Stockwerk erzählt, ist ebenfalls hilfreich.

Wenn an den Fahrstühlen zusätzlich ein Hinweis auf den gesundheitlichen Nutzen des Treppensteigens angebracht ist, wird die Motivation zur Treppennutzung erhöht.

7.3 Arbeitsplatzgestaltung und körperliche Aktivität

Elektrisch höhenverstellbare Schreibtische

In modernen Büroräumen mit dem Konzept von Dynamic Work Space beziehungsweise Activity Based Working und Desk Sharing müssen elektrisch höhenverstellbare Schreibtische (Abb. 7.1) als Standardbüromöbel eingesetzt werden, weil nur dann bei kurzfristigem Nutzerwechsel eine ergonomische Anpassung der Tischhöhe an die Biometrie des Nutzers möglich ist. Die üblichen Schreibtische, die idealerweise nach Beratung durch den Betriebsarzt oder die Fachkraft für Sicherheit mit Werkzeug an die ergonomischen Erfordernisse angepasst werden, kommen dann nicht mehr infrage.

Dies bedeutet gleichzeitig, dass alle Mitarbeiter im Dynamic Work Space wissen müssen, welches die für sie jeweils individuell richtige Höhe für die Schreibtischeinstellung im Sitzen und im Stehen ist. Die Erfahrung lehrt, dass dieses Wissen sich den meisten nicht intuitiv erschließt.

Neben dieser naheliegenden Notwendigkeit, die sich auch aus einer konsequenten Umsetzung der Bildschirmarbeitsverordnung bei Desk Sharing ergibt, bieten elektrisch höhenverstellbare Schreibtische auch die Möglichkeit, abwechselnd im Sitzen und im Stehen zu arbeiten, was sowohl die Produktivität steigern als auch zu geringeren Beschwerden im Bereich des Muskel-Skelett-Apparates von Rücken und oberer Extremität führen kann (vgl. Garrett et al. 2016; Hedge 2004). Das bloße Angebot dieser Möglichkeit führt jedoch nicht automatisch zur Nutzung (vgl. Gilson et al. 2012; Neuhaus et al. 2014). Ohne Anleitung, warum

Abb. 7.1 Höhenverstellbare Schreibtische (Quelle: Steelcase)

und wie ein neues Arbeitsmittel anzuwenden ist, bleibt die Investition ohne Breitenwirkung. Das erlebten bereits zahlreiche Unternehmen, die wohlmeinend von Standardbürotischen auf höhenverstellbare umstellten, ohne eine Schulung für diese Maßnahme anzubieten.

Gelegentlich wurden auch nachteilige Effekte einer lang andauernden Stehposition beschrieben (vgl. Karakolis und Callaghan 2014), die aber durch einen vernünftigen Gebrauch nach entsprechender Anleitung nicht zu erwarten sind.

Laufband-Schreibtisch und Fahrrad-Schreibtisch bzw. Fahrradsitze etc.
Die seit einiger Zeit verfügbaren Schreibtisch-Laufbänder sind eher nicht als dauernder Arbeitsplatz zu verstehen. Dabei steht der Mitarbeiter auf einem Laufband, das mit geringer, selbst gewählter Geschwindigkeit von 1,5–5 km/h betrieben wird, vor einem elektrisch höhenverstellbaren Stehschreibtisch (Abb. 7.2). Im Dynamic Work Space kann eine solche Option für Mitarbeiter ein attraktives Angebot zur intermittierenden Nutzung sein, um einen Positionswechsel durchzuführen und der stundenlangen Immobilität zu begegnen. Es ist nicht als Sportgerät gedacht und trotzdem können positive Effekte auf den Body Mass Index, auf muskuloskelettale Beschwerden, sogar auf verschiedene Stoffwechselparameter im Blut bis hin zu verbesserten kognitiven Leistungen in Studien verzeichnet werden (vgl. MacEwen et al. 2015; Levine und Miller 2007). Individuell ist jedoch auch eine reduzierte Leistungsfähigkeit bei feinmotorischen Bewegungen, zum Beispiel geringere Präzision bei der Mausnutzung, festzustellen (vgl. MacEwen et al. 2015).

Abb. 7.2 Laufband (Quelle: Steelcase)

Abb. 7.3 Trampolin (Quelle: Bellicon)

Ähnliche Effekte werden bei den noch weniger verbreiteten Cycling Desks (vgl. Torbeyns et al. 2014) oder auch dem gelegentlichen Nutzen eines Trampolins als Stehgelegenheit vor dem Schreibtisch (Abb. 7.3) beschrieben.

Speziell bei Laufband-Schreibtischen und Trampolin im Büroraum soll auch deren höheres Unfallpotenzial als bei den anderen Varianten erwähnt werden, auch wenn bisher einschlägige Erfahrungen noch nicht publiziert sind.

Bewegungsunterstützende weitere Elemente

Eine weitere Möglichkeit zur Aktivierung, die vor allem bei der Einrichtung von Besprechungszimmern, aber auch in Kantinen genutzt werden sollte, sind Tische, die als Stehtische ausgeführt oder aber höhenverstellbar sind, sodass kürzere Besprechungen bis ca. 30 Minuten Dauer zwanglos im Stehen durchgeführt werden können oder ebenso das Mittagessen gelegentlich stehend eingenommen werden kann.

Auch der Ersatz von Druckern direkt am Arbeitsplatz durch zentrale Netzwerkdrucker führt zu erhöhter körperlicher Aktivität. Diese Drucker sind häufig unbeliebt, genau weil sie dazu führen, sich vom Arbeitstisch wegbewegen zu müssen. Die Information, dass neben anderen (primären) Gründen für diese Lösungen auch gesundheitliche Aspekte sprechen, kann in manchen Fällen zu einer größeren Akzeptanz führen.

Mitarbeiterinformation

Die erwähnten Angebote sind verhältnispräventive Maßnahmen, die ihren Effekt nur entfalten können, wenn sie von den Mitarbeitern auf richtige Art genutzt werden. Eine Reihe von ihnen ist entweder erklärungsbedürftig oder wird erst nach entsprechender

Kommunikation deutlich besser angenommen, sodass nur dann der verhaltenspräventive Aspekt zum Tragen kommt. Daraus ergibt sich, dass im gleichen Atemzug mit dem Angebot einer technischen Unterstützung sofort an die damit verbundene Notwendigkeit der Information gedacht werden muss.

Fazit

Es gibt mittlerweile wirksame Ideen und Möglichkeiten, wie der in den vergangenen Jahrzehnten im Rahmen der gesellschaftlichen Entwicklung in den professionellen und privaten Lebenszusammenhängen zunehmenden Immobilität mit ihren gesundheitlichen Folgen im Berufsalltag begegnet werden kann. Denn Leben ist Bewegung und die darf nicht nur virtuell im Kopf stattfinden, sondern muss es auch ganz konkret.

Literatur

ADFC (2017): Fahrradfreundlicher Arbeitgeber, https://www.fahrradfreundlicher-arbeitgeber.de/, Zugriff am 10.5.2017.

Blond, K. et al. (2016): Prospective Study of Bicycling and Risk of Coronary Heart Disease in Danish Men and Women. *Circulation*, 134, S. 1409–1411.

Boutelle, K. N. et al. (2001): Using Signs, Artwork, and Music to Promote Stair Use in a Public Building. *Amercian Journal of Public Health*, 91, S. 2004–2006.

Boyd, J. P., Cullen, C. T., Catanzariti, J., Oberg, B. B. (Hrsg.) (1950): The papers of Thomas Jefferson. Band 8, Princeton, Princeton University Press.

Bucksch, J., Schlicht, W. (2013): Sitzende Lebensweise als ein gesundheitlich riskantes Verhalten. *Deutsche Zeitschrift für Sportmedizin*, 64, S. 15–21.

Calster, L. van et al. (2017): Does a video displaying a stair climbing model increase stair use in a worksite setting? *Public Health*, 149, S. 11–20.

Ekelund, U., Steene-Johannessen, J., Brown, W. J. et al. (2016): Does physical activity attenuate, or even eliminate, the detrimental association of sitting time with mortality? A harmonized meta-analysis of data from more than 1 million men and women. *Lancet*, 388, S. 1302–1310.

Eves, F. F., Webb, O. J., Mutrie, N. (2006): A Workplace Intervention to Promote Stair Climbing: Greater Effects in the Overweight. *Obesity*, 14, S. 2210–2216.

Garrett, G. et al. (2016): Call Center Productivity Over 6 Months Following a Standing Desk Intervention. *IIE Transactions on Occupational Ergonomics and Human Factors*, 4/2-3, S. 188–195.

Gilson, N. D. et al. (2012): Does the use of standing ‚hot' desks change sedentary work time in an open plan office? *Preventive Medicine*, 54/1, S. 65–67.

Hedge, A. (2004): Effects of an Electric Height-Adjustable Worksurface on Self-Assessed Musculoskeletal Discomfort and Productivity in Computer Workers. Cornell University Human Factors and Ergonomics Research Laboratory, Technical Report 0904.

Hendriksen, I. (2009): Reduced sickness absence in regular commuter cyclists can save employers 27 million euros. Von: TNO – Knowledge for business, http://www.vcl.li/bilder/518.pdf, Februar 2009, Zugriff am 10.5.2017.

Karakolis, T., Callaghan, J. P. (2014): The impact of sit-stand office workstations on worker discomfort and productivity: A review. *Applied Ergonomics*, 45, S. 799–806.

Kemen, J. (2016): Mobilität und Gesundheit. Springer Spektrum.

Levine, J. A., Miller, J. M. (2007): The energy expenditure of using a „walk-and-work“ desk for office workers with obesity. *British Journal of Sports Medicine*, 41, S. 558–561.

Löllgen, H., Löllgen, D. (2004): Körperliche Aktivität und Primärprävention. *Deutsche Medizinische Wochenschrift*, 129/19, S. 1055–1056.

MacEwen, B. T., MacDonald, D. J., Burr, J. F. (2015): A systematic review of standing and treadmill desks in the workplace. *Preventive Medicine*, 70, S. 50–58.

Morris, J. N., Heady, J. A., Raffle, P. A., Roberts, C. G., Parks, J. W. (1953): Coronary heart disease and physical activity of work. *Lancet*, 265, S. 1053–1057.

Neuhaus, M. et al. (2014): Workplace Sitting and Height-Adjustable Workstations: A Randomized Controlled Trial. *American Journal of Preventive Medicine*, 46/1, S. 30–40.

Paffenbarger, R. S. Jr, Wing, A. L., Hyde, R. T. (1978): Physical activity as an index of heart attack risk in college alumni. *American Journal of Epidemiology*, 108, S. 161–175.

Paffenbarger, R. S. Jr, Hyde, R. T., Wing, A. L., Hsieh, C. C. (1986): Physical activity, allcause mortality, and longevity of college alumni. *New England Journal of Medicine*, 314, S. 605–613.

Pagenstert, G. (2017): Bewegt Euch! *Deutsche Zeitschrift für Sportmedizin*, 68, S. 51–52.

Predel, H.-G., Nitschmann, S. (2017): Wie beeinflusst körperliche Aktivität die Mortalität? *Internist*, 58, S. 753–756.

Rohm Young, D. et al. (2016): Sedentary Behavior and Cardiovascular Morbidity and Mortality: A Science Advisory from the American Heart Association. *Circulation*, 134/13, S. 262–279.

Tipton, C. M. (2008): Susruta of India, an unrecognized contributor to the history of exercise physiology. *Journal* of *Applied Physiology*, 104, S. 1553–1556.

Torbeyns, T. et al. (2014): Active Workstations to Fight Sedentary Behaviour. *Sports Medicine*, 44, S. 1261–1273.

Wallmann, B., Mager, S., Froboese, I. (2009): Treppe statt Rolltreppe. Fördern spezielle Plakate die Treppennutzung? *f.i.t. Forschung – Innovation – Technologie. Das Wissenschaftsmagazin der Deutschen Sporthochschule*, 2, S. 32–36.

8 Ausblick Office 4.0

Werner Seiferlein

Dieses letzte Kapitel fasst vor allem den derzeitigen technischen, aber auch den organisationalen Zustand der Büro-Arbeitswelt zusammen, spekuliert ein wenig über deren Weiterentwicklung und will mit einem kleinen Blick in die Glaskugel über die zukünftigen Herausforderungen nachdenken.

Bereits heute finden wir eine Fülle von miteinander vernetzten Technologien, die unseren Alltag zwar effizienter und einfacher machen, aber auch neue Abhängigkeiten schaffen. Denken wir nur an das Internet, dem so mancher in seinen Anfängen lediglich eine Nutzung durch eine Handvoll Militärs prophezeite und ohne das unser heutiges (Arbeits-)Leben schier unmöglich scheint. Diese rasante Entwicklung wurde erst durch die technischen Verbesserungen von z. B. Speichermedien, Glasfaserkabeln und WLAN ermöglicht und verschafft uns schon jetzt die Möglichkeit, uns jederzeit und mit jedem Ort zu vernetzen – insofern überall eine entsprechende Infrastruktur vorhanden ist. Regionen ohne diese Technologie sind vom schnellen Wissens- und Informationsaustausch förmlich abgeschnitten und können wirtschaftlich nicht (mehr) mithalten, weswegen hierzulande beispielsweise viele Kommunen das Glasfasernetz in ländlichen Gebieten massiv ausbauen. Die zunehmende Digitalisierung und Globalisierung und die mit ihr einhergehende flächendeckende Nutzung von Internet, Smartphones, Apps, Shopping- und Informationsplattformen wird aber ebenso rasant unser Konsumverhalten, unsere Wissensaneignung und -weitergabe, unsere sozialen Interaktionsformen und selbstverständlich auch unsere Arbeit verändern.

W. Seiferlein (✉)
Technologie Innovation Management, Frankfurt/Main, Deutschland
e-mail: werner.seiferlein@timoffice.de

W. Seiferlein, C. Kohlert (Hrsg.), *Die vernetzten gesundheitsrelevanten Faktoren für Bürogebäude*, https://doi.org/10.1007/978-3-658-20852-3_8

8.1 Der Mensch im Mittelpunkt

Die Arbeitnehmerschaft hat sich schon immer aus verschiedenen Generationen zusammengesetzt, aber noch nie waren deren Wertvorstellungen und Bedürfnisse so unterschiedlich. Die sogenannten Baby Boomer, geboren zwischen 1960 und 1969, stellen zahlenmäßig die stärkste Generation, sind eher leistungsorientiert und legen Wert auf Karrierechancen und einen hohen Lebensstandard. Die Generation X (1970–1979) findet durch Selbstverwirklichung und eine Identifikation mit der Tätigkeit Befriedigung in der Arbeit, während die Generation Y (von 1980 bis ca. 1995) sich durch Flexibilität und ein hohes Ausbildungsniveau auszeichnet und auch als sinnsuchende, aber zielstrebige Generation beschrieben wird. Für die Generation Z, also die Jahrgänge ab ca. 1995, ist eine stärkere Trennung von beruflichem und privatem Leben sowie eine noch stärkere Flexibilisierung wichtig, Karriere und ein hohes Einkommen sind für sie eher nachrangig. Die Generationen Y und Z werden auch als Digital Natives bezeichnet, weil für sie die Digitalisierung bereits seit der Kinderzeit alltäglich ist, während frühere Generationen den Umgang mit Computern, dem Internet und mobilen Endgeräten erst einmal lernen mussten (vgl. Scholz 2014; Mangelsdorf 2015).

In Büros finden sich meistens gemischte Teams aus allen Generationen mit ihren teilweise sehr unterschiedlichen Bedürfnissen an ihre jeweilige Arbeit oder ihren Arbeitsplatz. Arbeitgeber müssen dem mit flexiblen Arbeitszeitmodellen, der Möglichkeit zu Home Office und Teleworking, aber auch durch ein neues Verständnis der Unternehmens- und Mitarbeiterführung sowie der Arbeitsorganisation Rechnung tragen. Als Orientierung kann man das „Leipziger Führungsmodell" heranziehen, in dessen Kern der Purpose, der Sinn und Zweck einer Arbeitsaufgabe bzw. einer Unternehmung, steht. Weitere Dimensionen des Modells sind der Unternehmergeist im Sinne der Erneuerungsfähigkeit von Mensch, Organisation und Gesellschaft sowie die gesellschaftliche Verantwortung. Als vierte Dimension übersetzt die Effektivität „verantwortliche und unternehmerische Entscheidungen in zielgerichtete Strategien, Strukturen und Prozesse, damit ein wettbewerbsfähiger Beitrag zum großen Ganzen erreicht wird" (HHL o. J.).

Unsere heutige Arbeitswelt unterliegt aufgrund der Globalisierung und Digitalisierung einem ständigen Wandel. Umso wichtiger wird es auch in Zukunft sein, das eigene Tun zu reflektieren und zu kommunizieren und entsprechend zu handeln. Dazu braucht es motivierte, kreative, innovativ denkende Mitarbeiter, und es obliegt den Arbeitgebern bzw. Führungskräften, die Voraussetzungen dafür zu schaffen.

8.2 Die Veränderung der Büroarbeit

Komplexe, schöpferische Tätigkeiten wie z. B. die Konzeptionierung und Kommunikation von Projekten, Prozessen und Strategien werden zukünftig in der Büroarbeit eine noch stärkere Rolle spielen als bisher. Das hat zur Folge, dass die Kreativität von Menschen und Teams, ihre Motivation und ihr Wohlbefinden eine immer höhere Bedeutung gewinnen.

Bislang werden digitale Medien bei der Büroarbeit hauptsächlich dazu verwendet, zuvor individuell erstellte digitale Inhalte räumlich entfernter Teammitglieder auszutauschen und bei Besprechungen und Workshops zu präsentieren, wo die Zusammenarbeit der physisch anwesenden Personen jedoch meist auf Papier stattfindet (vgl. Jurecic et al. 2016). Durch die Einführung agiler Arbeitsweisen und Methoden wird der Bedarf an digitalen Lösungen, die das großformatige Visualisieren sowie gemeinsame Bearbeiten und Weiterentwickeln komplexer Inhalte ermöglichen, jedoch weiter wachsen. Vorstellbar wäre zum Beispiel, die Kartentechnik der Programming-Methode (vgl. Kohlert 2017) durch entsprechende Soft- und Hardware vollständig zu digitalisieren, was den gesamten Ablauf solcher Sessions effektiver und effizienter machen könnte.

Darüber hinaus werden sich auch die Büroräumlichkeiten an sich weiterentwickeln. Das vielfältige technische Spektrum ermöglicht heute immer mehr Menschen, zeitlich und räumlich flexibler zu arbeiten. Neben dem Corporate Office und dem Home Office finden sich deshalb vermehrt sogenannte Coworking Spaces, die Arbeitsplätze und Infrastruktur zeitlich befristet zur Verfügung stellen und in denen hauptsächlich Freiberufler in meist größeren, offenen Räumen zugleich arbeiten. Die meisten Coworker sind im Bereich der Kreativwirtschaft oder der Neuen Medien, z. B. als Web-Entwickler, Programmierer oder Grafiker, tätig (vgl. Foertsch 2011b). Coworker schätzen vor allem die flexibel einteilbaren Arbeitszeiten und die Interaktion mit anderen Coworkern, die nicht aus ihrem Fachgebiet stammen (vgl. Foertsch 2011a). Das klassische Corporate Office hat deswegen aber keineswegs ausgedient, allerdings wird sich in Zukunft deren räumliche und technische Ausstattung sehr viel stärker an die Bedingungen moderner Arbeitsweisen anpassen. Es wird neben Räumen zur Einzelarbeit auch solche für Teamarbeit und zur Regeneration geben, die allesamt die Entwicklung von Ideen, Kreativität, Konzentrationsfähigkeit oder Reduktion von Stress unterstützen. Dies betrifft nicht nur die Möblierung, sondern auch die Luftqualität, den Geräuschpegel oder die Möglichkeiten der Pausengestaltung in kommunikativen Teeküchen. Gerade für große Firmen mit vielen Mitarbeitern und etlichen, sich teilweise überschneidenden Projekten liegt hier ein enormes Potenzial, das Wohlbefinden, die Motivation und die Gesundheit ihrer Beschäftigten zu fördern, um als attraktiver Arbeitgeber die eigene wirtschaftliche Leistungsfähigkeit sicherzustellen.

8.3 Zukünftige Herausforderungen

Die allgegenwärtige Digitalisierung und die von Zeit und Ort unabhängige Verfügbarkeit von Daten verschiedenster Form auf mobilen wie stationären Endgeräten verändern schon heute nahezu alle Prozesse in der Arbeitswelt. BASF hat bereits vor einigen Jahren vier Projekte gestartet, die die Auswirkungen der Digitalisierung auf die Lieferkette, Produktion, Forschung und Entwicklung untersuchen (vgl. o. V. 2017). Dabei geht es nicht nur um die digitale Erstellung von Dokumenten, sondern vor allem um das Sammeln, Auswerten und Weiterverarbeiten von Daten durch selbstlernende, immer autonomer agierende Software-Systeme. In der Medizin findet sich ein weites Aufgabenfeld für solche Systeme, die beispielsweise in Herzschrittmachern oder Insulinpumpen bereits Anwendung finden. Darüber hinaus hat man in der Krebsforschung einen lernfähigen Algorithmus entwickelt, der Hautkrebs analysieren kann (vgl. KYOCERA Deutschland 2017).

Diese Technologien haben vielerorts schon zu einer umfassenden Aufgabenverschiebung geführt, nicht nur bei standardisierten Tätigkeiten, die sich leichter automatisieren lassen, wie der Wartung und Instandhaltung von Geräten, Equipment oder Anlagenteilen, sondern auch in der eher komplexen und ergebnisoffenen Wissensarbeit. Hier werten intelligente Algorithmen nach bestimmten Kriterien Daten aus und bilden so die Grundlage für Entscheidungen, zum Beispiel bei Bonitätsprüfungen, durch automatisierte Trendrecherchen im Portfoliomanagement oder mithilfe parametrischer Planungssoftware im Hausbau.

Zukünftig werden mehr und mehr Aufgaben ganz oder teilweise von diesen Software-Systemen übernommen werden. Bei der Basler Versicherung regulieren diese Algorithmen zum Beispiel schon vollautomatisch Glasschäden, die Mitarbeiter kontrollieren nur Stichproben (vgl. Engelage 2017). Und den Hamburger Containerhafen Altenwerder hält ein komplexes Steuerungssystem am Laufen, das den Umschlag mit der Lagerung und dem Schienen- und Straßenverkehr auf dem gesamten Terminal kombiniert (vgl. HHLA o. J.).

Diese Weiterentwicklung der Vernetzung erlaubt folgendes Gedankenspiel. Eine der Technologien, die derzeit ihre Kinderkrankheiten überwindet, ist das sogenannte Smart Home, also die Steuerung und Überwachung der Haustechnik über das Smartphone und deren Vernetzung mit dem Energiedienstleister, das schon bald die Energieeffizienz erhöhen und Ressourcen sparen helfen soll. Verbunden mit Wearables, tragbaren Sensoren, die die Vitalwerte ermitteln und die im Sport bereits eingesetzt werden, und gesteuert von einem autonomen Softwaresystem, das erkennt, unter welchen Bedingungen wir kreativ, konzentriert und effektiv arbeiten, ließe sich unsere Arbeitsumgebung, also die Parameter Luft, Licht und Lärm, automatisch an unser Befinden und unsere Arbeitsaufgabe anpassen.

Die Idee der vollautomatischen Optimierung unserer Arbeitsumgebung löst bei vielen sicherlich Ängste, wenn nicht gar Ablehnung aus. Da aber die technischen Voraussetzungen dafür gegeben sind, werden wir in naher Zukunft mit diesen Systemen konfrontiert werden, und das hat gleich auf mehreren Ebenen Konsequenzen, nicht nur für die Büroarbeit.

Da wären zunächst einmal der Datenschutz und die Datensicherheit zu nennen. Die Verantwortung dafür, welche Daten gesammelt und wie sie weiterverarbeitet werden, sollte nicht allein selbstlernenden Softwaresystemen überlassen werden. Hier ist jeder einzelne in der Pflicht, sorgsamer und verantwortlicher mit persönlichen Informationen umzugehen.

Auch der soziale Faktor ist nicht zu unterschätzen. Gerade die Robotik entwickelt sich in einer rasanten Geschwindigkeit weiter, indem die Roboter hinsichtlich Stimme, Aussehen und künstlicher Emotionen optimiert werden, was einen Bogen ganz neuer Anwendungsmöglichkeiten aufspannt. So könnte eines Tages der Roboter beispielsweise die körperliche Arbeit bei Bürotätigkeiten wie Drucken, Scannen u. a. übernehmen (vgl. Budras 2017). Das wäre für die Mitarbeiter zwar bequemer, hätte aber einen kontraproduktiven Einfluss auf ihre Energiebilanz (vgl. Worm 2015, S. 9 und 17 sowie Kap. 7: Körperliche Aktivität in der modernen Arbeitswelt.). Darüber hinaus würden u. a. informale Treffen mit Kollegen vermindert und dadurch die Kommunikationsmöglichkeit zwischen den Mitarbeitern reduziert.

Ein dritter Punkt betrifft die Kontrolle der durch Künstliche Intelligenz getroffenen Entscheidungen. Die dafür verwendeten Algorithmen müssen nicht nur nachvollziehbar und logisch programmiert sein, sondern vorab ist auch deren ethische Dimension zu klären und zu definieren, weil nicht alles, was legal ist, auch legitim ist. Die Frage wäre zum Beispiel, nach welchen ethischen Regeln der Algorithmus eines autonom fahrenden Autos gesteuert werden soll und ob ein Zufallsgenerator entscheidet, entweder ein Kind zu überfahren oder möglicherweise den Fahrer zu töten, oder ob das Auto so programmiert ist, dass es tatsächlich eine Wahlhandlung vollzieht (vgl. Jumpertz und Pinkwart 2017).

Viertens bedrohen Automatisierung, Robotik und Künstliche Intelligenz sicherlich auch Arbeitsplätze, wie es in der Industrie ja bereits der Fall ist (vgl. o. V. 2017). Es werden aber mit dem Wegfall von Arbeitsplätzen durch den Einsatz von Robotern und Automatisierung Zug um Zug neue Arbeitsplätze entstehen. Durch die Anforderungen an die Programmierung, Entwicklung, Bedienung, Pflege und Maschinenwartung dieser Systeme werden andere Arbeitsaufgaben geschaffen werden, die aber noch zu definieren sind und für die freilich hoch qualifizierte Mitarbeiter erforderlich sind.

Fazit

Die Digitalisierung, Automatisierung und Entwicklung Künstlicher Intelligenz vollziehen sich zurzeit ohne übergeordnete Struktur. Einzelne Branchen oder Disziplinen forschen und entwickeln mehr oder weniger tief und betrachten weitere Anwendungsmöglichkeiten. Diese vielen kleinen Aktivitäten müssten in einem Masterplan zusammengeführt werden, der von Verbänden oder auch durch staatliche Unterstützung zentral gemanagt wird, weil die Vernetzung von der Integration dieser verschiedenen Branchen und Disziplinen lebt.

„Das Wichtigste soll der Mensch entscheiden", sagte John Crone, der Vater der Künstlichen Intelligenz und Entwickler des Computersystems Watson (vgl. Budras 2017; Watson ist in der Lage, Fragen allgemeiner Art zu beantworten, Daten intelligent zu verknüpfen, Rückschlüsse zu ziehen und Prognosen zu treffen). Was das Wichtigste ist, wo also die Möglichkeiten und Herausforderungen der Digitalisierung liegen, muss auf breiter gesellschaftlicher Basis diskutiert werden, um deren Chancen zu nutzen und Gefahren frühzeitig zu erkennen. Dies sollte in den eben erwähnten Masterplan münden, der sowohl eine Bildungsoffensive für neue Arbeitskräfte auflegt als auch alle Betroffenen einbezieht, Ängste nimmt und positive Visionen entwickelt, um die drängenden Fragen der Zukunft zu beantworten.

Literatur

Budras, C. (2017): Rockstar der IT. In: Frankfurter Allgemeine Zeitung, Wirtschaftsteil, 9.6.2017, S. 26

Engelage, H. (2017): Wo der Roboter schon Schäden reguliert, http://www.gdv.de/2017/03/ wo-der-roboter-schon-schaeden-reguliert, Zugriff am 8. 10.2017

Foertsch, C. (2011a): Was Coworker wollen, http://www.deskmag.com/de/welche-coworking-spaces-coworker-wollen-165, Zugriff am 12.1.2018.

Foertsch, C. (2011b): Das Coworker Profil, http://www.deskmag.com/de/die-coworker-global-coworking-survey-168, Zugriff am 12.1.2018.

HHL Leipzig Graduate School of Management (o. J.): Das Leipziger Führungsmodell, https://www.hhl.de/de/hhl/leipziger-fuehrungsmodell/#1, Zugriff am 10.1.2018.

HHLA Hamburger Hafen und Logistik AG (o. J.): Wie von Geisterhand, https://hhla.de/de/container/altenwerder-cta/so-funktioniert-cta.html, Zugriff am 10.1.2018.

Jumpertz, S., Pinkwart, A. (2017): Im Kern steht der Purpose, https://www.managerseminare.de/ms_News/Fuehrungsmodell-fuer-die-Zukunft-Im-Kern-steht-der-Purpose,252264, Zugriff am 10.1.2018.

Jurecic, M., Rief, S., Schullerus, M. (2016): Digitales Arbeiten – Motive und Wirkungen papierarmer Arbeitsweisen. Stuttgart: Fraunhofer.

Kohlert, C. (2017): Erstellung einer anderen Nutzerbeschreibung. In: Seiferlein, W., Woyczyk, R. (Hrsg.), Projekterfolg – die vernetzten Faktoren von Investitionsprojekten. Stuttgart: Fraunhofer, S. 55–78.

KYOCERA Deutschland (2017): Der japanische Technologiekonzern KYOCERA entwickelt jetzt mit der Universität Tsukuba eine KI-basierte Bilderkennung von Hautkrankheiten, http://www.kyocera.de/index/news/previous_news/news_archive_detail.L2NvcnBvcmF0ZS9uZXdzLzIwMTcvRGVyX2phcGFuaXNjaGVfVGVjaG5vbG9naWVrb256ZXJuX0tZT0NFUkFfZW50d2lja2VsdF9qZXR6dF9taXRfZGVyX1VuaXZlcnNpdGFldF9Uc3VrdWJhX2VpbmVfS0ktYmFzaWVydGVfQmlsZGVya2VubnVuZ192b25fSGF1dGtyYW5raGVpdGVu.html, Zugriff am 5.1.2018.

Mangelsdorf, M. (2015): Von Babyboomer bis Generation Z: Der richtige Umgang mit unterschiedlichen Generationen im Unternehmen, Offenbach: Gabal.

o. V. (2017): Digitalisierung bedroht Arbeitsplätze in der Chemie. In: Frankfurter Allgemeine Zeitung, Wirtschaftsteil, 27.9.2017.

Scholz, C. (2014): Generation Z: Wie sie tickt, was sie verändert und warum sie uns alle ansteckt, Weinheim: Wiley-VCH.

Worm, N. (2015): Glücklich und Schlank. Lünen: systemed.

9 Zusammenfassung und Ausblick

Werner Seiferlein und Christine Kohlert

9.1 Künftige Büroformen

Mitarbeiter, wie die meisten Menschen, möchten zu einer Gemeinschaft gehören, sich zugehörig und wohl fühlen und dazu benötigen sie eine stimmige Arbeitsumgebung, die sie bestmöglich und ganzheitlich in ihrer Arbeit unterstützt. Wohlfühlen sowie die richtige Unterstützung am Arbeitsplatz sind in aller Munde und Voraussetzung für eine neue Arbeitswelt, in der Mitarbeiter motiviert sind, gut performen, richtige Entscheidungen schnell und gut treffen können und in der die Kommunikation sowie der Austausch im Team funktionieren. Arbeitgeber stehen dabei in der Pflicht, Sorge zu tragen für ihre Mitarbeiter und diese bei der Erfüllung ihrer Aufgaben bestmöglich zu unterstützen. Ihnen kommt die Rolle eines „Kümmerers" zu, der sich auch um ihre Gesundheit sowohl in körperlicher als auch in seelischer Hinsicht sorgt und die Mitarbeiter dabei unterstützt, ihre Gesundheit zu erhalten oder gegebenenfalls zu verbessern.

Dabei sind die unterschiedlichen Themen, die in den vorangegangenen Kapiteln von Experten beschrieben wurden, maßgeblich für das Gelingen einer gesunden Arbeitsumgebung und wie diese wahrgenommen wird.

Krankheiten in Büros gibt es natürlich immer und sie haben unterschiedliche Gründe. Dieses Buch ist entstanden, um herauszufinden, welche Ursachen Krankheiten haben können und wie man für einige Abhilfe schaffen kann, andere lindern oder wieder andere

W. Seiferlein (✉)
Technologie Innovation Management, Frankfurt/Main, Deutschland
e-mail: werner.seiferlein@timoffice.de

C. Kohlert
RBSGROUP part of Drees & Sommer, München, Deutschland
e-mail: christine.kohlert@rbsgroup.eu

W. Seiferlein, C. Kohlert (Hrsg.), *Die vernetzten gesundheitsrelevanten Faktoren für Bürogebäude*, https://doi.org/10.1007/978-3-658-20852-3_9

ganz vermeiden kann. Es ist als Handlungsleitfaden und als Checkliste zu verstehen, die bereits bei der Planung eingesetzt werden sollte.

Das Ziel der Entwicklung von Bürogebäuden liegt auf unterschiedlichen Intentionen. Noch vor einigen Jahren ging es bei der Wandelung von Zelle auf Open Space vor allem um wirtschaftliche Aspekte. Dieser Schritt ermöglichte Flächeneinsparungen von 30 bis 60 %. Die Einführung von Shared Desk beschert eine weitere Reduzierung dieses Kostenblocks. Diese Werte basieren auf der statistischen Annahme, dass bedingt durch Urlaub, Ausbildung, Krankheit usw. die Belegschaft ca. 10–20 % ihrer Arbeitszeit nicht präsent sind.

Heute rücken andere Aspekte in den Vordergrund. Es geht viel mehr um Vernetzung, Kommunikation, Austausch und die richtige Teamarbeit sowie schnelle Entscheidungen und darum, Wissen dann zur Verfügung zu haben, wenn man es benötigt.

Aufgrund heute vorliegender Daten ist der „Open Space" mehr oder weniger akzeptiert. Bei der Büroform „Shared Desk" gehen die Meinungen der Fachleute auseinander, auch die Clean Desk Policy stößt bei der überwiegenden Mehrheit der Mitarbeiter auf Ablehnung. Die Kritik betrifft vor allem das tägliche Wegräumen aller Dokumente und Privatsachen, um am anderen Tag die Arbeitsplätze neu vergeben zu können (Bös 2017). Auch die Individualisierung des eigenen Arbeitstisches bzw. der Arbeitsumgebung spielt eine wichtige Rolle für die Menschen. Persönliche Gegenstände wie Familienfotos oder Pflanzen, aber auch Geräte und Utensilien des täglichen Bedarfs sollten am Tisch zurückgelassen werden können.

9.2 Künftige Gesundheitsplanung

Home Office hat neben dem rationalen Aspekt, die pro Mitarbeiter benötigte Nutzfläche zu reduzieren, auch einen psychologischen. Es gewährleistet in der Regel, Dinge in Ruhe zu bearbeiten, die die Rückzugszonen des Bürokonzeptes oft so nicht leisten können. Zudem entsteht ein „imaginärer" Abstand zum Firmenarbeitsplatz. Diese Überlegung wird auch im Zusammenhang mit Untersuchungen in Bezug auf Dienstreisen flankiert. Generell wirken sich Dienstreisen mit einem Mittelmaß von 25 % bis 50 % der Arbeitstage positiv auf das Wohlbefinden, die Motivation und Leistung aus.

In Abschn. 10.1 sind die Checklisten für die einzelnen Kapitel aufgelistet, die sich auf die gesundheitsrelevanten Faktoren beziehen, die bei der Planung eines Bürogebäudes Berücksichtigung finden sollten.

Die Faktoren sind zum Teil miteinander vernetzt. Die Vernetzung, d. h. die Beeinflussung der Faktoren untereinander, wurde im Buch ermittelt und diese können so künftig in die frühe Planungsphase einfließen. Beispiele der Vernetzung sind z. B. Farben und Licht, Wahrnehmungen und Vereinbarungen (z. B. Lärm), Vereinbarung und Farben, bedarfsgerechte Bürogebäude und Wahrnehmung, Roboter und Büroeinrichtung (siehe Tab. 9.1).

Die Büroumgebung konnte als starker Faktor für das „Wohlbefinden der Mitarbeiter" durchgängig im Buch aufgezeigt werden (Möblierung, Akustik, Rückzugsmöglichkeiten,

Tab. 9.1 Die Vernetzung der gesundheitsrelevanten Faktoren eines Bürogebäudes

	Kapitel	Verein-barung	Wahr-nehmung	Farben	Büroein-richtungen	Gebäude-technik	Medi-zin	Beweg-ung	Office 4.0
1	**Vereinba-rung**		X				X		
2	**Wahrneh-mung**	X		X	X	X	X		X
3	**Farben**		X				X		
4	**Büroein-richtungen**		X				X	X	X
5	**Gebäude-technik**		X				X		
6	**Medizin**	X	X	X	X	X		X	X
7	**Bewegung**				X		X		X
8	**Office 4.0**		X			X	X		

Pausenflächen, Farbkonzepte, frische Luft u. a.)..Dabei ist Kap. 6, „Medizinische Aspekte“, ein ganz wesentlicher Faktor und mit allen hier im Buch behandelten Kapiteln und Faktoren eng vernetzt.

Methoden der Geruchsbewertung sind in der Industrie Stand der Technik. Das Anwendungsspektrum reicht dabei vom Erkennen schädlicher Ausdünstungen (vgl. DIN ISO 16000–28 2012) bis zur bewussten Beduftung von Produkten zur Erzeugung einer produktspezifischen, akzeptablen Geruchsempfindung. Die Zugabe von mehr oder minder deutlich wahrnehmbaren Duftstoffen in die Luft durch Stand-alone-Geräte im Raum ist allerdings nicht zwingend zielführend.

Gesundheit und Wohlbefinden

Bei vielen gesundheitsrelevanten Faktoren besteht das Risiko, bei Nichteinhaltung entsprechender Prozesse, Ausrüstung und Anwendung das angestrebte Ziel für das Wohlbefinden nicht zu erreichen (s. Abschn. 10.3: Gründe und Auslöser für Krankheiten).

Geschlechterspezifische Unterschiede scheinen weniger auffällig als erwartet, die Ergebnisse des Fragebogens lassen keine eindeutigen geschlechterspezifischen Unterschiede erkennen. Ferner scheinen besonders Führungskräfte Unterbrechungen bei der Arbeit als sehr belastend zu empfinden, worauf besonders im Open-Space-Büro geachtet werden sollte (Gabrysch 2017).

Prinzipiell sollten die gesundheitsrelevanten Themen sowohl in der Planungsphase als auch in der Betreiberphase Berücksichtigung finden. Support aus dem Management und ehrliche und offene Kommunikation stehen hierbei im Vordergrund. Dies fängt bereits bei der Planung an und endet mit der Implementierung von Prozessen, der Auswahl von

Equipment und Vereinbarungen, die im Rahmen des Change Managements erarbeitet wurden und entsprechend umgesetzt und angewendet werden müssen. Durch das „Vorleben“, beispielsweise der Vereinbarungen, besonders durch Vorgesetzte, werden potenzielle Spannungen und damit Stress vermieden.

Besonders die 4×Ls (Licht, Luft, Lärm, Leib) stehen immer wieder auf der Mängelliste der Mitarbeiter. Das in der Medizin bekannte Krankheitsbild „RSI“ bedeutet Repetitive Strain Injury: Verletzung durch wiederkehrende Belastung. Diese erzeugt Beschwerden im Hals- und Schulterbereich sowie Arm- und Handbeschwerden bis hin zu spezifischen Erkrankungen wie Sehnenscheidenentzündung oder Karpaltunnelsyndrom.

In der Abb. 2.2 wurden die entsprechenden Werte, die zu Behaglichkeit durch Luft beitragen, aufgeführt (Luftgeschwindigkeit, Luftfeuchte und Lufttemperatur).

Aggressive Farblandschaften beanspruchen unsere Wahrnehmung beispielsweise mehr als harmonische, sind auf Dauer ermüdend und können Kopfschmerzen erzeugen. Um das Wohlbefinden der Mitarbeiter zu steigern, ist es erstrebenswert ein stimmiges Farbkonzept zu kreieren, bei dem alle Komponenten, wie Teppiche, Wände, Möbel etc., aufeinander abgestimmt sind.

Insgesamt ist ein dynamisches Umfeld im Büro anzustreben, das den Mitarbeiter dazu animiert, in unterschiedlichen Körperhaltungen zu arbeiten und sich innerhalb des Büros zu bewegen. Beispielsweise motivieren gut gestaltete Treppen Mitarbeiter dazu, diese auch zu nutzen, und integrieren damit Bewegung in den Arbeitsalltag.

Ergonomie bildet dabei die methodische Grundlage in allen Bereichen der Einrichtung von Arbeitswelten, denn langes monotones Sitzen führt zu verminderter Blutzirkulation, wodurch die Muskulatur mit weniger Sauerstoff versorgt wird. Dies führt nach einiger Zeit zu Muskelverhärtung, Verspannungen und Schmerzen. Wer Schmerzen hat, neigt zur Schonhaltung, deren einseitige Belastung letztlich wieder zu Muskelverhärtungen und schließlich zu Muskelschwund führen kann. Die Muskulatur belastet dadurch die Wirbelsäule und darüber hinaus Bandscheiben, Sehnen und Bänder. Hier ist besonders auf die richtige Nutzung von Bildschirm, Tastatur und Maus sowie Tisch und Stuhl zu achten und die Mitarbeiter zu schulen Rückenlehne, Sitzfläche, Armlehne etc. korrekt zu justieren.

Beim Bau der Gebäude und deren Ausgestaltung ist auf gesunde Materialien zu achten. (Ausdünstungen, Hygiene, Allergien usw.). Beispielsweise können unterschiedliche Holzqualitäten und Quantitäten einen deutlichen Rückgang des diastolischen Blutdrucks bewirken sowie eine deutliche Steigerung des Puls.

Trockene Luft kann durch Einspritzung von Wasser, also eine Befeuchtung, verbessert werden. Eine gute Alternative sind begrünte Wände oder Pflanzenbeete, die die Qualität der Luft auf natürliche Art verbessern.

Cradle to Cradle

Produktionsstätten, deren „Abwasser“ Trinkwasserqualität haben, Kleidung, die kompostierbar ist oder zu Nahrung für Pflanzen und Tiere wird? Teppiche beispielsweise können bereits vor der Nutzung auf Aufarbeitung für die Wiederverwendung aktiviert oder das verwendete Material kann nach Gebrauch weiter verwendet oder ohne schädliche Rückstände kompostiert werden.

Cradle to Cradle verfolgt das Prinzip, von Anfang an in kompletten Produktkreisläufen zu denken. Ziel ist es, Müll zu vermeiden und bei Nutzungsende einer Ware diese zu recyceln und so gut es geht alle Bestandteile weiter zu verwenden. Es geht darum, in kontinuierlichen Kreisläufen zu denken, Produkte beziehungsweise Materialien als Nährstoffe zu begreifen und als Mensch einen eigenen positiven Fußabdruck zu hinterlassen.

Optimierung von Betriebs- und Wartungspraktiken
Die Berücksichtigung der Betriebs- und Wartungsarbeiten eines Gebäudes bereits während der Vorentwurfsphase einer Anlage führt zu verbesserten Arbeitsumgebungen, höherer Produktivität, reduzierten Energie- und Ressourcenkosten sowie zur Vermeidung von Systemausfällen.

Je nach Abwicklungsart, ob Investor oder Eigenfinanzierung, gibt es unterschiedliche Ausführungsarten. Total cost of ownership bezieht die Gesamtkosten ein, die z. B. bei einem Verwaltungsneubau entstehen, also sowohl die Investitionskosten als auch die Betriebskosten.

Alle am Projekt Beteiligten müssen über die Ziel-Lage involviert sein. Bauunternehmer und Instandhaltungspersonal müssen sich an den Entwicklungsphasen beteiligen, um einen optimalen Betrieb und die Instandhaltung des Gebäudes zu gewährleisten.

Konstrukteure können Materialien und Systeme spezifizieren, die die Wartungsanforderungen vereinfachen und reduzieren. Erstrebenswert ist es, weniger Energie und Chemikalien zu verwenden, dies ist kostengünstiger und reduziert die Lebenszykluskosten. Initiativen zur Nachhaltigkeit sind erstrebenswert, einschließlich der Verringerung der Energie- und Wassernutzung und Abfallerzeugung.

9.3 Künftige Büroorganisation

Wie geht es weiter? PopTech-Kurator Andrew Zoli beantwortet die Frage, wo die Menschen am besten arbeiten, mit: „nicht im Büro" (Hofmeister 2017, S. 3; auch hier wird die Frage nach der Erfordernis von Büros gestellt. Werden die Mitarbeiter nur noch mobil arbeiten – egal von welchem Ort aus?).

Das Versprechen von Flexibilität und eigener Zeiteinteilung lockt Mitarbeiter in den Job, aber das allein reicht nicht, um sie dort auch zu halten. Junge kreative Mitarbeiter brauchen Bindung und Engagement, interessante und überraschende Räume sowie Erlebnisse und eine inspirierende Umgebung. Um Mitarbeiter emotional an das Unternehmen zu binden, ist es von großer Bedeutung, die eigenen Markenwerte erlebbar zu machen und durch eine authentische Gestaltung der Arbeitswelt nach innen zu transportieren. Arbeitsräume, die menschliche Grundbedürfnisse wie Sicherheit, Anerkennung und Selbstverwirklichung vermitteln, binden emotional und ermöglichen freies Denken und die notwendige Aufmerksamkeit.

Eine gute Stimmung macht Menschen verträglicher, gesünder und regt uns an, kreativer zu denken. Dazu trägt auch ein optimistisches und authentisches Umfeld bei, das den Mitarbeitern Wahlmöglichkeiten und eine gewisse Kontrolle ermöglicht sowie Bewegung und Interaktion unterstützt. Neben diesen räumlichen Aspekten geht es auch um sinnvolle Tätigkeiten und gegenseitige Achtsamkeit und darum, den Mitarbeitern sowohl Orte für Austausch und Zusammenarbeit als auch für Ruhe und Konzentration zur Verfügung zu stellen.

Das Büro wird zu einem Marktplatz für den Wissensaustausch und Teamarbeit. Konzentrierte Arbeit findet, für den der es möchte, ebenfalls dort statt, andere verlagern ihre Tätigkeit an diverse Orte – Third Places, wie Verkehrsmittel (öffentliche, selbstfahrende Autos), Coworking Spaces oder auch das Home Office. Dies kann zu einer Reduzierung von nicht unwesentlichen Flächenanteilen führen. Geht man beispielsweise davon aus, dass der Mitarbeiter zwei oder drei von fünf Tagen in der Woche an anderen Orten verbringt, so muss ein Bürogebäude beispielsweise statt 1000 Arbeitsplätzen nur noch ca. die Hälfte, also nur 500 Arbeitslätze, schaffen. Diese Sharing Ratios müssen bereits im Vorfeld einer Planung evaluiert und an Hand der Arbeitsweisen und -prozesse festgelegt werden.

Ferner kommt die rasante Änderung der technischen Möglichkeiten hinzu. Mit der Einführung von Smartphones, Tablets, WLAN u. a. wurde bereits das Ende des Büros vorhergesagt (ebd., S. 5).

Die Cons werden sein:

- Konflikte bei der Führung von Mitarbeitern
- Kompensation der arbeitswissenschaftlichen Ausstattung im Home Office
- die persönliche Kommunikation leidet
- Präsenz muss stärker geplant werden

Die Pros werden sein:

- Kosteneinsparung
- eventuelle Flächenreduzierung
- Reduzierung der Fahrt zum Bürogebäude
  - Zeit
  - Finanzmittel
- Stressfreierer Alltag
  - Selbstbestimmung des Alltages
  - weniger zwischenmenschliche Querelen (Mobbing, Streit u. a.)
  - selbstbestimmter Arbeitsplatz (kreativ, erholsam, stimulierend) in der Natur, Bibliothek, Café u. a.

Beim Vergleich der Pros und Cons ergibt sich ein Zwiespalt. Auf der einen Seite hat man künftig die Freiheit, dort zu arbeiten, wo man möchte, andererseits verwischen die

Grenzen von Arbeit und Freizeit. Der Arbeitsplatz ist nicht länger das Büro, sondern auch das Zuhause, der Park, das Café und vieles mehr.

Der Campus der Zukunft ist von Offenheit geprägt. Beispielsweise finden sich in Erdgeschossbereichen Café, Kiosk, Paketservice, Concierge und vieles mehr. Dies wandelt den firmenorientierten Bereich in einen sozialen Treffpunkt für Mitarbeiter und deren Freunde und Angehörige (Beispiel: BMW-Zentrale in München).

Gute Räume sind immer ein Beitrag zum Unternehmenswert. Wie in einem guten Restaurant zählt die Gesamtstimmigkeit, von der Begrüßung bis zur Verabschiedung des Gastes. So leistet das gesamte Büro mit seinem Umfeld und seiner Organisation den entscheidenden Beitrag für ein stimmiges Arbeitsumfeld, das zu Wohlfühlen, Zufriedenheit und Gesundheit der Mitarbeiter führt und damit den Erfolg eines Unternehmens sichert.

Literatur

Bös, N. (2017): Schluss mit Aufräumen. In: Frankfurter Allgemeine Zeitung, 11./12.3.2017, S. C1

Gabrysch, V. (2017): Arbeitsplatzzufriedenheit in einem Open-Space-Büro. Eine empirische Untersuchung in einem großen Unternehmen der Pharmaindustrie. Unveröffentlichte Masterarbeit, Pädagogische Hochschule Schwäbisch Gmünd.

Hofmeister, S. (2017): Das Büro der Zukunft entwickelt sich zu etwas völlig Neuem. Veranstaltung im Bayrischen Nationalmuseum, Mars-Venus-Saal, 9.3.2017.

Dettweiler, M. (2017): Frohes Schaffen! In: Frankfurter Allgemeine Zeitung, Technik, 29.1.2017, S. 56.

Martin, P. (2006): Mobile Büroarbeit – Neue Arbeitsformen human gestalten. Düsseldorf: Hans-Böckler-Stiftung.

Thier, J. (2016): Ein steriler Alptraum. In: Frankfurter Allgemeine Zeitung, 14.7.2016.

10 Checklisten, Vorschriften und Anregungen

Werner Seiferlein und Christine Kohlert

10.1 Checkliste zu vernetzten gesundheitsrelevanten Faktoren für Bürogebäude

10.1.1 Gegenseitige Vereinbarung

- Spielregeln zum allgemeinen Verhalten werden erstellt und angewendet (s. Abschn. 10.4, Umgang zwischen Kollegen (Spielregeln); Clariant 2015) z. B. zum Telefonieren und zur Nutzung von Rückzugsräumen, aber auch zum Umgang untereinander?
- Erarbeitung eines Verhaltenskodex kurz vor dem Einzug in die neue Arbeitsumgebung.
- Es werden regelmäßig Augenentspannungsübungen durchgeführt (Heidenberger 2017).
- Beim Telefonieren wird der Telefonhörer nicht zwischen Kopf und Schulter geklemmt (ebd.).
- Bei der PC-Arbeit stehen die Füße fest auf dem Boden. Beine werden nicht übereinandergeschlagen (das stört die Durchblutung) (ebd.).
- Vorgeschriebene Sehhilfen werden genutzt (ebd.).
- Die Sitzposition wird möglichst oft verändert (ebd.).
- Auseinandersetzung mit Elementen einer gesundheitsförderlichen Bürogestaltung.
- Erhebung der Anforderungen an die zukünftige Büroumgebung aufseiten der Nutzer.

W. Seiferlein (✉)
Technologie Innovation Management, Frankfurt/Main, Deutschland
e-mail: werner.seiferlein@timoffice.de

C. Kohlert
RBSGROUP part of Drees & Sommer, München, Deutschland
e-mail: christine.kohlert@rbsgroup.eu

W. Seiferlein, C. Kohlert (Hrsg.), *Die vernetzten gesundheitsrelevanten Faktoren für Bürogebäude*, https://doi.org/10.1007/978-3-658-20852-3_10

- Beantwortung der Dringlichkeitsfrage: Warum muss das Bekannte und Vertraute aufgegeben werden, wenn alles gut funktioniert?
- Erarbeitung einer kraftvollen Vision mit der Unternehmensleitung, die alle Schritte im Projekt leitet.
- Bildung einer starken Führungskoalition, die sich ihrer Vorbildfunktion bewusst ist und die Mitarbeiter konsequent durch die Veränderung führt.
- Entwicklung eines professionellen Change-Management-Programms, das die Besonderheiten eines Unternehmen und seiner Belegschaft beachtet.
- Führungskräfte erhalten differenzierte Entwicklungsangebote, um die Vision der Unternehmensleitung an die Belegschaft zu transportieren.
- Eine umfangreiche Projektkommunikation gibt den Mitarbeitern Sicherheit und integriert aktuelle Informationsbedarfe.
- Mitarbeitervertreter (Change Agents) und anerkannte Persönlichkeiten werden als Multiplikatoren im Projekt eingesetzt und in Teilprojekte zur Ausgestaltung der zukünftigen Büroumgebung eingebunden.
- Verschiedene Change-Management-Maßnahmen erreichen die Mitarbeiter auf breiter Basis.
- Pilotflächen machen das neue Bürokonzept frühzeitig im Projekt für die Belegschaft erlebbar, die Testnutzung schafft Erkenntnisse vor der Umsetzung im gesamten Unternehmen.
- Über den gesamten Veränderungsprozess Gewinne für die Belegschaft schaffen, die die Vision der Unternehmensführung unterstützen.
- Verankerung der (angestrebten) Unternehmenskultur über den gesamten Veränderungsprozess sowie in der Gestaltung der neuen Büroumgebung.
- Hat mein Büroumfeld sowohl Kommunikations- als auch Konzentrationsflächen in ausreichender Zahl?
- Wurde neben Akustik, Klima und Licht auch Wert darauf gelegt, die MA im Wandel zu begleiten?
- Integration von verschiedenen Altersgruppen beachten (junge Eltern – aber auch Betreuung von Alten).
- MA freie Zeiteinteilung ermöglichen.
- Gesundheitsfürsorge beachten (Angebot vom e-Rädern beispielsweise).
- Bewegung im Büro fördern (attraktive Treppenhäuser, nur ein Papierkorb, ein Drucker an zentraler Stelle etc.).
- Teeküche als Multifunktionsraum planen.
- Markenwerte des Unternehmens auch nach Innen transportieren.
- Stimmige Kultur und Vision für das Unternehmen entwickeln.
- Nachhaltige Materialien verwenden.
- Grün (Pflanzen) integrieren.
- Führung mit Vertrauen – Zielerreichung nicht Präsenzkultur.
- Wechselnde Arbeitsmöglichkeiten anbieten: stehen, sitzen, rasten, liegen …
- Mitarbeiterbefragungen zur Zufriedenheit mit der Arbeitsumgebung bieten Stellschrauben für die Erhöhung der Akzeptanz.

Worklife Balance

- Es sind Sporträume für Fitness, Yoga oder Rückenschule vorhanden.
- Es gibt Kinderbetreuungsangebote.
- Möglichkeit für Home Office ist gegeben.
- Planung von Wohlfühlen und Zufriedenheit:
  - Prinzip 1: Es gibt keine Garantien, aber es werden Räume für unterschiedliche Aktivitäten, wie Konzentration und Kommunikation, benötigt. Diese Räume unterstützen Kreativität und Lernen und erlauben dem Mitarbeiter eigene Wahlmöglichkeiten.
  - Prinzip 2: Komfort ist der Schlüssel (Abb. 1.9).
  - Prinzip 3: Raum kann gutes Benehmen freisetzen und macht uns bewusst, wer und was vorhanden sind. Natürlich belichtete Orte für Kommunikation und Austausch mit Aussicht ins Grüne fördern diese Haltung.
  - Prinzip 4: Flexibilität und Variabilität sind eine absolute Notwendigkeit, um auf wechselnde Bedingungen schnell und effizient reagieren zu können.
  - Prinzip 5: Raum in Verbindung mit Natur ist erstrebenswert, also Grün, so gut es geht, nach Innen holen und Ausblicke ermöglichen.
  - Prinzip 6: Ein Raum ist immer nur so gut wie die, die in ihm führen. Letztendlich bestimmt die Führung, wie viel Wohlfühlfaktoren umgesetzt werden und wie man sie nutzt – gegenseitiges Vertrauen ist dabei das Allerwichtigste. Es geht darum, die Beziehungen, die zum Erreichen der unternehmerischen Ziele wichtig sind, perfekt in Raum umzusetzen. Gute Räume sind immer ein Beitrag zum Unternehmenswert.

10.1.2 Individuelle Wahrnehmung

Luft

- Klimaanlage/Heizung kann individuell eingestellt werden.
- Sicherstellung, dass die Erwärmung der Räume durch Sonneneinstrahlung jederzeit, auch außerhalb der Arbeitszeit, durch Herunterlassen von Jalousien oder einen Einsatz von anderen Sonnenschutzvorrichtungen vermieden wird.
- Effektive Steuerung der Lüftungseinrichtungen, z. B. Fensteröffnung zur Nachtauskühlung.
- Lüftung in den frühen Morgenstunden.
- Reduzierung der inneren thermischen Lasten, z. B. elektronische Geräte nur bei Bedarf betreiben.
- In der Hitzeperiode wird ein Luftbefeuchter (z. B. Zimmerbrunnen) genutzt (Heidenberger 2017).
- Pflanzen sind vorhanden, die für ein besseres Raumklima im Büro sorgen (ebd.).
- Das Büro kann regelmäßig gelüftet werden (ebd.).
- Verschiedene Düfte stehen zur Verfügung und können in die Luft versprüht werden.

Lärm

- Es sind arbeitsplatznahe geschlossene Räume vorhanden, (akustisch vollkommen getrennt), welche als Rückzugsraum für konzentrierte Einzelarbeit, bilaterale Besprechungen und Telefonate dienen.
- Es gibt akustisch und optisch zu den Arbeitsplätzen abgeschirmte Lounges, welche als Ort zum konzentrierten Arbeiten und zur Regeneration dienen.
- Think Tanks und Besprechungsräume sind schallisoliert, damit man auch daneben konzentriert arbeiten kann (Martin 2006).
- Der Eingang zu Besprechungsräumen befindet sich nicht im Büroraum, um ständig wechselndes Publikum und Durchgangsverkehr zu vermeiden (ebd.).
- Türen sind vorhanden und können geöffnet und geschlossen werden, um konzentriertes Arbeiten zu gewährleisten (ebd.).
- Das Büro hat eine gute Lärmisolierung, damit kein Lärm von außen die Arbeit stört (ebd.).
- Es stehen Trennwände zur Lärmdämmung zur Verfügung (ebd.).
- Geräte wie Drucker, Kopierer, Scanner, Fax, Jalousien und Klimaanlage sind lärmschonend (ebd.).
- In Toiletten, Treppenhaus und Foyer wird ausgewählte Musik gespielt.
- Headsets werden den Beschäftigten zur Verfügung gestellt und diese werden vom Fachpersonal in die richtige Verwendung und Einstellung eingewiesen.

Licht

- Jalousien/Vorhänge sind vorhanden und funktionieren einwandfrei (ebd.).
- Licht kann individuell geschaltet werden (ebd.).
- Gegen starke Sonneneinstrahlung steht ein Sonnenschutz zur Verfügung (Heidenberger 2017).
- Die Beleuchtung auf dem Schreibtisch lässt sich stufenweise verstellen (ebd.).
- Die Lichtquellen befinden sich seitlich zum Monitor oder direkt darüber an der Decke (ebd.).
- Der gesamte Büroraum ist gleichmäßig beleuchtet (ebd.).
- Im Büro ist ausreichend natürliches Licht vorhanden (ebd.).
- Arbeitsplätze sind in Fensternähe anzuordnen, um einen hohen Anteil an Tageslicht bereitzustellen (Tageslichtquotient von > 4 % an allen Arbeitsplätzen).
- Die Beleuchtung sollte aus mindestens zwei Komponenten bestehen.
- Die Beleuchtung sollte vom Benutzer regulierbar sein.
- Die Beleuchtung muss sowohl einen Anteil von direkter als auch indirekter Beleuchtung haben.
- Für Büroarbeitsplätze müssen mindestens 500 lx eingehalten werden.
- Beleuchtungen mit Tageszeit angepassten Lichtfarben sollten angestrebt werden (Human Dynamic Light).
- Blendungen oder Spiegelungen durch Tageslichteinfall sind mit verstellbaren Lichtschutzvorrichtungen zu versehen.
- Licht ist Teil eines Farbkonzeptes.

Leib

- Es sind räumlich und akustisch abgetrennte Getränkestationen vorhanden.
- Es gibt Cafés mit einer Auswahl an gesunden Lebensmitteln (Steelcase 2008).
- Es sind genug Toilettenanlagen vorhanden (Share Rate).
- Welche Getränke werden zur Verfügung stehen? Wasser? Kaffee? Tee?
- Gibt es Obst? Äpfel? Saisonale Früchte?
- Wie gestaltet sich die Essensversorgung der Mitarbeiter? Außerhäusig? Intern?
- Im Falle einer Kantine: Wird gesunde Küche mit gesunden Inhaltsstoffen angeboten?

10.1.3 Farben im Allgemeinen und Speziellen

- Farben im Licht machen die gegenständliche Welt für uns sichtbar. Die Abstimmung der Farben im Raum auf das Lichtkonzept ist darum eine wichtige Voraussetzung für die Gestaltung von angenehmen Arbeitsumgebungen.
- Monochrome (Monochrom: „Lichtemission in einem sehr schmalen Frequenz- bzw. Wellenlängenbereich, eine nur auf einen Farbrezeptor reduzierte Wahrnehmung, Ton-in-Ton-Malerei, Malen in nur einer Farbrichtung, allgemein eine Abbildung oder Fotografie, die nur Graustufen bzw. Abstufungen einer einzigen Farbe zeigt, s. Schwarz-weiß", https://de.wikipedia.org/wiki/Monochrom) sowie gleichmäßig helle Umgebungen sind widernatürlich, Raumkonzepte mit helleren und dunkleren, lichten und schattigen, warmen und kühlen sowie bunten und unbunten Zonen sind natürlich. Sie wirken physiologisch entlastend.
- Man sieht Helles zuerst. Hell zu gestalten sind die Orte und die Flächen, die am meisten Aufmerksamkeit erlangen sollen.
- Monochromie tarnt und verbindet, Polychromie zeigt und differenziert. Beide Extreme sind auf die Dauer belastend.

10.1.4 Adäquate Mobiliare

Gestaltung der Büroräume

- Stellen Sie großzügige und gut ausgestattete Räume zur Verfügung, die es sowohl mobilen als auch fest am Standort arbeitenden Mitarbeitern ermöglichen, in individueller Einzelarbeit oder in Teams zu arbeiten (ebd.).
- Schaffen Sie Räume, die individuell personalisiert und angepasst werden können und Arbeitnehmer nicht in starre Arbeitsplatz-Standards zwingen (ebd.).
- In den Büroräumen steht genug Stellraum zur Verfügung (Martin 2006).
- Arbeiten Sie mit Gegenständen, die aus hochwertiger Qualität sind, ein ansprechendes oder motivierendes Design haben, die Sie gern vor Augen haben und zur Hand nehmen. Das fördert auch den Drang zur Ordnung.

- Sorgen Sie für Transparenz, sodass Menschen sehen und gesehen werden können – so entsteht ein Vertrauensverhältnis (Steelcase 2008).
- Wände und andere vertikale Flächen werden genutzt, um darauf Denkprozesse und Fortschritte zu visualisieren (ebd.).
- Bieten Sie Räume, die durch Materialien, Oberflächen, Farben, Licht und Aussicht beruhigend wirken (ebd.).
- Gestalten Sie Bereiche, die es Ihren Mitarbeitern ermöglichen, zu entscheiden, wie viele und welche Reize sie über ihre Sinne wahrnehmen möchten und sich zurückzuziehen, falls sie sich zu vielen Reizen ausgesetzt fühlen (ebd.).
- Der Arbeitsplatz ist so ausgerichtet, dass sich ein Fenster auf der rechten oder linken Seite befindet (Heidenberger 2017).
- Dezentrale oder zentrale Print-Service-Zonen zum Schutz der Arbeitsplätze vor Emissionen wie Lärm, Feinstaub, Ozon sind vorhanden.
- Es gibt ein zentrales Archiv für die Büroebene als Ergänzung zum persönlichen Stauraum am Arbeitsplatz.
- Es befindet sich eine Gruppenablage in der Nähe der zugehörigen Arbeitsplätze.
- Es gibt zentrale Garderoben mit Schließfächern als Ergänzung zu den Garderobenhaken am Arbeitsplatz und der Besuchergarderobe.
- Ein zentral gelegener offener Wartebereich, welcher als Rezeption, Wartebereich für Gäste, Präsentationen oder als Kommunikationsbereich genutzt werden kann, ist vorhanden.
- Für jeden Beschäftigten wird ein abschließbares persönlich zugewiesenes Fach vorgesehen.
- Kopiergeräte/Drucker sind aus Gründen des Lärmschutzes möglichst in separaten Kopierräumen unterzubringen.
- Drucken/kopieren sollte auf jedem Gerät im Gebäude mit eigenen Batch durchführbar sein.

Pflanzen - welches sind die geeigneten „lebenden" Pflanzen?[1]

- Bogenhanf (Abb. 10.1)
- Gummibaum (Abb. 10.2)
- Klivie (Abb. 10.3)
- Yucca-Palme (Abb. 10.4)
- Ficus Benjamini (Abb. 10.5)
- Grünlilie (Abb. 10.6)
- Zimmerlinde (Abb. 10.7)
- Bonsai (Abb. 10.8)
- Efeutute (Abb. 10.9)

Immergrüne Wände ohne Erde

- Drachenbaum (Pflanz-Wand) (Abb. 10.10)

[1] Die dargestellten Fotos von den Pflanzen und Pflanzenwand, wurden von Christine Kohlert erstellt.

Abb. 10.1 Bogenhanf

Abb. 10.2 Gummibaum

Abb. 10.3 Klivie

Abb. 10.4 Yucca-Palme

Abb. 10.5 Ficus Benjamini

Abb. 10.6 Grünlilie

Abb. 10.7 Zimmerlinde

Abb. 10.8 Bonsai

Abb. 10.9 Efeutute

Abb. 10.10 Drachenbaum (Pflanz-Wand)

Trockene Raumluft vermeiden (vgl. Weber 2017)

- Untere Grenze der Wohlfühlzone liegt zwischen 40 und 45 Prozent Luftfeuchtigkeit.
- Ab 60 Prozent steigt die Gefahr der Schimmelbildung.
- Wöchentliche Reinigung, wirkt der Gefahr der Verkeimung entgegen.

Ergonomie

Bildschirm

- Mit geneigtem Kopf kann die höchste Zeile auf dem Monitor gelesen werden. Ein Winkel von ca. 35 Grad unterhalb der waagerechten Sehachse ist optimal (Heidenberger 2017).
- Der Bildschirm ist so platziert, dass man ihn direkt betrachten kann, ohne den Oberkörper dabei drehen zu müssen (ebd.).
- Die Bildschirmauflösung ist so eingestellt, dass auch kleine Schriften problemlos lesbar sind (ebd.).
- Es wird eine schwarze Schrift auf weißen Untergrund verwendet.
- Das Bild ist hinsichtlich Helligkeit und Kontrast auf die individuellen Bedürfnisse angepasst (ebd.).
- Zum Abtippen von Unterlagen wird ein Vorlagenhalter verwendet (ebd.).

Tastatur und Maus

- Stellen Sie jedem Mitarbeiter eine eigene Tastatur zur Verfügung (Reimersdahl o. J.).
- Beim Bedienen der Tastatur bilden die Arme auf der Schreibtischoberfläche einen rechten Winkel zum Oberkörper (Heidenberger 2017).
- Die Tastatur ist an ihrer höchsten Stelle maximal 3 cm hoch. Wenn nein, wird eine Unterlage für die Arme verwendet (ebd.).
- Vor der Tastatur steht 5 bis 10 cm Platz für die Handballenauflage zur Verfügung (ebd.).
- Die Tastatur lässt sich leicht bedienen (Druckempfindlichkeit der Tasten).

- Sorgen Sie dafür, dass Tastaturen, PCs und Drucker regelmäßig (mit Pressluft) gereinigt werden (Reimersdahl o. J.).
- Zum Bedienen der Maus wird eine Handballenauflage bzw. ergonomische Maus verwendet (Heidenberger 2017).
- Beim Bedienen der Maus lässt sich der Unterarm bequem auf dem Schreibtisch auflegen (ebd.).

Schreibtisch

- Die Unterarme lassen sich entspannt auf den Schreibtisch auflegen, ohne dabei die Schultern anzuziehen oder den Rücken beugen zu müssen (ebd.).
- Es steht ausreichend freie Arbeitsfläche zur Verfügung (ebd.).
- Der Schreibtisch steht fest und ist frei von scharfen Kanten oder gefährlichen Ecken (ebd.).
- Es ist ausreichend Abstand zwischen Knien und der Tischplatte vorhanden (ebd.).
- Der Schreibtisch ist ca. 75 cm hoch (ebd.).
- Das Telefon befindet sich in direkter Griffweite (ebd.).

Schreibtischsessel

- Unter- und Oberschenkel bilden einen Winkel von etwa 90 Grad beim Sitzen (ebd.).
- Zur Verbesserung der Beinhaltung wird eine Fußstütze verwendet (ebd.).
- Bei einem harten Bodenbelag (z. B. Laminat): Der Sessel hat weiche Rollen (ebd.).
- Bei einem weichen Bodenbelag (z. B. Teppich): Der Sessel hat harte Rollen (ebd.).
- Der Sessel ist drehbar (ebd.).
- Der Sessel ist in der Höhe verstellbar (ebd.).
- Die Rückenlehne passt sich flexibel den Bewegungen an (ebd.).
- Der Bürosessel hat eine Federung, die das Hinsetzen abfängt (ebd.).
- Der Bürosessel hat verstellbare Armlehnen (ebd.).

Büromöbel

- Jedes Ablagefach lässt sich bequem erreichen (ebd.).
- Zum Erreichen höherer Aufbewahrungsmöglichkeiten wird ein sicherer Hocker oder „Elefantenfuß" verwendet (Heidenberger 2017).
- Sonstige Büromöbel sind frei von Fehlern, wie z. B. klemmende Schubladen oder lose Regalböden (ebd.).
- Stellen Sie leicht anpassbare Möbel zur Verfügung, um verschiedene Größen, Bedürfnisse und Vorlieben zu unterstützen und Bewegung am Arbeitsplatz zu ermöglichen (Steelcase 2008).
- Klassische Arbeitsplatzbereiche: Steh-Sitz-Tisch, elektrisch höhenverstellbar mit Display zur Höhenangabe, um die Einstellung zu vereinfachen; Screens zur Hemmung der Schallausbreitung sowie zur Schallabsorption und als Schutz vor visuellen

Störungen; ergonomischer Bürodrehstuhl mit intuitiv zu bedienenden Einstellungsoptionen; Docking Station; Tastatur; Maus; Monitorhalter; (2) Bildschirm(e).
- Kurzzeit-Arbeitsplätze (Touchdown-Arbeitsplätze): elektrifizierte Benchlösung für bis zu maximal 8 Personen mit akustisch wirksamen Screens und ggfs. Wireless Charging; ergonomische Bürodrehstühle mit intuitiv zu bedienenden Einstellungsoptionen.
- Räume für isolierte und vertrauliche oder konzentrierte Tätigkeiten einzeln oder in Gruppen: Raum-in-Raum-Systeme (Think Tanks) mit individueller Licht- und Klimatisierungsregelung, funktional der überwiegenden Nutzung angemessenes Mobiliar (hier werden oft mehrere Optionen in unterschiedlichen Ausstattungsvarianten zur Verfügung gestellt).
- Workshop-Räume: flexible Tische, klappbar und/oder auf Rollen sowie per Plug and Play elektrifizierbar; flexible Stühle (geringes Gewicht, auf Rollen); Smartboards oder Whiteboards; Aufbewahrungsmöglichkeiten für Workshopmaterialien.
- Kreativ- oder Projektflächen: Tisch in Stehhöhe; Stehbänke oder Stehhilfen; Smartboard/Monitor mit Wireless Connectivity; Whiteboard.
- Cafeteria/Bistro: abwechslungsreiche, attraktive Bestuhlung auf Gastronomieniveau; unterschiedliche Tischvarianten (verschiedene Höhen und jeweilige Anzahl der Sitzplätze).

Equipment für bessere Kommunikation

- Bieten sie Videokonferenz-Konfigurationen, die es nicht physisch anwesenden Teilnehmern ermoglichen, Inhalte zu verfolgen und gut zu sehen sowie jeden gleichermaßen zu verstehen (Steelcase 2008).

10.1.5 Bedarfsgerechte Gebäudetechnik

- Gesundheit in Immobilien ist messbar, planbar, machbar und bezahlbar. Dies ist in vielen hundert Projekten mit mehreren tausend Einheiten erfolgreich erprobt.
- Wichtigstes Kriterium ist die Belastung der Innenraumluft mit Schadstoffen, für die es offizielle Kriterien gibt.
- Mit dem Begriff „Gesund“ sollte aus wissenschaftlichen und haftungsrechtlichen Gründen vorsichtig umgegangen werden.
- „Öko“ oder „Bio“ ist nicht automatisch gesund.
- Auf eine exakte Definition von Begriffen (z. B. Nachhaltigkeit) sollte Wert gelegt werden.
- In der Konsequenz des EuGH-Urteils zur deutschen Baustoffzulassung erhält die geprüfte (gesundheitliche) Qualität von Bauprodukten einen neuen Stellenwert.
- Wer bereits qualitativ gut baut und saniert, für den ist es nur ein kurzer Weg zum geprüft gesünderen Bauen.
- Mit Modellprojekten lässt sich das gesündere Bauen gut im Unternehmen implementieren. Hier ist TÜV Rheinland ein wertvoller und erfahrener Partner für die Bewertung

und Zertifizierung von Baustoffen, die Prüfung von Gebäuden sowie die Schulung und Zertifizierung von Mitarbeitern.
- Das Sentinel Haus Konzept umfasst mehrere Stufen der Qualifizierung, Baustoffkontrolle, Baubegleitung und Abschlussmessung. Dazu wurde ein umfassendes Beratungs-, Schulungs- und Weiterbildungsprogramm für alle Akteure am Bau entwickelt; www.sentinel-haus.eu.
- Technologien stehen bereit, um Informationen in Echtzeit anzuzeigen (Steelcase 2008).
- Bei Verkabelungen über Verkehrswege und Bewegungsflächen: Sind Kabelbrücken vorgesehen?

Gesundes Bauen und Instandhaltung

- Vertragliche Zielvereinbarung für definierte Schadstoffe zwischen Auftraggeber und Auftragnehmern.
- Qualifizierte Fachplaner für Ausschreibung, Bedingungen und Bausysteme.
- Qualifizierte Facharbeiter kennen Baustoffe und Verarbeitungsbedingungen.
- Bauwerkstoffauswahl nach gesundheitlichen Kriterien mit Kriterien incl. Beratung des Fachhandels.
- Nutzung eines Qualitätsmanagements und einer Qualitätssicherung.
- Unabhängige Untersuchung und Analyse gemäß Qualifizierung (Bachmann und Lange 2013)
- Barrierefreie Gestaltung, Gestaltung von Arbeitsplätzen für schwerbehinderte Menschen (Beschaffenheit von Fußböden. keine Stolperstellen, rutschhemmend, eben und leicht zu reinigen).

Berücksichtigung aller gesundheitlichen Risiken im Zusammenhang künstliche Risiken zu berücksichtigen, zum Beispiel:

- Luftverschmutzung
- Wasserverschmutzung
- Hitze-Insel-Effekt
- Geräuschbelastungen
- elektromagnetische Verschmutzung
- Risiken im Zusammenhang mit benachbarten Aktivitäten
- Sicherheit von Einzelpersonen und deren Sachen
- Gefahr von Epidemien
- Ein Plan, diese Man-made-Risiken zu berücksichtigen, sowie eine Einschätzung des Ausmaßes dieser Risiken sollten vorbereitet werden.
- Analyse von Naturrisiken und Bestimmung des Umfangs dieser Risiken
- Angesichts der erhöhten Häufigkeit und Schwere der natürlichen meteorologischen und geologischen Ereignisse sollten natürliche Risiken für jeden vorgeschlagenen Standort analysiert werden.

- Feuer
- Tornados – Windstürme
- Hitzewellen
- extrem kalt
- Überschwemmungen – sintflutartige Regenfälle
- Erdbeben – Erdrutsche – vulkanische Aktivität
- Krankheiten im Zusammenhang mit der natürlichen Umwelt
- Es sollte ein umfassender Präventionsplan erstellt werden, zusammen mit einer Einschätzung der Risiken und dem Ausmaß dieser Risiken.

10.1.6 Medizinische Aspekte

Hygiene

- Hygiene beachten, Reinigung des Arbeitsplatzes und Hygienespenders.
- Aus hygienischen Gründen wird die Tastatur nicht mit anderen Kollegen geteilt.
- Es sind Duschen vorhanden.
- Desinfektionstücher bereitstellen, damit man z. B. auch selbst mal das Telefon abwischen kann (Reimerdahl o. J.).
- Sorgen Sie für regelmäßige gründliche Reinigung der Schreibtische und Leerung der Mülleimer (ebd.).
- Regelmäßiges Händewaschen ist angesagt und erfordert Einweg-Handtücher (ebd.).
- Verbieten Sie Ihren Mitarbeitern Verzehr am Schreibtisch. Gestalten Sie stattdessen einen zentralen Treffpunkt im Büro, wo die Mitarbeiter Kaffee trinken, etwas essen und zwischendurch Ideen oder Aktuelles mit den Kollegen austauschen können (ebd.).
- Allgemeine Büroregeln sollten zum Wohle aller auch den Bereich der Hygiene umfassen. Folgende Vorgaben sind Beispiele, wie sie festgelegt werden könnten:
  - Einmal in der Woche Tastatur, Telefonhörer und Computer-Maus mit einem fettlöslichen Reinigungsmittel säubern (in vielen Unternehmen sind diese Dinge auch persönlich einem Mitarbeiter zugeordnet).
  - Die Arbeitsbereiche mehrmals täglich zu festen Zeiten lüften, um durch den Luftaustausch die Anzahl von Viren und Bakterien im Raum zu verringern.
  - Den Kühlschrank regelmäßig mit heißem Wasser mit Reinigungszusatz auswischen.
  - Abgelaufene Lebensmittel entsorgen.
  - Regelmäßig Hände waschen und Desinfektionsmittel in den Waschräumen bereitstellen.

Allergien

- Keimhemmend beschichtete Oberflächen (vgl Kap. 4: adäquate Mobiliare, trockene Raumluft vermeiden).

10.1.7 Bewegung am Arbeitsplatz

- Die Hauptverkehrswege sind neben den gesetzlichen Mindestbreiten auch nach qualitativen Aspekten wie Multifunktionalität gestaltet.
- Regelmäßige Pausen werden auch für mehr Bewegungen genutzt (z. B. Gang durchs Büro) (Heidenberger 2017).
- Sind Fahrradabstellanlagen in ausreichender Zahl und Qualität vorgesehen?
- Sind Umkleidemöglichkeiten, Duschen und Spinde vorgesehen?
- Sind die Treppenhäuser gut und sofort sichtbar?
- Sind die Treppenhäuser attraktiv gestaltet, luftig und einladend?
- Sind die Büromöbel Stand der Technik, einschließlich elektrisch höhenverstellbarer Schreibtische?
- Ist geprüft, ob Laufbandschreibtische oder Fahrradschreibtische eingesetzt werden können?
- Sind einige Besprechungsräume/Teile der Kantine mit Stehtischen ausgerüstet?
- Sind die Mitarbeiter über den Gebrauch der Hardware detailliert informiert?
- Kennen die Mitarbeiter zusätzliche gesundheitsrelevante Verhaltensoptionen, über den reinen Gebrauch der Geräte hinaus?
- Activity Based Working: Matten, Bewegungsstühlen, ev. Ringe zum „Hängen" anbieten.

Zusätzlich Verhaltenstipps:

- Parken Sie das Auto weiter weg oder steigen Sie zwei Stationen früher aus.
- Bleibe Sie in öffentlichen Verkehrsmitteln stehen (natürlich mit der Hand am Griff).
- Fahren Sie (vor allem bei schönem Wetter) mit dem Fahrrad zur Arbeit, wenn der Weg zu weit ist, erwägen Sie Bahn und Rad zu kombinieren.
- Benutzen Sie die Treppe statt den Aufzug.
- Wechseln Sie häufiger Sitz- und Stehposition – die nächste Position ist die beste.
- Nutzen Sie die Einstellung dynamisches Sitzen des Schreibtischstuhls.
- Informieren Sie sich, wie Sie den Schreibtischstuhl ergonomisch optimal für sich selbst einstellen, gleiches gilt für den höhenverstellbaren Schreibtisch.
- Legen Sie regelmäßige Bewegungspausen ein.
- Nicht alles per Telefon oder E-Mail klären, ruhig auch mal persönlich im Büro des Kollegen vorbeischauen und dabei die Beine vertreten.
- Telefonieren Sie im Stehen oder Umhergehen.
- Entfalten Sie Ihre Kreativität im Stehen oder Umhergehen.
- Halten Sie Meetings im Stehen oder Gehen ab.
- Am Schreibtisch Übungen machen, die gegen Verspannungen helfen.
- Desktop-Reminder für mehr Bewegung nutzen.
- Nutzen Sie die Pausen (insbesondere die Mittagspause) auch als Bewegungspausen. Raus aus dem Büro an die frische Luft – tut nicht nur dem Bewegungsapparat gut, sondern auch dem Kopf.
- Motivieren Sie Mitarbeiter und Kollegen, die genannten Verhaltenstipps auch umzusetzen.

10.1.8 Office 4.0

Perspektiven auf das Open-Space-Büro (Weber 2017)

- Visionär: Es geht um Zukunft von Arbeit und Wirtschaft. Hat eigene Visionen. Denkt groß: Perspektive. Silicon Valley,
- Modernisierer: Weiß, dass sich die Welt ändert und sich das eigene Unternehmen auch ändern muss. Hat Ideen, aber keine Visionen, treibt weniger, reagiert mehr. Ziel: Change.
- Pragmatiker: Setzt um, was andere beschlossen haben. Er weiß, dass Visionen und Räume nicht das Gleiche sind und Menschen kompliziert. Erfahrung: Einer motzt immer.
- Skeptiker: Findet, dass sich etwas ändern sollte, aber nicht unbedingt so. Misstraut den Motiven der Macher und den hübschen Bildern. Wandel sollte anders gehen: mehr Ehrlichkeit, mehr Beteiligung. Vermutung: Es geht nur um die Kosten.
- Gegner: Dass es nur um Geld geht, ist für den Gegner keine Frage – genau so ist das, und zwar auf Kosten seiner Gesundheit und Leistungsfähigkeit. Anklage: So kann ich nicht arbeiten.

Ziele für eine Veränderung (Kratzer 2017)

- Ökonomische Motive
- Kommunikation
- Informationsflüsse beschleunigen
- Abstimmungsprozesse verkürzen
- Wissen besser verteilen
- Informalitäts-Surplus
- Attraktivität
- Flexibilität

Faktoren zur Veränderung (Bachmann und Lange 2013)

- Haltung: Glaubwürdigkeit, Konsequenz
- Beteiligung: Mitbestimmung, Beschäftigte, Führungskräfte
- Kompetenz: Vergleiche, Beratung, Analyse
- Steuerung: projektförmig, interdisziplinär, Pilotierung

Literatur

Clariant (2015): Umgang mit Kollegen (Spielregeln), Frankfurt/Hoechst.

Heidenberger, B. (2017): Zeitblüten: Zeitmanagement, Zielmanagement, Arbeitsmethodik Ergonomie Checkliste, www.zeitblueten.com/news/wohlfuehl-buero, Zugriff am ???.

Steelcase (2008): Wohlbefinden: ein Thema das nur Gewinner kennt, https://www.steelcase.com/eu-de/forschung/artikel/themen/arbeitsplatz/wohlbefinden-ein-thema-das-nur-gewinner-kennt/, Zugriff am ???.

Martin, P. (2006): Mobile Büroarbeit – Neue Arbeitsformen human gestalten. Düsseldorf: Hans-Böckler-Stiftung.

Reimersdahl, Anke van (o. J.): Die lieben Kollegen „Krümelmonster“ und „Vetter It“, https://bruynzeel-storage.com/de/hygiene-im-buero/, Zugriff am ???.

Weber, L. (2017): Blasser Dunst im Büro. In: Frankfurter Allgemeine Zeitung, Technik, 23. Mai 2017, S. 0T1

Kratzer, N. (2017): „Open Space. Oder was?“ Prägewelt, Präventionsorientierte Gestaltung neuer (Open Space-)Arbeitswelten. ISF München.

Bachmann, P., Lange, M. (2013): Mit Sicherheit gesund bauen, 2. Auflage, Springer Vieweg.

10.2 Die gängigsten Vorschriften (Berufsgenossenschaftliche, Arbeitsstättenrichtlinien u. a.), Regeln und Informationen (s. Kap. 4)

- Arbeitsschutzgesetz (ArbSchG)
- Arbeitsstättenverordnung (ArbStättV)
  - ASR A1.2 Abmessung von Räumen, Luftraum
  - ASR A1.3 Sicherheits- und Gesundheitsschutzkennzeichnung
  - ASR A1.5 Fußböden, Wände, Decken, Dächer
  - ASR A1.6 Fenster, Oberlichter
  - ASR A1.7 Türen, Tore
  - ASR A1.8 Verkehrswege
  - ASR A2.2 Maßnahmen gegen Brände
  - ASR A2.3 Fluchtwege und Notausgänge
  - ASR A3.4 Beleuchtung und Sichtverbindung
  - ASR A3.5 Raumtemperatur
  - ASR A3.6 Lüftung
  - ASR A4.2 Pausen- und Bereitschaftsräume
  - ASR A4.3 Erste-Hilfe-Räume
  - ASR V3a.2 Einrichten und Betreiben von Arbeitsstätten
- Länderausschuss für Arbeitsschutz und Sicherheitstechnik: Leitlinien zur Arbeitsstättenverordnung, LASI LV 40
- Länderausschuss für Arbeitsschutz und Sicherheitstechnik: Handlungshilfe „Beleuchtung von Arbeitsstätten“, LASI LV 41
- Bildschirmarbeitsverordnung (BildscharbV)
- DIN 4543:1999: Büroarbeitsplätze –Teil 1 Flächen für die Aufstellung und Benutzung von Büromöbeln
- DIN EN 527-1:2008: Büromöbel –Teil 1 Büroarbeitstische, Maße (Normenentwurf)
- DIN EN ISO 9241-5:1999: Ergonomische Anforderungen für Bürotätigkeiten mit Bildschirmgeräten
- DIN 16555:2002: Flächen für Kommunikationsarbeitsplätze in Büro- und Verwaltungsgebäuden
- DIN 5035-7: Beleuchtung von Bildschirmarbeitsplätzen
- DIN 18041: Hörsamkeit in kleinen bis mittelgroßen Räumen

- VDI 2058-3: Beurteilung von Lärm am Arbeitsplatz unter Berücksichtigung unterschiedlicher Tätigkeiten
- VDI 2569: Schallschutz und akustische Gestaltung im Büro
- BGI 650: Bildschirm und Büroarbeitsplätze, Leitfaden für die Gestaltung, Verwaltungsberufsgenossenschaft VBG 2012
- BGI 5001: Büroarbeit – sicher, gesund und erfolgreich, Praxishilfen für die Gestaltung, VBG
- BGI 774: Arbeitssystem Büro. Hilfen für das systematische Planen und Einrichten von Büros. VBG
- BGI 5050: Büroraumplanung. Hilfen für das systematische Planen und Gestalten von Büros. VBG 2005
- BGI 5128: Arbeitsstätten sicher planen und gestalten. Leitfaden VBG 2008
- BGI 5019: Gebäude effektiv nutzen; Facility Management – Lösungen und Praxishilfen für Betreiber und Nutzer. VBG
- BGI 773: Call Center. VBG

10.3 Gründe und Auslöser für Krankheiten

Belastungsfaktoren im Büro (vgl. Spath et al. 2011)

- Einseitige Körperhaltungen
- Bewegungsmangel
- Termin- und Leistungsdruck
- Störungen und Unterbrechungen während der Arbeitstätigkeit
- Nicht-Gelerntes bzw. -Beherrschtes wird verlangt

Psychische Fehlbeanspruchungen werden hervorgerufen durch (ebd.):

- Überfordernde Tätigkeiten
- Termin- und Verantwortungsdruck
- Unangemessene Handlungsfreiräume
- Konflikte mit Kollegen und Geschäftspartnern

Symptome für psychische Erkrankungen (ebd.)

- Die Person wirkt gleichgültig oder abweisend oder aggressiv.
- Sie unterliegt starken Stimmungsschwankungen.
- Sie verschließt und isoliert sich.
- Sie zeigt nachlassende Leistung oder starke Leistungsschwankungen.
- Sie traut sich nichts mehr zu, wirkt allgemein unsicher.
- Sie macht viele Pausen und ist auffallend häufig krank.
- Sie fühlt sich gemobbt, persönlich angegriffen oder greift andere an.

Ursachen psychischer Erkrankungen (ebd.)

- Genetisch veranlagt
- Fehlgesteuerte bio-chemische Abläufe im Körper
- Ernährung
- Drogen
- Alkohol
- Frühkindliche Prägungen
- Die Art und Weise wie ein Mensch unabwendbare Lebensrisiken, Sorgen und Nöte wahrnimmt und seine Gefühle darüber

Faktoren der Muskel-Skelett-Erkrankungen (ebd.)

- Äußere Faktoren: Feucht-kalte Klimaeinflüsse können langfristig dazu beitragen, dass Muskelverspannungen, lokale Durchblutungsstörungen und Abwehrschwächen im Bereich der Rückenmuskulatur sowie rheumatische Erkrankungen entstehen. Ferner begünstigen Traumata bzw. Verletzungen die Entwicklung von MSE.
- Körperliche Fehlbelastung und -beanspruchung: Bewegungsarmut oder schwere körperliche Arbeit können akut zu schmerzhaften Muskelverspannungen und Fehlstellungen der Wirbelgelenke führen. Über längere Zeit begünstigt schwere Arbeit, vor allem in Verbindung mit Unzufriedenheit, Zeitdruck, einseitigen Belastungen und Zwangshaltungen, die Abnützung und Verformung der knöchernen Wirbelkörper und der Zwischenwirbelscheiben. Zudem treten MSE bei Übergewicht häufiger auf.
- Psychische Faktoren: In der Haltung der Wirbelsäule drückt sich die innere Haltung aus. Stress, Ärger, unterdrückte Gefühle wie z. B. Angst und Wut begünstigen schmerzhafte Muskelverspannungen. Bei angstbedingten Körperverspannungen werden Schmerzen oft bedrohlich erlebt. Auf Dauer begünstigen derartige Faktoren das Auftreten von chronischen Rückenleiden, die mit anatomischen Veränderungen einhergehen können.

Belastende Faktoren (ebd.)

- Schlafmangel und unregelmäßiger Schlaf-Wach-Rhythmus
- Stimulierende Genussmittel wie Kaffee und andere koffeinhaltige Getränke, Nikotin und Süßigkeiten, die einer Entspannung entgegenwirken
- Unterdrückte Emotionen wie z. B. Wut, Sorge, Ärger und Aufregung, zwischenmenschliche Konflikte und Disharmonien

Beeinträchtigungen bei Arbeitszeiten am Bildschirm (vgl. Ulich 2001)

- 4 Stunden: Sehschärfeminderung, Farbsinnstörung (15–35 Minuten Regenerationszeit)
- 3 Stunden: Sehschärfeminderungen, Farbsinnstörungen, physische Ermüdung, Augenermüdung (10–15 Minuten Regenerationszeit)

- 2 Stunden: Akkommodations- und Adaptionsstörungen, Sehschärfeminderungen, Farbsinnstörungen (15 Minuten Regenerationszeit)
- 1 Stunde: Sehschärfeminderungen, Farbsinnstörungen (10 Minuten Regenerationszeit)

Menschengerechte Arbeitsaufgaben zeichnen sich nach Ulich (2001) aus durch:

- Ganzheitlichkeit der Aufgabe bezüglich Planung, Zielsetzung, Ausführung, Ziel-Mittel-Entscheidung und Kontrolle
- Entscheidungsspielraum (d. h. Entscheidungsmöglichkeiten und -erfordernisse)
- Anforderungsvielfalt und -variabilität
- Kontakt- und Kommunikationserfordernisse
- Durchschaubarkeit des Aufgabenzusammenhangs
- Terminplanung für den Tag und die Ordnung auszuführender Tätigkeiten nach ihrer Wichtigkeit und Dringlichkeit
- Die geistige Leistungsbereitschaft ist vormittags gegen 11:00 Uhr am höchsten. Es empfiehlt sich, anspruchsvolle Aufgaben auf diesen Zeitpunkt zu legen, da hier die Konzentrationsfähigkeit besonders gut ist.
- Ab 12:00 Uhr lässt die Leistungsfähigkeit nach, das Mittagstief beginnt. Diese Zeit kann bevorzugt für Telefonate und kurze Besprechungen genutzt werden.
- Die Mittagspause ist regelmäßig einzuhalten. Nach dem Mittagessen, das nicht zu üppig ausfallen sollte, empfiehlt sich eine 20-minütige Ruhe- und Entspannungspause.
- Der frühe Nachmittag ist ideal für Besprechungen und Konferenzen.
- Ab 15:00 Uhr beginnt das zweite Aktivitätshoch des Tages. Das Langzeitgedächtnis funktioniert besonders gut und die motorische Geschicklichkeit ist hoch.

Bei der Ernährung ist zu beachten (ebd.)

- Höhe und Qualität der Fettzufuhr
- Höhe und Qualität der Kohlenhydratzufuhr
- Versorgung mit Calcium, Jod, Fluorid, Vitamin E, Vitamin D, Betakarotin, Folsäure und Eisen
- Eine ausreichende Flüssigkeitszufuhr

Geistige Fitness (ebd.)

- Konzentrations- und Problemlösungsfähigkeit
- Aufmerksamkeit
- Selbstdisziplin

Sick-Building-Symptome (Spath et al. 2011)

- Müdigkeit
- Einschlaf- und Durchschlafstörungen

- Schweregefühl im Kopf
- Jucken, Brennen der Augen
- Kopfschmerzen
- Gereizte, verstopfte oder laufende Nase

Ein Büroraum muss (ebd.)

- jeder Arbeitsperson einen Arbeitsplatz zur Verfügung stellen.
- eine funktionale und soziale Kommunikation unterstützen.
- ein ungestörtes, konzentriertes Arbeiten gewährleisten.
- individuelle Veränderungen in Abhängigkeit der Arbeitsanforderungen ermöglichen.
- über eine gemeinschaftliche Infrastruktur verfügen.

Erholung

- Autonom regulierte Erholung: umfasst unbewusst ablaufende Vorgänge des vegetativen und zentralen Nervensystems, die auf der Grundlage physiologischer Regulations- und Schutzmechanismen aktiviert werden. Derartige Schutzmechanismen sind teilweise bewusst kontrollierbar. Ein Beleg hierfür ist die Einnahme von Aufputschmitteln zur Ermüdungsbekämpfung.
- Als emotional regulierender Prozess: bedeutet, dass individuelle Bedeutungszuschreibungen das Erholungsverhalten maßgeblich prägen.
- Als geistig regulierter Prozess: bezeichnet die absichtliche Wiederherstellung der individuellen Leistungsvoraussetzungen. Bekanntes Beispiel ist die regelmäßige Einhaltung der mittäglichen Ruhepause zu Erholungszwecken.

Pausenindikatoren

- Gelegenheit zur Erholung: Jede Pause trägt in irgendeiner Form zur Erholung bei, aus diesem Grund wird das Argument der Erholung häufig als Begründung für Pausen herangezogen.
- Verhinderung von Ermüdung: Pausen können sowohl zur Beseitigung von Ermüdungssymptomen als auch zur Verhinderung von Ermüdung eingesetzt werden. Beide Aspekte sind im Arbeitsalltag nicht immer genau zu unterscheiden. Neben schweren körperlichen Arbeitsbedingungen spielt die Verhinderung von Ermüdung vor allem bei anspruchsvoller geistiger Arbeit eine Rolle.
- Leistungssteigerung: Pausen, die Ermüdungen verhindern oder kompensieren, tragen auch zur Gesunderhaltung der Arbeitsperson bei. Indem solche Pausen leistungssteigernd wirken, können sie sich auch im betriebswirtschaftlichen Sinne lohnen. Unter einer lohnenden Pause wird eine Arbeitsunterbrechung verstanden, bei der der Leistungsverlust während der Pause durch eine Leistungssteigerung infolge der Erholungswirkung ausgeglichen wird.

- Erhaltung eines genügenden Wachsamkeitsniveaus: Bei Tätigkeiten, die durch eine ständige Informationsaufnahme oder geringe Tätigkeitsinhalte gekennzeichnet sind, führen Fehlbeanspruchungen zu ermüdungsähnlichen Phänomenen der Monotonie oder Sättigung. Offenkundiges Symptom solcher Zustände ist eine Herabsetzung des Wachsamkeitsniveaus, das durch Pausen oder Arbeitswechsel beseitigt werden kann.

Ursache-Wirkungs-Ketten für Maßnahmen einer menschengerechten Arbeitsgestaltung im Büro (vgl. Braun 2010)

- Wirtschaftlicher Nutzen: Mehreinnahmen und Kostenersparnis versus Investitionskosten
- Produktivitätsziele und Kundenorientierung: ausgeprägte Kundenorientierung, hohe Zuverlässigkeit, bedarfsorientierte Lösungen
- Leistungsprozesse: Flexibilität durch Selbstorganisation, optimale Prozesskoordination, verringerter Personalbedarf
- Mitarbeiter: Motivation und Engagement, Mitarbeitereinbindung, geringe Fluktuation
- reduziertes Erkrankungsrisiko
- Maßnahmen der Arbeitsgestaltung: aufgabengerechte Qualifizierung, vielfältige Arbeitstätigkeiten, Einsatz von ergonomischen Arbeitsmitteln

Literatur

Braun, M. (2010): Betriebliche Wandlungsfähigkeit fördern, Arbeit menschengerecht gestalten, Sicherheitsingenieur 4/2010, S. 8–15.

Spath, D., Bauer, W., Braun, M. (2011): Gesundes und erfolgreiches Arbeiten im Büro, Berlin: Erich Schmidt.

Ulich, E. (2001): Arbeitspsychologie. 5. Auflage. Stuttgart: Schäffer-Poeschel.

10.4 Umgang zwischen Kollegen (Spielregeln) (vgl. Clariant 2015)

Umgang mit offenen Strukturen (Mitarbeiter, Führung)

Wir bauen ein gegenseitiges Vertrauen auf.

- Wir gehen respektvoll und offen miteinander um.
- Wir bewerten Leistung höher als die reine Anwesenheitskontrolle.
- Kontrolle ist gut, Vertrauen ist besser.

Wir leben Wertschätzung und gutes Benehmen.

- Wir grüßen und gehen freundlich miteinander um.
- Wir nehmen Rücksicht bei informellen Besprechungen und Pausen.

Wir behandeln Büros und Besprechungsräume beim Vorbeigehen so, als ob es geschlossene Räume wären.

- Wir schauen nicht intensiv hinein.
- Wir grüßen hier eher im Ausnahmefall.

Durchführung formeller/informeller Besprechungen

Wir halten Besprechungen auch außerhalb der Besprechungszimmer ab.

- Wir nutzen – insbesondere für informelle Besprechungen – die Cafeteria.

Wir buchen Besprechungsräume diszipliniert.

- Der gebuchte Besprechungsraum passt in der Größe.
- Unsere Buchung erfolgt rechtzeitig.
- Entfällt die Besprechung, so geben wir den Raum sofort wieder frei.
- Im Zweifel fragen wir einfach nach.
- Können wir Besprechungsräume tauschen?
- Können wir die Besprechung zeitlich verschieben, um beide Besprechungen durchführen zu können?

Telefonie und Kommunikation am Arbeitsplatz und innerhalb des Hauses

Unsere Kommunikation ist zielgerichtet.

- Unsere E-Mails und Nachrichten sind kurz und prägnant, der Verteiler ist wohlüberlegt.
- Alternativ ist – bei komplexen Sachverhalten – besser das persönliche Gespräch.

Unser Kommunikationsverhalten ist durch Rücksichtnahme geprägt.

- Die Lautstärke unserer Telefonate ist angemessen.
- Lautsprecher nutzen wir nur, wenn alle im Raum an dem Telefongespräch teilnehmen.
- Rufe über mehrere Schreibtische oder Stockwerke hinweg sollten vermieden werden.

Wir halten Telefondisziplin ein.

- Bei Abwesenheit rufen wir nur einmal an und machen keine Mehrfachanrufe.
- Wir hinterlassen immer eine Nachricht, bzw. wir nutzen E-Mail, wenn wir einen Rückruf wünschen.

Stillarbeit (Nutzung von Rückzugsräumen, freien Büros etc.)

Wir wertschätzen Stillarbeit.

- Wir sprechen uns ab, wenn jemand Ruhe braucht.
- Wir geben direkt Feedback, falls wir uns gestört fühlen.
- Wir nehmen Rücksicht und verlassen für intensive Gespräche das Büro, wenn Kollegen sich konzentrieren müssen.

Wir gehen neue Wege für Stillarbeit.

- Wir können nach vorheriger und beidseitiger Absprache freie Büros für Stillarbeit nutzen.
- Wir nutzen auch die Mediathek und Sitzgruppen für Stille.

Wir vermeiden unnötige Störungen.

- Wir schließen und öffnen Türen leise.
- Wir nehmen Blickkontakt beim Betreten eines Mehrpersonenbüros auf und grüßen nicht gleich alle Anwesenden laut.

Ordnung und Sauberkeit am Arbeitsplatz und in den öffentlichen Räumen

Unsere Ausstattung behandeln wir jederzeit pfleglich: Besprechungszimmer, Teeküchen, Spülbecken, Tische

- werden so zurückgelassen, wie wir sie selber gerne vorfinden möchten.
- werden von jedem von uns gepflegt. Notfalls räumen wir selbst Dinge von anderen weg und entfernen Kaffeeränder etc.

Wir räumen Geschirr weg.

- Ist die Spülmaschine leer, räumen wir das Geschirr in die Spülmaschine. Ist sie voll, stellen wir das Geschirr auf die Platte über der Spülmaschine – NICHT in das Spülbecken.

Wir machen unsere privaten Lebensmittel im Kühlschrank kenntlich

- mit einem Zettel oder durch Einpacken in Dosen – so können wir schnell die Besitzer identifizieren.

Umgang mit Kunden im Haus

Wir gestalten Kundenbesuche im Sinne von gegenseitiger Rücksichtnahme.

- Grundsätzliche Regeln erklären wir unseren Besuchern vorher und fordern ihre Einhaltung.
- Wir berücksichtigen die Pausenzeiten der Mitarbeiter.

Unsere Besucher und unsere Mitarbeiter sind auf Augenhöhe.

- Einen Besuch vor Ort in einem Labor oder in der Analytik kündigen wir nach Möglichkeit an.
- Bei einem direkten Zusammentreffen mit einem Mitarbeiter grüßen wir den Mitarbeiter und stellen ihn vor.

Was für unsere Mitarbeiter gilt, gilt auch für unsere Besucher.

- Rauchen ist nur in den ausgewiesenen Bereichen gestattet.
- Besprechungsräume sind kein Arbeitsplatz – die Cafeteria kann für 1–2 Stunden genutzt werden.
- Es gilt Fotografierverbot.

… und am Ende gilt immer: Toleranz und Feedback

Literatur

Clariant (2015): Umgang mit Kollegen (Spielregeln), Frankfurt/Höchst.

Stichwortverzeichnis

W. Seiferlein, C. Kohlert (Hrsg.), *Die vernetzten gesundheitsrelevanten Faktoren für Bürogebäude*, https://doi.org/10.1007/978-3-658-20852-3

MIX
Papier aus verantwortungsvollen Quellen
Paper from responsible sources
FSC® C105338

If you have any concerns about our products,
you can contact us on
ProductSafety@springernature.com

In case Publisher is established outside the EU,
the EU authorized representative is:
Springer Nature Customer Service Center GmbH
Europaplatz 3, 69115 Heidelberg, Germany

Printed by Libri Plureos GmbH
in Hamburg, Germany